U0347319

The SCIENCE of
ANIMALS

# DK 图解动物王国的奥秘

[英] DK 出版社 编著　胡宇鹏　译

华中科技大学出版社
http://www.hustp.com
中国·武汉

有书至美
BOOK & BEAUTY

**图书在版编目（CIP）数据**

DK图解动物王国的奥秘/英国DK出版社编著；胡宇鹏译.—武汉：
华中科技大学出版社，2021.1
ISBN 978-7-5680-3658-0

Ⅰ.①D… Ⅱ.①英… ②胡… Ⅲ.①动物-少儿读物 Ⅳ.①Q95-49

中国版本图书馆CIP数据核字（2020）第227199号

**Original Title: The Science of Animals: Inside their Secret World**
Copyright © Dorling Kindersley Limited, 2019
A Penguin Random House Company

简体中文版由Dorling Kindersley Limited授权华中科技大学出版社有限
责任公司在中华人民共和国境内（但不含香港、澳门和台湾地区）出
版、发行。

湖北省版权局著作权合同登记 图字：17-2020-165号

# DK图解动物王国的奥秘

DK Tujie Dongwu Wangguo de Ao'mi

[英] DK出版社 编著

胡宇鹏 译

出版发行：华中科技大学出版社（中国·武汉）
电话：（027）81321913
北京有书至美文化传媒有限公司
电话：（010）67326910-6023

出 版 人：阮海洪

责任编辑：莽 昱 李 鑫
责任监印：徐 露 郑红红　　封面设计：唐 棣

制 作：北京博逸文化传播有限公司
印 刷：当纳利（广东）印务有限公司
开 本：720mm×1020mm　1/8
印 张：42
字 数：60千字
版 次：2021年1月第1版第1次印刷
定 价：238.00元

本书若有印装质量问题，请向出版社营销中心调换
全国免费服务热线：400-6679-118 竭诚为您服务
版权所有　侵权必究

混合产品
源自负责任的
森林资源的纸张
FSC® C018179

**For the curious**

www.dk.com

# 目录

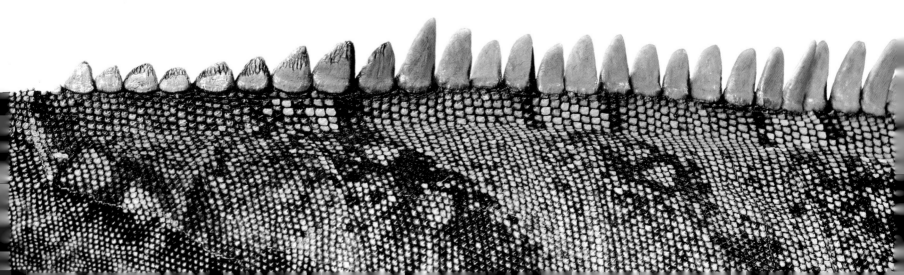

加勒比海红鹳

# 前言

　　美是引人注目的，真理是必不可少的，而艺术无疑是人类对这些理想最纯粹的反映。但是，好奇心这一人类无法抑制的另一个特质又是什么呢？于我而言，好奇心是科学的燃料，而相应地，科学又是了解真与美的艺术。这本制作精良的图书完美融合了上述品质，既颂扬了艺术，揭示了非凡真理，亦引发了人们对于自然科学的好奇之心。

　　在生活中，芸芸万物皆有功用，它可能正处于过渡阶段，但没有一物是多余的。这意味着，从童年开始，我们便可以研究和质疑自然形态的形状和结构，并且尝试确定它们的用途和运行方式。我记得自己曾经细细端详过一根羽毛，给它称重，梳理它、弯曲它、扭曲它，来观察它从绿色到紫色的闪光，主往都在竭力理解它对于鸟类飞行和其他行为的重要功用。这种研究也许是博物学家与科学家们最基本的技能与技术。然后，我试着把它画出来，它简单的美即艺术的灵感。

　　自然形态也让我们认识到物种之间的关联性，并且关注其进化，这反过来开阔了我们的眼界，有助于对它们进行分组整合。当然也有伪装者 —— 有喙的哺乳动物竟然会下蛋！了解我们的前辈们对这些奇怪异常现象的探索简直妙趣横生，更令人欣慰的是，我们能够发现动物为何进化出如此奇特形态的真相。

　　这本书揭示了大自然所富有的魅力，令我们欣欣雀跃，这欢欣源于永不满足的好奇心，毕竟对于生活，我们要去学习和了解的知识还有很多。

**克里斯·帕卡姆（Chris Packham）**

博物学家、播音员、作家和摄影师

# 动物王国

the animal kingdom

**动物**：一种活的有机体，由许多细胞组成。

细胞们通常协同形成组织和器官，

并摄取有机物（如植物或其他动物）

以获取营养和能量。

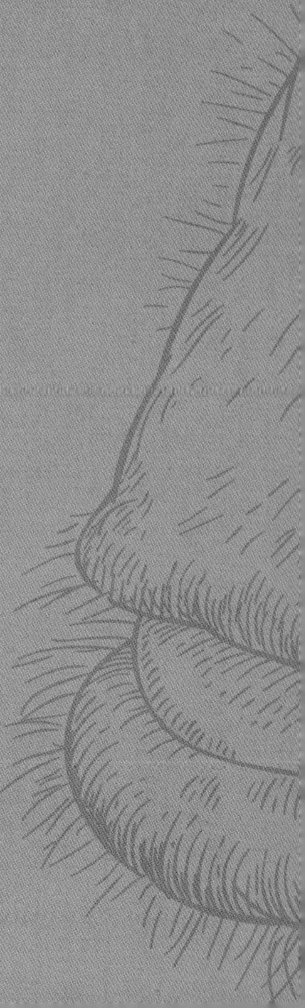

**单细胞近缘**

许多复杂的单细胞生物，比如图中的纤毛虫（即草履虫），曾有"原生动物"之称，并被归为动物一类。但是，DNA证据表明，它们只是动物王国的远亲。

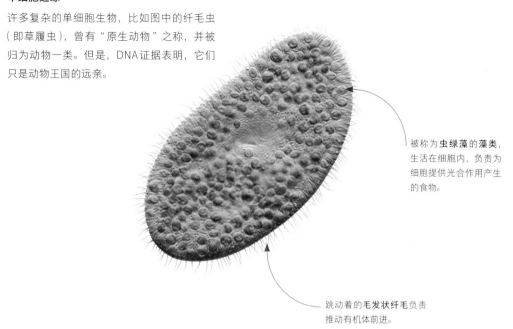

被称为**虫绿藻**的**藻类**，生活在细胞内，负责为细胞提供光合作用产生的食物。

跳动着的**毛发状纤毛**负责推动有机体前进。

# 动物是什么？

相比其他两种主要的多细胞生物——真菌和植物，动物的身体结构独具一格。动物体内含有胶原蛋白，能将细胞聚集成组织，并且，除了最简单的动物，所有动物都拥有可以帮助它们运动的神经和肌肉。尽管有些动物会像植物一样，永远扎根于一处，但大多数动物还是会寻找食物。它们借助其他生物体获取所需营养，而非像真菌那样吸收已死物质，也不像植物那样进行光合作用。

**最简单的动物**

海绵动物是现存最简单的动物。对于一些更复杂的动物，细胞在成年生物体中会固定地各司其职，而海绵动物则不同，其细胞是全能的，每一个都具有再生整个身体的能力。一些海绵动物细胞有规律地鼓动毛发状鞭毛，从而为滤食提供电流。这些茸毛与单细胞生物领鞭虫身上的几乎一样，这表明最早的动物是由类似的生物体进化而来的。

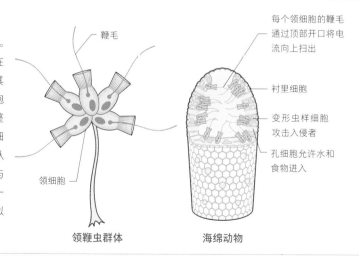

鞭毛

领细胞

领鞭虫群体

每个领细胞的鞭毛通过顶部开口将电流向上扫出

衬里细胞

变形虫样细胞攻击入侵者

孔细胞允许水和食物进入

海绵动物

**捕食花**

有些动物长得与植物极为相像，一排排
"枝干"从茎上伸展开来，这其中就包括
生活在热带海洋的大多数动物。但是像许
多动物一样，这种海百合是一种捕食性动
物。它们用羽毛状武器捕捉微小的浮游生
物，并用消化系统分解它们的身体。

**小羽片**是攻击臂上羽毛状的延伸部分，
用于捕捉可食用颗粒，并将之输送到
位于动物身体中心的口中。

眶前窗，即眼睛前面的头骨开口，有助于减轻头骨的重量，在现代鸟类中仍极为普遍。

有锯齿状牙齿的下颚，区别于如今的鸟类，后者下颚无牙齿。

# 进化

　　所有现存动物都是由过去的不同动物进化而来的。进化并非只是单个个体的行为，而是整个种群在世世代代的延续之中汇集差异的结果。突变，即遗传物质中的随机复制错误，是遗传变异的来源；然而，其他进化过程，尤其是促成适应性改变的自然选择，则决定了哪些变异能够存活和繁殖。数百万年以来，微小变化聚沙成塔，解释了新物种出现的合理性。

## 进化分支图

如果一群动物均具备数个独特特征，则表明它们拥有共同的祖先。通过比较群体，我们有可能重建进化关系，并且用"进化分支图"的族谱对其加以刻画。每个分支都是一个"进化支"。如此一来，鸟类经证明是肉食性恐龙——兽脚亚目恐龙的后代。

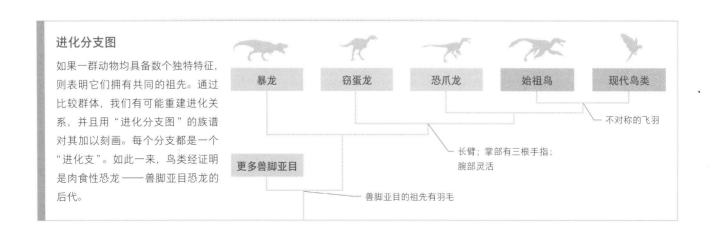

暴龙　　窃蛋龙　　恐爪龙　　始祖鸟　　现代鸟类

不对称的飞羽

长臂；掌部有三根手指；腕部灵活

更多兽脚亚目

兽脚亚目的祖先有羽毛

脊椎和其他一些骨头是充气的，或者说是含有气腔的，可以减轻重量。在现代鸟类中，这也有助于提高呼吸效率。

## 过去的动物

我们可以对史前动物的化石进行年代溯源、与现存的动物进行比较，并以此建立完善进化关系。6600万年前的暴龙是一种直立的恐龙，牙齿有刃，这表明它具有食肉属性。但是，其骨骼的细节显示，暴龙其实是现存鸟类的远亲。

双足，或双腿运动力，在所有兽脚亚目动物中都极为普遍，鸟类亦遗传了此点。

**早期的鸟类**

始祖鸟化石展示了一种小型兽脚亚目恐龙的骨骼，但包括发育良好的羽毛翅膀在内的其他特征证明它具有飞行能力。

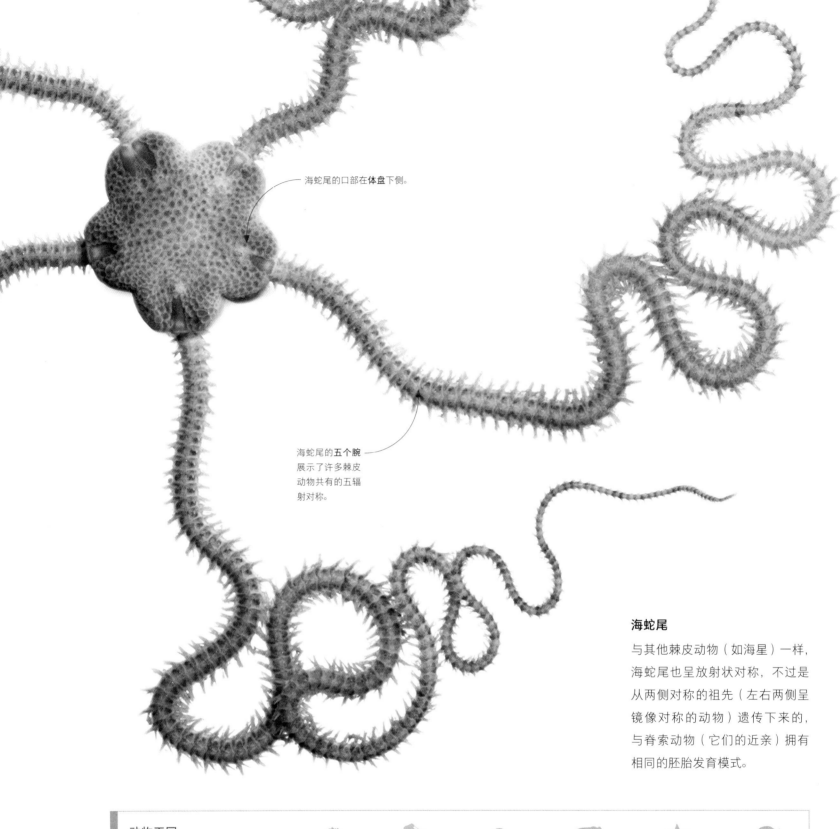

海蛇尾的口部在**体盘**下侧。

海蛇尾的**五个腕**展示了许多棘皮动物共有的五辐射对称。

## 海蛇尾

与其他棘皮动物（如海星）一样，海蛇尾也呈放射状对称，不过是从两侧对称的祖先（左右两侧呈镜像对称的动物）遗传下来的，与脊索动物（它们的近亲）拥有相同的胚胎发育模式。

### 动物王国

从传统角度看，动物被分为无脊椎动物（没有脊椎）和脊椎动物（有脊椎），但这种分类忽略了它们进化关系的真正模式。多数动物都无脊椎，而一张进化分支图（族谱）显示所有脊椎动物都只是脊索动物的一个亚群，只是族谱的一个分支。族谱图上最深刻、最古老的分化会随身体对称性上的变化而出现。

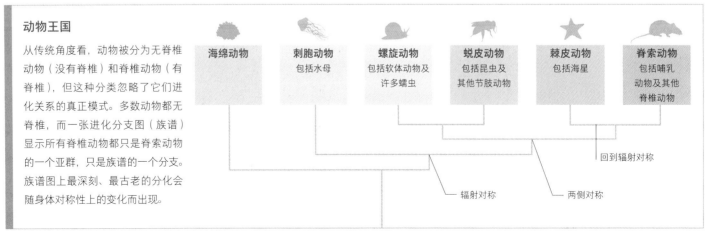

| 海绵动物 | 刺胞动物 包括水母 | 螺旋动物 包括软体动物及许多蠕虫 | 蜕皮动物 包括昆虫及其他节肢动物 | 棘皮动物 包括海星 | 脊索动物 包括哺乳动物及其他脊椎动物 |

回到辐射对称

辐射对称

两侧对称

每根管子都隶属于一个
组织薄弱的集群，即使
四分五裂也能得以存活。

外层膜皮富含纤维素，
此种纤维物质在植物
中较为常见。

**管状海绵**

由于缺乏身体组织的永久性，海绵动物很早就脱离了动物王
国的族谱，并且被认为是其他组织更为复杂的动物种群的
"姐妹种群"。

**海鞘**

脊椎动物和海鞘同属于脊索动物。虽然大多数成年海鞘固定
在海床上，但它们具有像蝌蚪一样游动的幼虫，由一根杆状
脊索（即脊椎动物脊椎骨的前体）支撑身体。

双壳结构支撑着内部的
软体动物。

关节腿是节肢动物的一个
特征，节肢动物是现存动
物中种类最多的一组。

**蛤蜊**

DNA证据表明，软体动物，如图中这只蛤蜊，与蚯蚓同属螺
旋动物。许多这类动物都拥有同一种特殊的早期发育方式，
其中包括发育中的胚胎的细胞呈螺旋状排列。

**蚱蜢**

蜕皮动物是物种最为丰富的动物群，包括关节腿节肢动
物，如昆虫、甲壳类动物以及线虫。它们的生长包括"蜕
皮" —— 坚韧的角质层或外骨骼的蜕皮。

# 动物的类型

　　科学家已经描述过大约150万种动物。他们将纷繁多样的动物归纳为不同的
群体，内部成员的共有特征暗示着它们拥有共同的祖先。有些动物具有星形的放
射状对称性，如棘皮动物；其他动物的身体构造和我们别无二致 —— 有头有尾。
它们大多被称为无脊椎动物，因为它们没有脊椎。但是，像海绵动物和昆虫这样
截然不同的无脊椎动物没有任何独特的共同点，所以科学家们并不将其看作一个
自然群体。

## 家族团体

自然界大约存在200个甲虫科，此处展示了其中数目最多的4个。针对最庞大的流浪甲虫，相关记载有5.6万种，几乎相当于所有脊椎动物的总和。其他三组各有30000—50000种。90%的甲虫物种仍待进一步发现。

短鞘翅

**流浪甲虫（隐翅虫科）**
金属蓝甲壳虫

下巴有力的
食肉甲虫

**地甲虫（步行虫科）**
六点地甲虫

金属色鞘翅，
多见于叶甲虫。

**叶甲虫（金叶甲科）**
紫蛙腿甲虫

## 按照生境划分的多样性

除了寒冷凛冽的极地地区，几乎每一个能够维持生命的陆地或淡水生境都有其专属的甲虫物种。丰富的雨林栖息地可能包含数十万计未被发现的物种。只有那些昆虫仍未涉足的海洋环境中甲虫数量贫乏。但是，不乏甲虫确实在海边生存。

雾使身上的露水凝结，
甲虫喝这些露水，
因此而得名。

**沙漠栖息地**
黑白雾甲虫

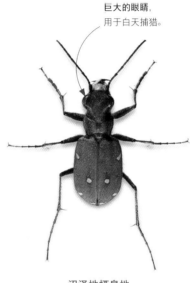

巨大的眼睛，
用于白天捕猎。

**沼泽地栖息地**
绿虎甲虫

外骨骼反射光线，
使甲虫呈现金色。

**雨林栖息地**
金珠圣甲虫

## 甲虫行为

像任何一组成功的动物一样，甲虫的成功依赖于它们以不同方式谋生的能力。无论在何种情况下，它们多功能的口部都能咀嚼任何东西。有些甲虫以树叶和植物为食，有些捕食其他生物，还有一些以蜂蜡、真菌和动物粪便等为食。

盾和角，用于在争夺
粪便时保护甲虫。

**粪辊**
绿魔鬼粪甲虫

扇形天线，用以维持
食物探测传感器。

**食草动物**
金龟子

头壳是透明的，
颜色根据观察
角度的不同而变化。

**蛀木虫**
带状宝石甲虫

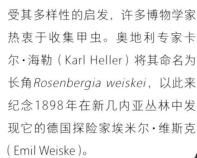

**尖触角**和**长鼻喙**，在象鼻虫身上极为典型。

**象甲（象甲科）**
舍恩赫尔蓝象甲

# 甲虫多样性

尽管海洋和陆地上的动物种类纷繁复杂，但在所描述的所有物种中，有四分之一从属于甲虫这组昆虫。与所有分类组一样，甲虫是基于一个共有的特性构建起来的：它们都有坚硬的翅膀外壳，即鞘翅，还有咀嚼的口器。但是，在3亿年的进化过程中，它们已然分化出各种各样的形式。

**收藏品**

受其多样性的启发，许多博物学家热衷于收集甲虫。奥地利专家卡尔·海勒（Karl Heller）将其命名为长角*Rosenbergia weiskei*，以此来纪念1898年在新几内亚丛林中发现它的德国探险家埃米尔·维斯克（Emil Weiske）。

**空气储存在鞘翅之下，**因此甲虫可以实现水下呼吸。

**淡水塘栖息地**
伟大的潜水甲虫

用**口器**喝无花果树的汁液。

**极长的角状触角，**用于感知食物。

**颜色鲜艳，**用于警告体型较大的食肉动物其毒性。

**捕食者**
七星瓢虫

**头部和身体**长达5厘米。

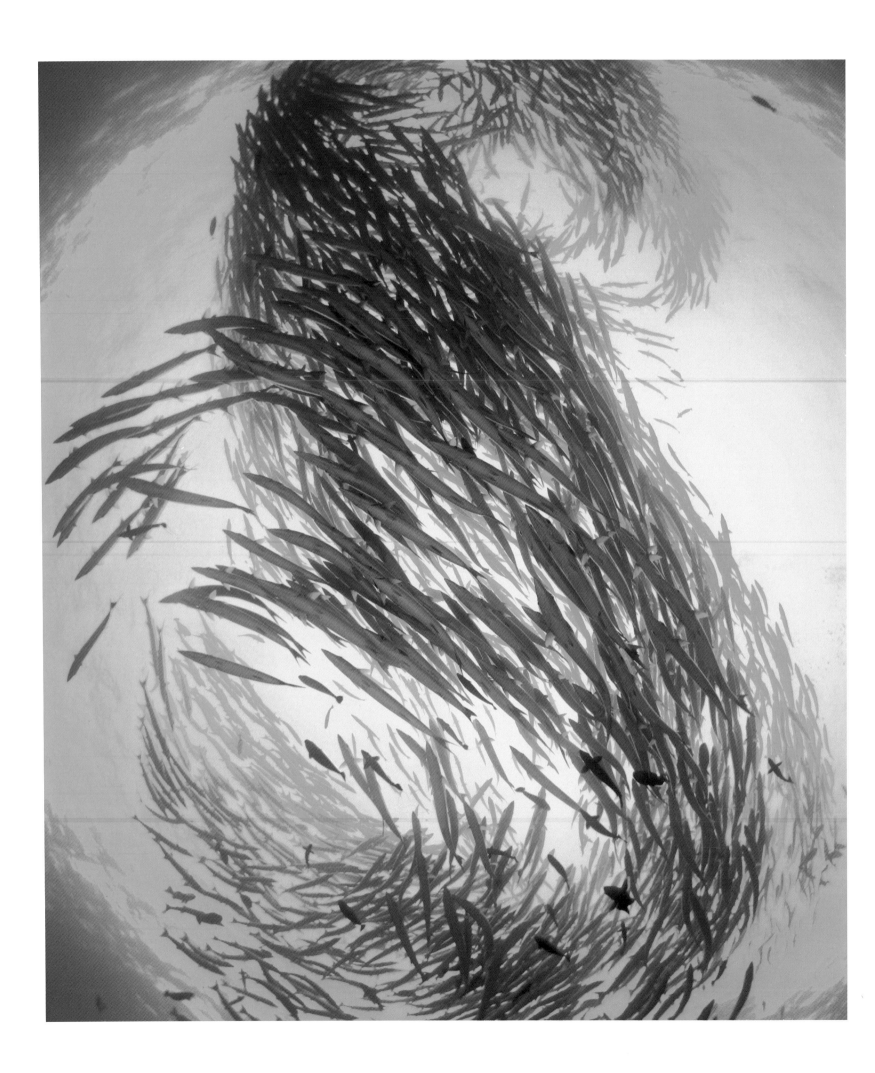

# 鱼类和两栖动物

最早的脊椎动物是鱼类，如今6.9万种脊椎动物中，约有一半保留了鱼的身体形态。典型的鱼类具有便于水中运动的流体动力形状、带鳞的表皮、保持稳定和控制运动的鳍，以及吸收氧气的鳃。但是，许多动物的身体与这一构造已经大相径庭。两栖动物是肉质鳍鱼的后代，也是最早在陆地上行走的脊椎动物。

**踏上旱地**

包括斑点蝾螈在内的大多数成年两栖动物具备行走的四肢和呼吸空气的肺。但是，和其他两栖动物一样，它们必须回到水里繁殖，这是远古水生祖先留下的规矩。

前肢有四指，和现代大多数两栖动物一样。

后肢有五趾。

湿润的表皮缺乏鳞片，在气体交换中补充肺部。

**海洋起源**

5亿年前，第一条鱼在海洋中游泳。锯齿梭鱼和其他现代鱼类与那些早期无下巴的先驱者差异极大。动作更敏捷的肌肉、控制浮力的游泳囊和下颚，使得梭鱼和其他掠食性浅滩鱼类成为水下世界的主人。

## 从水到陆地

鱼类未形成自然的群体或进化支。进化支中的所有后代拥有一个共同祖先，但鱼的后代有陆生脊椎动物。鱼类是一个进化的"等级"——进化趋势中的一个阶段，即有鳍和鳃的脊椎动物身体。两栖动物是肺叶鳍的姊妹类群，肺叶鳍是肉质鳍鱼的分支，现只包括肺鱼和腔棘鱼。

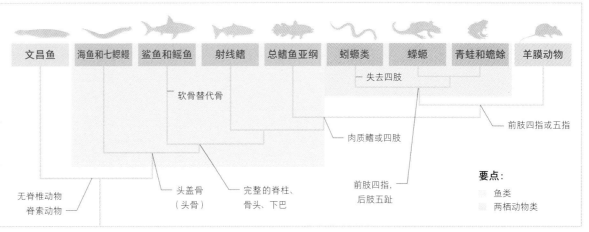

| 文昌鱼 | 海鱼和七鳃鳗 | 鲨鱼和鳐鱼 | 射线鳍 | 总鳍鱼亚纲 | 蚓螈类 | 蝾螈 | 青蛙和蟾蜍 | 羊膜动物 |

失去四肢

软骨替代骨

前肢四指或五指

肉质鳍或四肢

无脊椎动物
脊索动物

头盖骨
（头骨）

完整的脊柱、
骨头、下巴

前肢四指，
后肢五趾

**要点：**
☐ 鱼类
☐ 两栖动物类

坚硬的**鳞片**形成于皮肤的表面表皮，这区别于扎根较深的鱼鳞。

**爬行体**

最早的爬行动物的四肢各有五个手指，但许多现代爬行动物，比如这条水蟒，已经在进化过程中失去了双腿，变成了腹部爬行动物。所有蛇类都是无腿的，许多科的蜥蜴亦通过独立的进化趋同而变成无腿动物。

**蛇的眼睛**没有眼睑，区别于大多数蜥蜴的眼睛。

# 爬行动物和鸟类

爬行动物在身体构造上出现了重大转变，脊椎动物对水外生活具备了更强的适应性。与它们的两栖动物祖先相比，爬行动物获得了能抵抗干燥环境的坚硬带鳞表皮，以及可以在陆地上发育的硬壳卵。巨型爬行动物，尤其是恐龙，统治世界长达1.5亿年，恐龙的后代——鸟类如今在物种数量上可与现存爬行动物相提并论。

**飞行特点**

灰冠鹤身上有一层羽毛，显然是一种鸟类。它凭借由前肢改进而来的翅膀轻质中空的骨骼，得以进行飞行生活。

**爬行动物及其后代**

与鱼类一样，爬行动物代表动物生命的一个等级，而不是进化支，因为鸟类和哺乳动物都是它们的后代。一些最早的爬行动物包括两个主要分支，其中一个是哺乳动物，另一个指所有现存爬行动物以及水生蛇颈龙、飞行翼龙和恐龙等史前形式。鸟类由直立的食肉恐龙——兽足类恐龙进化而来（参见第14—15页）。

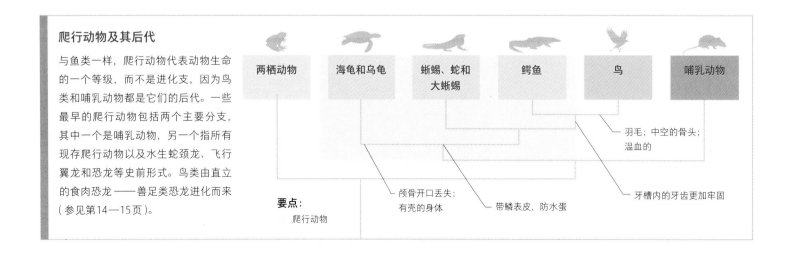

| 两栖动物 | 海龟和乌龟 | 蜥蜴、蛇和大蜥蜴 | 鳄鱼 | 鸟 | 哺乳动物 |

羽毛；中空的骨头；温血的

颅骨开口丢失；有壳的身体

带鳞表皮，防水蛋

牙槽内的牙齿更加牢固

**要点：**
爬行动物

许多鸟类利用**颜色**
展示性别的地方。

羽毛由坚韧的皮肤蛋白、
角蛋白构成，可能是从爬
行动物的鳞片进化而来。

## 哺乳动物关系

哺乳动物类似鸟类和两栖动物，区别于爬行动物和鱼类。哺乳动物构成一个进化支，在这个自然群体中，所有后代都有共同的祖先。现存哺乳动物中最古老的分类是单孔产卵动物（鸭嘴兽和针鼹）和活产哺乳动物（有袋动物和胎盘哺乳动物）。如今，胎盘哺乳动物占哺乳动物总物种的95%。

| 爬行动物 | 单孔类动物 | 有袋动物 | 胎盘哺乳动物 |

活产

乳汁分泌

**要点：**

哺乳动物

## 脑功率

温血为身体组织发挥功能提供了一个恒定的最佳状态，这无疑有助于哺乳动物大脑体积的增加。山魈比蜥蜴具有更强的解决问题能力，并且在抚育幼崽方面的表现也更为出色。

# 哺乳动物

哺乳动物从一组在恐龙时代之前繁衍生息的爬行动物进化而来。首个真正的、毛茸茸的哺乳动物是和恐龙生活在一起的，但在此期间，它们仍然很小，与鼩鼱别无二致。直到恐龙灭绝之后，它们才开始呈现多样化。与鸟类一样，哺乳动物也变得温血，恒定体温的调节帮助它们即使在寒冷环境中也能保持活跃。但是，与鸟类不同的是，大多数哺乳动物并不采用卵生繁殖，它们用乳腺分泌的乳汁滋养后代。

## 兽群

在某种程度上，哺乳动物占据了恐龙腾出的许多生态区位。哺乳动物成为最主要的陆地动物，成群的食草动物聚集形成地球上若干个极大的生物量，如平原斑马。

天然皮毛上的图案在传递社会信号或伪装时发挥重要作用。

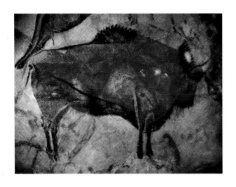

**母野牛（约公元前16 000—前14 000年）**

西班牙阿尔塔米拉（Altamira）洞穴中野牛角和牛蹄上的线条刻画，以及通过刮下彩漆来制造阴影的手法，淋漓尽致地展示出精湛的绘画技艺。

**马和公牛（约公元前15 000—前13 000年）**

在拉斯科公牛大会堂里，一匹红黑相间的马两旁分别依偎着一头公牛和一排小马。这个大厅里拥有世界上最大的刻画在洞穴中的动物艺术形象，是一头长5.2米的公牛。

# 史前绘画

过去200年间的发现揭示了史前绘画的复杂性，它使旧石器时代和现代艺术之间的差异消除殆尽。在西欧乃至世界各地，装饰着数百个洞穴的动物和人类画像，远非简单的描摹再现。这说明，在超过30 000年的时间里，洞穴绘画一直是人类出于某种神秘目的的必要需求。

经过20多年的考究，专家们确认阿尔塔米拉洞穴四周和顶部墙壁上有关动物生命周期的生动景象确是史前作品。19世纪70年代在西班牙坎塔布里亚发现这些画后，一位评论家还坚持认为，这些画作刚问世不久，他甚至可以用手把画擦掉。

大约70年后，四个青少年从散兵坑挤进法国南部蒙蒂纳克（Montignac）附近的拉斯科（Lascaux）洞穴，他们成为17 000年来第一批走过235米画廊的人。画廊描绘了近2000种动物、人像和抽象符号。在这两处，神圣的动物艺术作品是通过赭石和氧化锰制成的颜料在灯光下创作的，而且多位于几乎无法接近的表面，这传达出一种私人的虔诚意图。不出所料，这两个洞穴都赢得了"西斯廷史前艺术教堂"的称号。

随着阿尔塔米拉洞穴的发现，绘画达到了一个无与伦比的完美高峰。

——路易斯·佩里科特-加西亚（Luis Pericot-Garcia），《史前和原始艺术》（*Prehistoric And Primitive Art*），1967年

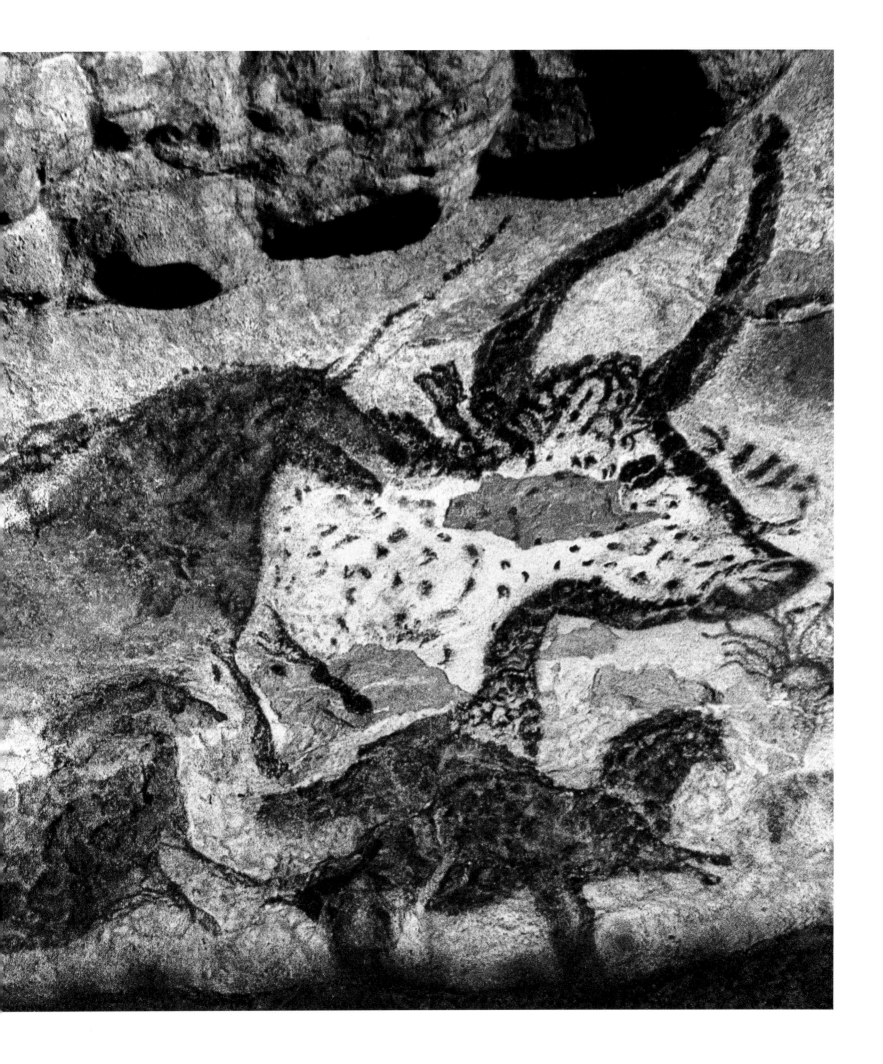

# 形状和大小

shape
and size

形状：动物外在的身体形态或轮廓。

大小：动物的空间维度、比例或范围。

# 对称与不对称

　　对于动物来说，虽然前部后部对应、顶端底端相称似乎是最基本的构造，但是，就一些最简单的身体形态而言，上述区分并不存在，比如海绵动物。海绵动物缺乏形成组织或器官所需的复杂细胞组织。它们会生长成美丽的形状，包括花瓶状、木桶状或树枝状。但是，其简单的结构决定了它们缺乏对称性。然而，包括六放珊瑚在内的一些动物已经具备了更复杂的细胞组织，使其得以生长成放射状。

**动物园地**

数以百计的白色六放珊瑚栖息在这种蜘蛛海绵的鲜红色树状分支上。这两种生物表面上与植物相像，但它们实际上是动物。

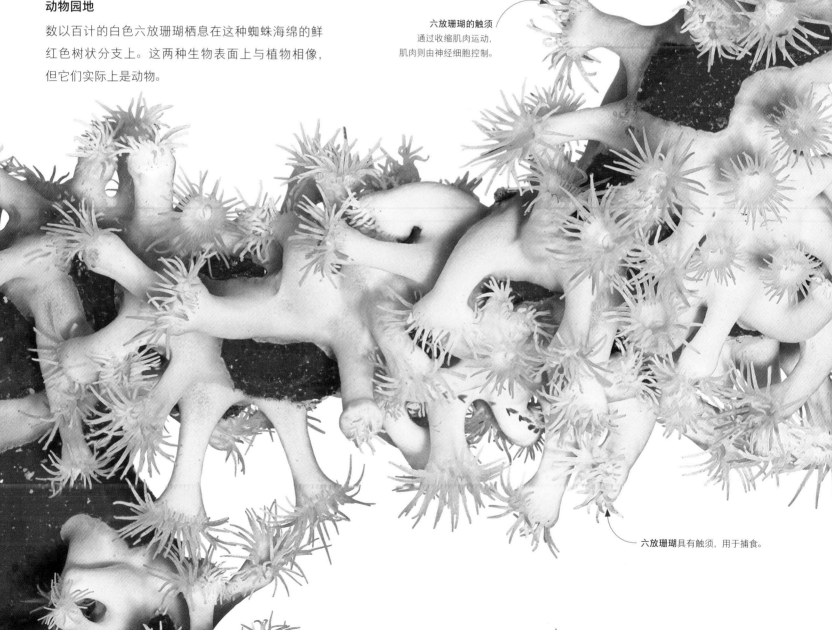

**六放珊瑚的触须**
通过收缩肌肉运动，肌肉则由神经细胞控制。

**六放珊瑚**具有触须，用于捕食。

蜘蛛海绵缺乏保障复杂运动的肌肉和神经。

放射状对称得以形成，是因为六放珊瑚的细胞能够形成组织，如肌肉和表面上皮（表皮）。

## 海绵类型

海绵夹在细胞层之间，有一个支撑它们直立的骨架。在大多数情况下，骨架是钙基的，但也有由二氧化硅制成的玻璃状骨架，或者在寻常海绵纲中由蛋白质构成的更柔软的骨架。

交合刺位于出水口（开口）周围，防止被捕食。

带状晶格由二氧化硅交合刺构成。

扇形裂片形成不对称形状。

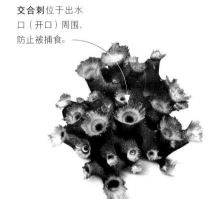

钙质海绵

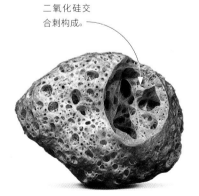

玻璃海绵

寻常海绵纲

整个珊瑚集落形成于
固定在岩石上的一个
共同基座。

**软珊瑚群**

树珊瑚的形成离不开整个珊瑚虫群体的共同努力。珊瑚虫触角可以捕获浮游生物，而且，珊瑚虫消化腔的通道网络四通八达，可以共享捕获的生物中所蕴含的营养物质。

**每个珊瑚虫**都有8个触须，这也使得树珊瑚享有"章鱼珊瑚"之称。

**柔软灵活的枝干**可以弯曲，这有助于它们承受强流的冲击。

**小枝干**可能断裂，进而被湍流冲走，但它们会在别处建立新的集落。

**集落的发展**

集落可指群居生活的任何一组动物，但是，对珊瑚来说，群体成员间的联系尤其紧密。每个集落都萌发于一个受精卵，因此，它的所有枝干和珊瑚虫归根结底都是一个分支众多的个体中基因等同的若干部分。

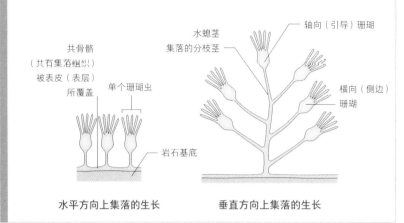

共骨骼
（共有集落组织）
被表皮（表层）
所覆盖

单个珊瑚虫

岩石基底

水平方向上集落的生长

水螅茎
集落的分枝茎

轴向（引导）珊瑚

横向（侧边）珊瑚

垂直方向上集落的生长

# 集落的形成

依靠触须觅食的动物们会尽可能广地搜索周围水域以获取更多营养。许多像海葵一样的生物会为了这个目的而萌生枝干，从而形成珊瑚虫这种动物集落。一些像树一样向上分枝，另一些像垫子一样横向伸展，而石珊瑚则奠定了构成珊瑚礁的岩石基础（参见第64—65页）。

**特殊的珊瑚虫**

一些动物集落会产生各司其职的多种珊瑚虫，如显微镜可见的水螅体——薮枝螅。有些动物的珊瑚虫是专门用来捕食的，而另一些则生产繁殖用的卵子和精子。

**瓶状生殖个虫**是生殖性珊瑚虫，会产生成堆的卵。

**可伸缩营养个虫**是捕食类珊瑚虫，它们的触须可以捕捉浮游生物。

## 最简单的神经系统

由于头尾难辨，刺胞动物的神经系统不像其他动物那样集中位于大脑。相反，它们的神经细胞纤维通过简单的网络遍布全身，环绕于动物的肠道和外部体壁之间。和其他动物一样，传感器利用神经电脉冲将信号传递给肌肉细胞，以完成协调行为的任务。

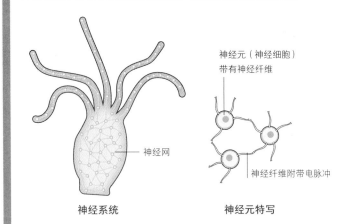

神经元（神经细胞）带有神经纤维

神经网

神经纤维附带电脉冲

神经系统　　　　　神经元特写

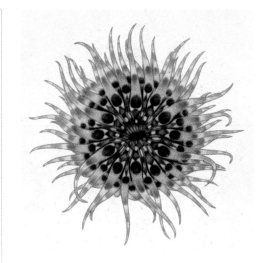

### 沿轴向下观察

海葵的身体部分是围绕中心轴排列的。我们可以凭借内脏确定轴的位置。在触须中部有一个向上的开口，此开口既能接收猎物，又可排出废物。

## 身体形态的改变

一只成年壮丽双辐海葵的身体是围绕一个中心点排列的。然而，和其他许多具有辐射对称性的动物一样，它最初的幼虫具有两侧对称性。

**触须**通过肌肉收缩移动，将猎物转移到口中，或在面临危险时缩回。

**触须顶端**有一种特殊的刺细胞，叫作刺丝囊，它能麻痹较小的猎物。

# 辐射对称

在5亿年前的史前海洋中发现的早期动物中，被触须包围的身体比比皆是，而且，许多现存动物仍然承袭了此种形态。包括海葵、珊瑚和水母在内的刺胞动物没有正面和背面之分，但有放射状身体，可以同时从各个方位感知世界。它们均为水生，依靠在水中摆动的触须捕捉周围经过的猎物。

# 运动中的对称性

有种动物能够挣脱海底束缚，生活在开阔水域之中，对于它们而言，充足的机遇与新的挑战并存。水母是海葵的自由游动的近缘，大多数水母的触须环悬挂在柔软的浮钟之下。由于缺乏稳固的锚地，水母易被流水裹挟而走，但是，它们可以利用体内的肌肉逆流移动，享用来自四面八方的浮游美食。

**自由游动的食肉动物**

太平洋刺水母的脉冲钟推动其穿过水柱，并且拖动着它的刺须。水母缺乏主动追逐猎物的感官构造，因此，它依靠极长的触器伸来诱捕微小鱼虾。

钟状身体的脉动帮助
水母每天行进1千米。

**水母珊瑚虫**

虽然水母可以自由游动，但是，在其生命周期的一部分时间里，它会以海葵状小珊瑚虫的形态附着在海底。幼年水母在珊瑚上蓄势待发，进而游走。

触器将成为
新水母的一部分。

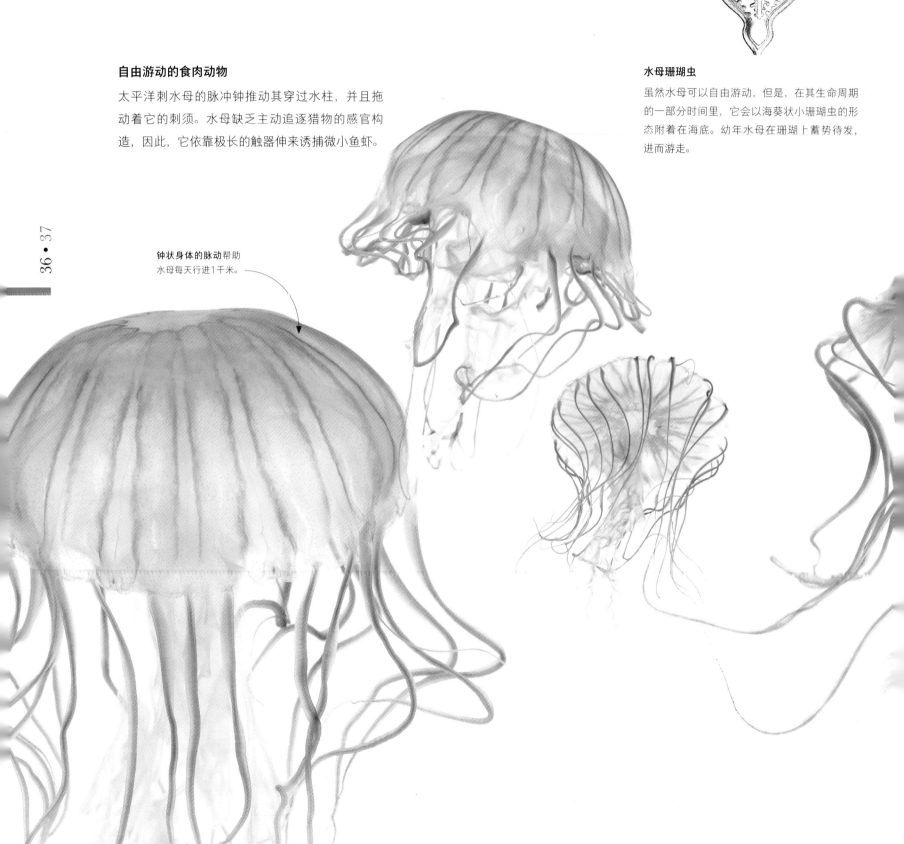

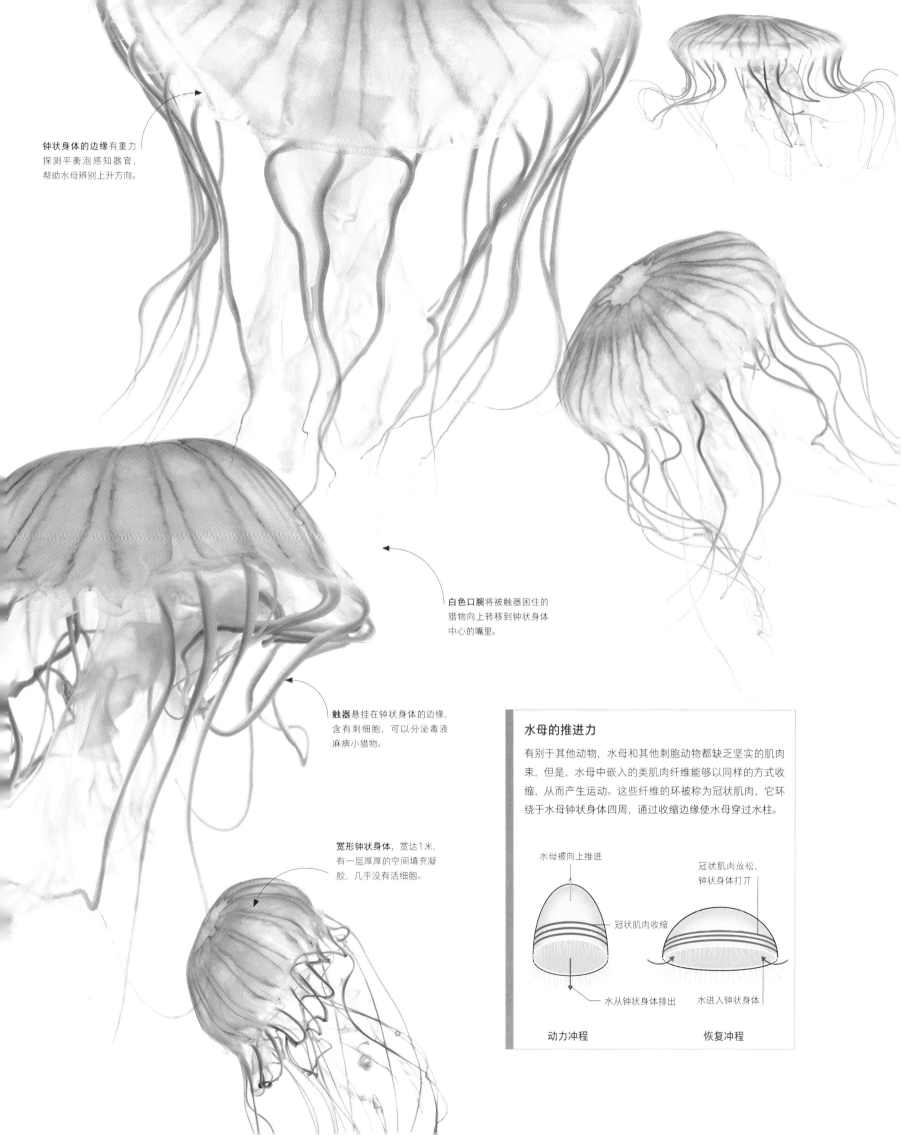

钟状身体的边缘有重力探测平衡泡感知器官，帮助水母辨别上升方向。

白色口腕将被触器困住的猎物向上转移到钟状身体中心的嘴里。

触器悬挂在钟状身体的边缘，含有刺细胞，可以分泌毒液麻痹小猎物。

宽形钟状身体，宽达1米，有一层厚厚的空间填充凝胶，几乎没有活细胞。

## 水母的推进力

有别于其他动物，水母和其他刺胞动物都缺乏坚实的肌肉束，但是，水母中嵌入的类肌肉纤维能够以同样的方式收缩，从而产生运动。这些纤维的环被称为冠状肌肉，它环绕于水母钟状身体四周，通过收缩边缘使水母穿过水柱。

水母被向上推进

冠状肌肉收缩

水从钟状身体排出

动力冲程

冠状肌肉放松，钟状身体打开

水进入钟状身体

恢复冲程

Gamochonia. — Trichterkraken.

## 头足纲动物

生物学家恩斯特·海因里希·海克尔（Ernst Heinrich Haeckel，1834—1919年）将科学与艺术相结合，对数千个新型物种进行了描述，其中就包括这些精细排列的头足纲动物。这位进化论理论家在其1904年的主要著作《自然的艺术形式》（*Kunstformen der Natur*）中详细探讨了身体形式的对称性和组织层次。

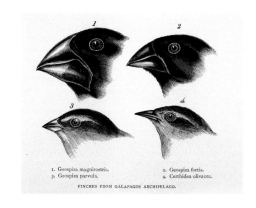

### 达尔文雀（1845年）

约翰·古尔德（John Gould）观察到，达尔文从加拉帕戈斯群岛（Galápagos islands）采集的各种鸟类标本均属于同一个雀科，这成为达尔文自然选择理论的主要来源。

# 达尔文主义者

### 小瑞亚鸟（1841年）

英国鸟类学家、艺术家约翰·古尔德发现并描绘了达尔文在H.M.S.比格尔号航行中遇到的诸多鸟类，包括被他命名为"达尔文瑞亚鸟"的美洲鸵鸟物种。

> 我们有时会用一棵大树来展示同一类别所有生物的亲缘关系，我相信这个比喻是基本忠于事实的。

——查尔斯·达尔文，《物种起源》
（*Origin of the Species*），1859年

对19世纪富有且独立的年轻绅士来说，自然史研究是一条自我完善的道路，亦可奠定其全球旅行的理论基础。查尔斯·达尔文（Charles Darwin）在H.M.S.比格尔号上对动物学的探索记录，尤其是他关于人类起源的开创性理论，激发了绅士们的研究兴趣。

自从卡尔·林奈（Carl Linnaeus）先后引入全球植物分类系统（1753年）和全球动物分类系统（1758年）以来，科学的方法论在其后上百年中得到了广泛应用。在他的影响下，英国皇家海军在远航时吸纳了众多博物学家，以便采集和记录各种动植物，查尔斯·达尔文也受邀加入了H.M.S.比格尔号。

理智分析的严谨性呼唤一种新的艺术表现方法：动物学绘图必须精确化和公式化，从而进行物种之间的解剖学比较。在19世纪，经伦敦动物学会委托完成的绘画作品达数百幅之多。其艺术家包括东印度公司的茶叶商人约翰·里夫斯（John Reeves），他于1812年前往中国，在澳门驻足19年，与中国艺术家共创动植物画作。

鸟类学家、标本剥制师约翰·古尔德是达尔文于1839年创作的游记《比格尔号航海日记》（*The Voyage of the Beagle*）中若干标本的主要插图画家，他通过绘画给出独到见解。达尔文著作的另一个贡献者是伦纳德·詹尼斯牧师（Reverend Leonard Jenyns），这位在剑桥大学受过教育的博物学家，在黄金时代致力于动物学、植物学和地质学的钻研。詹尼斯请当地插图画家为自己的《剑桥郡动物志》（*Notebook of the Fauna of Cambridgeshire*）配图，他提到，这呼应了对稀有标本的强烈需求，"下层阶级"的人们正在从沼泽地收集并出售昆虫，以补给他们的生活。

继达尔文之后，德国博学家恩斯特·海克尔绘制了一棵系谱树，创造了"生态学"和"系统发生"等生物学术语，并就无脊椎动物研究发表了一系列令人眼界大开的著作。其生物插图的非凡艺术性赋予"新艺术"流派的艺术家们无穷灵感。

**微小的航行者**

淡海栉水母只有10～18厘米长，从大西洋、地中海到亚热带水域的公海上部都可以发现淡海栉水母的身影。

# 栉水母

栉水母的大小从显微镜可见到2米不等，它们漂流在海洋中，常被误认为是水母（参见第36—37页）。虽然这两种凝胶状无脊椎动物已经存活至少5亿年，并且有许多共同特征，但是，二者差异悬殊。

"Ctenophore"意为"梳齿"，借指这些动物用于推动行进的毛发状纤毛，依靠纤毛运动是目前已知的最常见的动物行为。这些纤毛呈梳状排列，在底部融合，沿动物两侧各有8排。

像水母一样，栉水母的身体中有95%是水，一层薄薄的细胞层——外胚层覆盖在外，内层或内胚层则位于动物肠腔。中间透明的胶状层被称为中胚层，栉水母的中胚层包含三种细胞类型：收缩细胞或肌肉细胞、神经细胞和间叶细胞。在复杂的生物体中，间叶细胞会发育成一系列组织，但在栉水母中，它只是简单的结缔组织。

从赤道到极地的所有海域都可以发现栉水母的身影。已知的栉水母物种只有187种，它们的形状千姿百态，从叶状到长带状，应有尽有。有些甚至具有可伸缩的边缘触手，其上覆盖着细胞，细胞可以分泌出一种胶状物质来捕捉猎物。栉水母是雌雄同体，通过释放精子和卵子进行繁殖，并且依靠水流与其他个体接触。栉水母是贪婪的食肉动物，一端是嘴，另一端则是两个用以释放废物的肛门毛孔。一些栉水母物种个体1小时可以吃掉500只桡足类动物（微小的甲壳纲动物）。众所周知，它们会消灭鱼类种群，因为它们所到之处，不会给任何幸存的鱼苗留下食物。

**灯光秀**

成年淡海栉水母会发育形成两个透明叶片以及梳状物，后者在折射和反射光时可以产生雨珠似的颜色。

# 头脑简单的动物

与放射状动物在开阔水域费力挣扎的方式相比，大脑从前方引导身体向前移动的能力无疑是一种战略性的进步。扁形虫是较早能够以此种方式实现位置移动的动物之一。它们的前端后端差异明显，身体对称，左右两侧一模一样。尽管形状有限，但是，它们已经进化成大型、华丽的形态。

## 精致之美

从宽宽的头部向前看，像这种多肠目扁形虫的身体如礁石一般崎岖不平。"Polyclad"这个名字的意思是"许多分支"，解释了其分支肠道如何在不借助血液循环的情况下，将食物分散至它那如纸一般薄的身体。

## 从前方引导

向前移动的动物在需求极高的前部或头部拥有更多感觉器官。扁形虫的中枢神经系统是所有动物中最简单的。其大脑中的一组神经细胞（或神经元）处理传入的信息，然后，通过神经索和含有一系列神经元的神经与身体其他部分进行通信。

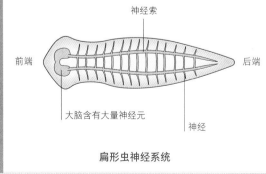

神经索

前端　　　　　　　后端

大脑含有大量神经元　　　神经

**扁形虫神经系统**

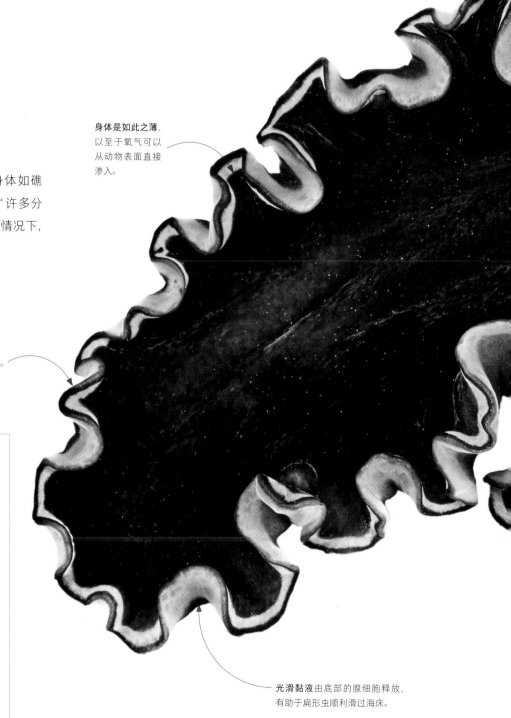

**身体是如此之薄，**以至于氧气可以从动物表面直接渗入。

**扁形虫**的尾部是锥形的。

**光滑黏液**由底部的腺细胞释放，有助于扁形虫顺利滑过海床。

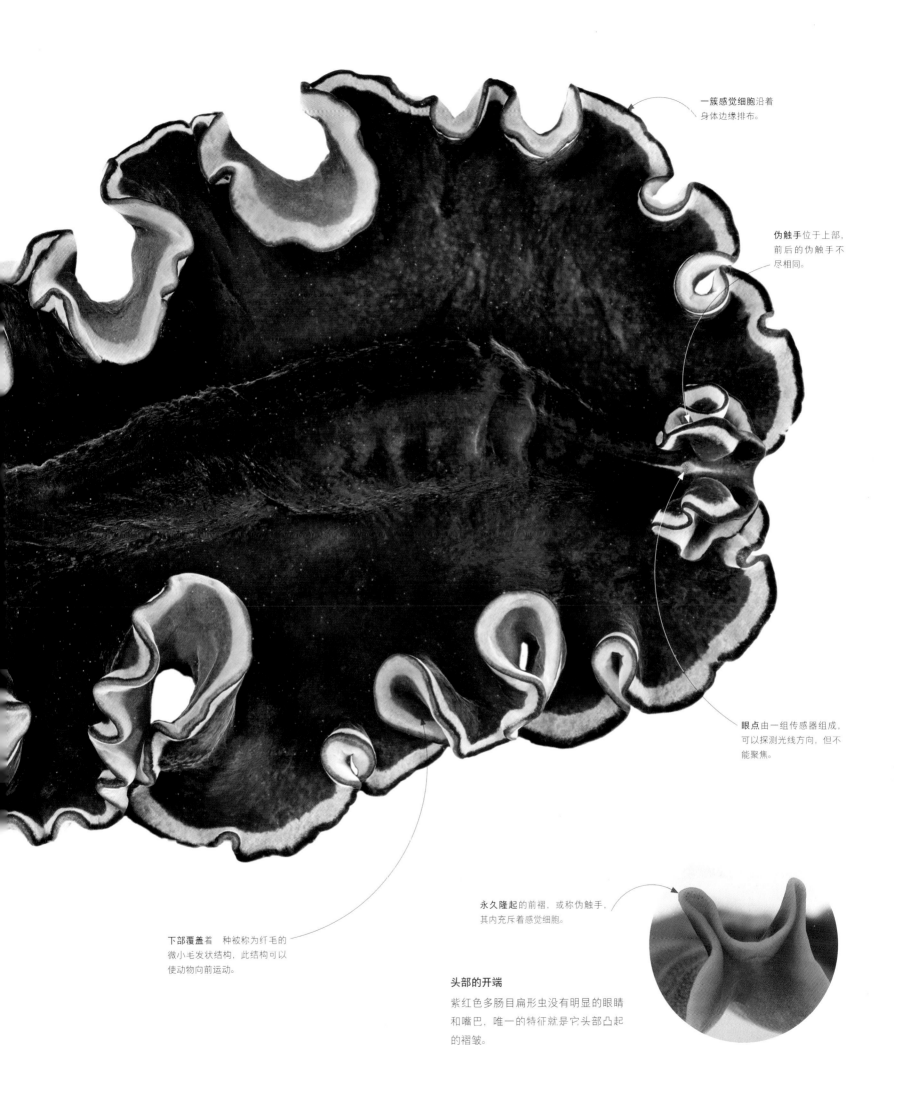

一簇感觉细胞沿着身体边缘排布。

伪触手位于上部，前后的伪触手不尽相同。

眼点由一组传感器组成，可以探测光线方向，但不能聚焦。

永久隆起的前褶，或称伪触手，其内充斥着感觉细胞。

**头部的开端**

紫红色多肠目扁形虫没有明显的眼睛和嘴巴，唯一的特征就是它头部凸起的褶皱。

下部覆盖着一种被称为红毛的微小毛发状结构，此结构可以使动物向前运动。

鬃毛保护狮子的脖子在与其他雄性发生冲突时不受伤害。

头部和面部周围的毛发长达16厘米；一些研究表明，最成功的雄狮会拥有最长的鬃毛。

雄狮鬃毛的颜色和长度受遗传、气候、荷尔蒙、疾病、伤害、营养和年龄等多种因素共同影响。

# 性别差异

大多数动物有雄雌之分，在基因或环境的决定下，个体或雄或雌。性成熟个体间的差异表明，它们已经做好了繁殖后代的准备。在一些动物中，这种性别差异反映在体型上。就许多哺乳动物而言，雄性比雌性高大。此外，雄性越高大，就越有可能得到高标准雌性的青睐。就其他物种而言，譬如一些鱼类，体型较大的雌性可能会产生更多的卵或者更大的后代，它们生存的机会也会随之增加。

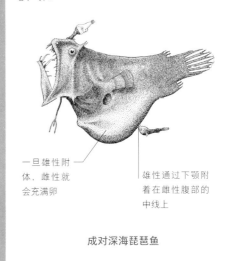

**等待中的幼狮**

所有的狮子幼崽看起来都很相似，雄狮在12个月时才开始长鬃毛，但性发育是在出生前就由基因决定好的。和所有哺乳动物一样，雄性幼崽有 XY 染色体，而雌性幼崽有 XX 染色体。具有 Y 染色体则是雄性，反之则为雌性。

**雄狮与母狮**

雄狮的鬃毛是衡量其是否适合繁殖幼崽的一个明确指标，因为它的厚度与雄狮的睾丸激素水平息息相关。浓密的鬃毛意味着更高的生育能力和更加自信的气质，这些都会遗传给母狮的幼崽。

母狮体型比雄狮小30%—50%。

每头狮子身上**斑点**和胡须的图案都是独一无二的。

**性别极端**

在一些深海琵琶鱼物种中，性别差异趋于极端，雄性琵琶鱼比雌性琵琶鱼小10倍。微小的雄性寄生在雌性身上，此行为使两性达到性成熟，这种现象在动物界是独一无二的。只有在体型巨大的雌性受精后，它才能够产卵。

一旦雄性附体，雌性就会充满卵

雄性通过下颌附着在雌性腹部的中线上

**成对深海琵琶鱼**

### 小野兔（1502年）

小野兔吹弹可破的皮毛和眼里迸发出的生命火花，使阿尔布雷希特·丢勒的研究成就了他受人尊敬的作品之一。他在纽伦堡的工作室用水粉和水彩描绘野兔，并且很可能既在野外观察兔子，又于工作室考察动物标本。

### 熊头（约1480年）

列奥纳多·达芬奇（Leonardo da Vinci）的素描本显示了他对于熊的迷恋，画作中的许多熊生活在托斯卡纳和伦巴第山区。他采用金属尖笔画法在备好的纸上进行小规模描摹，说明这些可能是圈养动物。

# 文艺复兴之眼

**关于一只牛翅的三项研究（1543年）**

阿尔布雷希特·丢勒的水彩画中蕴含着复杂的视角和精确的解剖观察，这些通常为主要作品的问世提供前期研究的基础。

文艺复兴时期的艺术家们在创作经典作品之暇，专注关于动物的水彩和素描，表现出对大自然的深刻感知。重译的古希腊文献宣称自然是文艺复兴时期新的信仰，提倡用伦理和科学的方法来研究动物。

文艺复兴时期的天才列奥纳多·达芬奇研究了动物解剖学以及关于动物行为的草图，为其主要作品做了充分准备。回溯他在北方的足迹，阿尔布雷希特·丢勒（Albrecht Dürer）的动植物基础水彩画无疑夯实了达芬奇在绘画、木刻和雕刻中塑造神圣故事的宏伟愿景。它们意味着与自然的深度接触。

随着人文主义者对亚里士多德（Aristotle）等希腊哲学家作品的重新挖掘，对动物的关注也应运而生。亚里士多德崇敬动物的生命，与中世纪将动物描绘为恶魔般冷酷野兽的行径形成鲜明对比，

这引起了自然史研究的大繁荣。瑞士博物学家康拉德·盖斯纳（Conrad Gessner）将亚里士多德的作品与他的五卷本《动物历史》（*Historia Animalium*，1551—1558年）相呼应。五卷本旨在对所有已知动物和神话生物进行分类，书中收藏了大量插图，其中包括丢勒的木刻犀牛——一只金属质地的、披盔戴甲的野兽。当时的欧洲还未曾发现犀牛，唯一的标本即为葡萄牙国王送给教皇利奥十世的礼物，但它于1516年在一次海难中不幸淹死。

每一种动物都会向我们展示一些自然和美好之物。

——亚里士多德，《论动物部分第一部》（*On The Parts Of Animals Book 1*），公元前350年

每个倍节都被包裹在一个钙化的
外骨骼环中，使其变得格外坚硬。

小螨与千足虫有互利关系，
前者以后者外骨骼上的碎
屑为食。

当受到威胁时，**脆弱的
头部**会被卷曲的身体隐
藏起来。

### 温柔的巨人

千足虫有倍节，这意味着它们的大部
分节段会结为一对，并且带有4条腿。
非洲巨型千足虫最大的长达38厘米，
具有超过250对腿。

**腿很短**，因而速度有限，但短腿
数量众多，使千足虫有力量通过
泥土或腐烂的木头。

# 分节体

有些动物在发育过程中通过不断复制身体的各个部分而增大体型。在蠕虫的进化过程中，这种分节意味着身体部分可以独立移动（参见第66—67页）。包括千足虫和蜈蚣在内的硬体节肢动物，继承了类虫祖先的这种分段身体构造，但是，它们增加了使运动更加高效的关节腿。

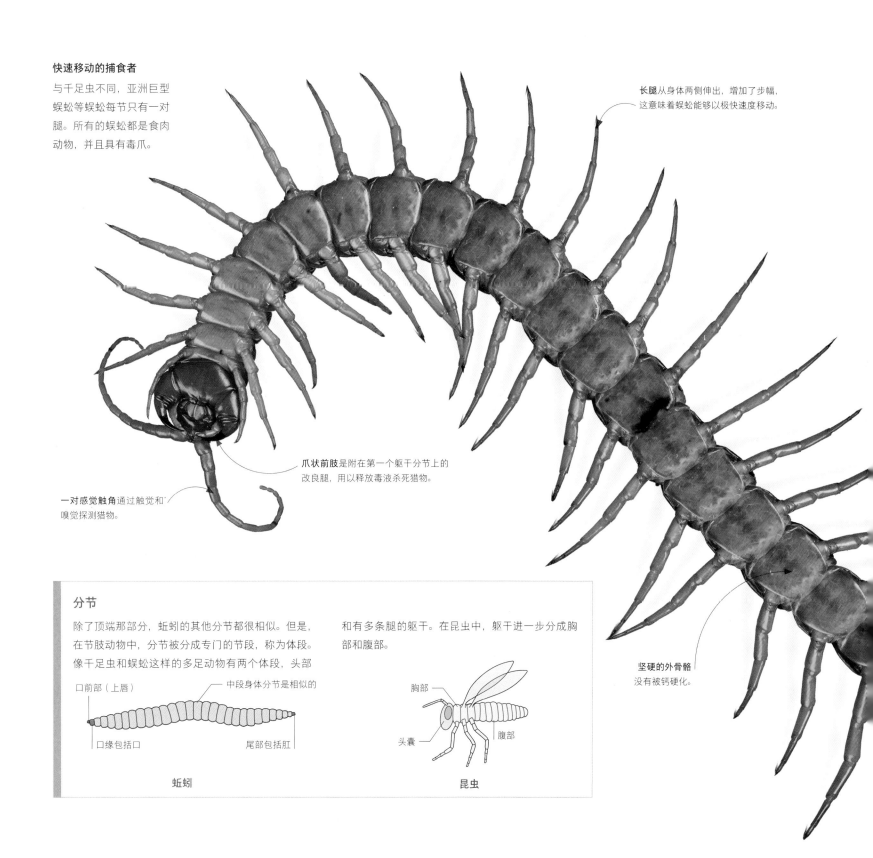

**快速移动的捕食者**
与千足虫不同，亚洲巨型蜈蚣等蜈蚣每节只有一对腿。所有的蜈蚣都是食肉动物，并且具有毒爪。

**长腿**从身体两侧伸出，增加了步幅，这意味着蜈蚣能够以极快速度移动。

**爪状前肢**是附在第一个躯干分节上的改良腿，用以释放毒液杀死猎物。

**一对感觉触角**通过触觉和嗅觉探测猎物。

**坚硬的外骨骼**没有被钙硬化。

## 分节

除了顶端那部分，蚯蚓的其他分节都很相似。但是，在节肢动物中，分节被分成专门的节段，称为体段。像千足虫和蜈蚣这样的多足动物有两个体段，头部和有多条腿的躯干。在昆虫中，躯干进一步分成胸部和腹部。

口前部（上唇）　　　　　　　　中段身体分节是相似的

口缘包括口　　　　　　　　　尾部包括肛

**蚯蚓**

胸部

头囊　　　腹部

**昆虫**

# 脊椎动物体

脊椎或脊柱为身体提供了坚实的支撑，但它非常灵活，因而身体可以弯曲。这之所以成立，是因为脊柱包含了若干更小的由软骨或骨组成的关节块及椎骨。弯曲的力量来自脊柱侧面的肌肉块，称为肌节。第一批脊椎动物（鱼）的脊椎可从一边向另一边蜿蜒摆动。无论是鱼类最初在水中的自如行动，还是后来它们四条腿的后代在陆地上爬行，都得益于这种构造。

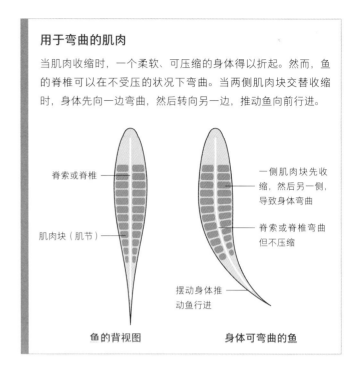

**用于弯曲的肌肉**

当肌肉收缩时，一个柔软、可压缩的身体得以折起。然而，鱼的脊椎可以在不受压的状况下弯曲。当两侧肌肉块交替收缩时，身体先向一边弯曲，然后转向另一边，推动鱼向前行进。

脊索或脊椎

肌肉块（肌节）

一侧肌肉块先收缩，然后另一侧，导致身体弯曲

脊索或脊椎弯曲但不压缩

摆动身体推动鱼行进

**鱼的背视图**　　　　**身体可弯曲的鱼**

形状和大小

### 文昌鱼

文昌鱼有一个橡胶状脊索支撑其背部，脊索是骨性或软骨性脊柱的进化前身。脊索存在于脊椎动物胚胎之中，在发育过程中逐渐被脊柱所代替。

**背部**靠夹在成排肌节之间的脊索支撑。

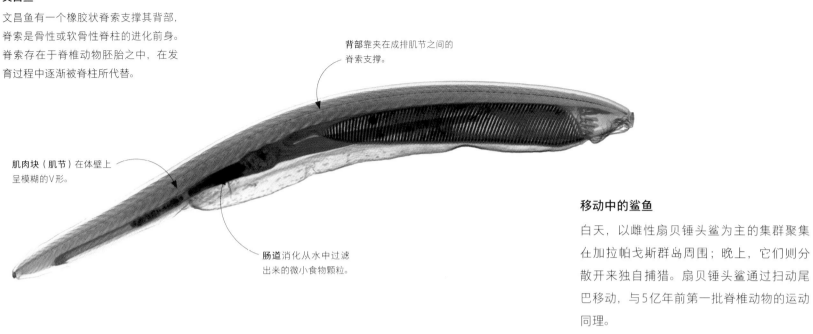

**肌肉块（肌节）**在体壁上呈模糊的V形。

**肠道**消化从水中过滤出来的微小食物颗粒。

### 移动中的鲨鱼

白天，以雌性扇贝锤头鲨为主的集群聚集在加拉帕戈斯群岛周围；晚上，它们则分散开来独自捕猎。扇贝锤头鲨通过扫动尾巴移动，与5亿年前第一批脊椎动物的运动同理。

## 青蛙的进化

青蛙一部分体形的进化表现为脊椎骨数量缩减至8根或9根。现存的弓9根椎骨蛙所剩无几，它们属于"古老的蛙类"，即始蛙亚目，其中两种似乎还保留着尾巴，尽管尾巴实际上是一种无骨交配器官。中蛙亚目这一中期进化阶段，以及多种新蛙亚目，即"新型的蛙类"，具备了更典型的青蛙特征——新的蛙类有舌头，并且能发出声音。

尾部是雄性泄殖腔的一部分，用于内部受精。

**始蛙亚目**
尾蟾

口中没有可移动的舌头，许多中蛙亚目都是如此。

**中蛙亚目**
非洲爪蟾

存在**耳膜**，大多数新蛙亚目都是如此。

**新蛙亚目**
欧洲林蛙

## 生活方式

尽管青蛙和蟾蜍均有赖于湿润的皮肤，但它们能够在多种栖息地中生存。大多数蛙类借助水源进行繁殖（参见第316—317页），但是，即使在沙漠中也能找到它们的身影。沙漠里的穴居物种在地下度过干燥时期，通常将自身密封在茧中以保持水分。许多蛙类埋伏在森林地面伏击猎物，而另一些则以爬树捕食见长。

每个手指和脚趾上都有黏黏的圆盘，有助于攀爬。

**捕蝇蛙**
红眼树蛙

斑纹模仿了落叶，青蛙白天便藏身于落叶之中。

**食虫蛙**
带状牛蛙

**大嘴**适合无牙的守株待兔型捕食者，它必须把大型猎物全部吞下。

**捕鼠蛙**
阿根廷角蛙

## 尺寸变化

青蛙和蟾蜍的大小因数量的不同而不同，新型微小蛙种的发现不断刷新着青蛙尺寸范围的下限。已知现存最小的蛙是巴布亚新几内亚的阿马乌童蛙，只有7.7毫米长；而最大的则是西非巨蛙，长30厘米，重3.3千克。

在阳光照射下，**身体颜色**变白，并带有黄色、黑色边缘的斑点。

3—3.3厘米
马达加斯加白腹芦苇蛙

长长的"**颈部**"使青蛙可以左右移动头部。

4.1—6.2厘米
西非橡胶蛙

**皮肤控制蒸发**，所以青蛙可以适应季节性的潮湿或干燥环境。

7—11.5厘米
白树蛙

**五颜六色的登山者**
原产于中美洲和南美洲雨林的深绿黑色
箭毒蛙主要生活在地面上。但是，它能
爬行50多米到达树洞里的季节性水池。

**脚趾甲**表明此物种攀岩能力
突出，尽管其绝大多数时间
在森林地面上生活。

**鲜艳的颜色**警告掠食者
其皮肤具有毒性。

**短而钝的鼻子**，适于进入
白蚁丘寻找猎物。

**食蚁蛙**
墨西哥穴居蟾蜍

**眼睛后面的肿胀部分**是一个
充满毒液的腺体。

**长达22厘米**
美洲甘蔗蟾蜍

# 蛙类的体形

地球上最常见的两栖动物 —— 青蛙和蟾蜍分布在除南极洲以外的所有
大陆。它们的体形在2.5亿年中基本保持不变。它们的头部通过一个颈椎骨
附着在缩短的身体上，后肢不断拉长。在成年蛙身上，尾巴被融合的椎骨所
代替，这就是所谓的尾杆骨。

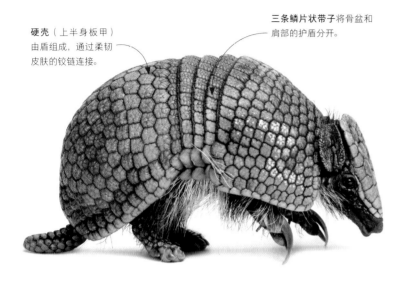

**硬壳**（上半身板甲）由盾组成，通过柔韧皮肤的铰链连接。

**三条鳞片状带子**将骨盆和肩部的护盾分开。

**背部肌肉**收缩从而使身体拱起。

**三角形**的头部与尾部护盾锁定，从而保护面部和腹部。

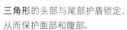

**保护**自身，防止被捕食。

# 变形者

　　动物若想在运动时改变形状，所需的无非就是强壮的肌肉和一定程度的柔韧性。但是，有些动物在遇到危险时会出现极具戏剧性的变形。所有犰狳都有覆盖在身体上部的骨质板保护，当危险来临时，大多数犰狳只需平躺在地，并且缩回四肢。然而，2种三带犰狳有足够的灵活性，可以卷成球状以达到自卫目的。

当动物卷起时，主护盾下面的
空间可以用来收起四肢。

尾巴是犰狳身上唯——处
上下表面都有鳞片的部分。

**来自板甲的保护**

南部三带犰狳的硬壳由覆盖着角质表皮的
骨板或鳞片组成。这些板甲只是部分附着
在身体上，从而保证身体内部留有空间让
其完全收回四肢，然后卷成球状。

### 独具优势的生活

大象的巨大身躯在不可知的环境里易被缓冲。它行动缓慢，具有丰富的能量储备，即使数周无营养摄入仍能应对自如。但是，最小的温血动物鼩鼱体重只有2克，没有能量储备，由于身体散热失去极大部分能量，因此需要几乎不间断地进食，以防止饥饿。

**鼩鼱（鼩形目鼩鼱科）**

### 对热带生活的适应性

稀树草原的大象是世界上最大的陆地动物，它的皮毛稀疏，有助于满足大块头强大的散热需求。虽然它缺乏其他哺乳动物的产油腺，但是，泥浴帮助其调理皮肤，皱纹有助于锁住水分。

# 大与小

与能在针头上栖息的最小无脊椎动物相比，现存最大的动物 —— 大象和鲸鱼简直是庞然大物。它们的身形大有裨益，毕竟体型较大的动物可以击退捕食者，恐吓竞争对手。但是，它们需要更多的食物和氧气，地心引力也会使其身体承受巨大的压力和张力。因此，它们需要非常强壮的骨骼和有力的肌肉支撑其活动。

稀树草原的大象**耳朵**离底部有2米的距离。

**血管网**将温血输送到皮肤表面进行冷却。

**耳朵的表皮**（皮肤表层）只有2毫米厚，比身体其他部位薄10倍。

轻伤造成的"划痕"图案可以帮助区分不同个体。

**热图像**显示大象身体的大部分是温暖的（呈红色），但耳尖却是凉爽的（呈蓝色）。

### 保持凉爽

哺乳动物产生体温以维持重要机能。对于大象这种温血巨人来说，可能存在温度过高的问题。但是，大象可以通过拍打耳朵散热，使血液冷却。

**马拉巴尔独角兽**

意大利探险家马可·波罗（Marco Polo）称，他在24年的亚洲之旅中遇到了一只独角兽。
但是，他描述的"在泥泞中挣扎的丑陋动物"其实很有可能是一头犀牛。在15世纪版的
《世界奇观》（ *Livre des Merveilles du Monde* ）中，插画家刻画了一种更为传统的独角兽，
周围是印度马拉巴尔的土著动物。

对大象的再现

在13世纪的《罗切斯特动物寓言集》（Rochester Bestiary）中，大象被赋予了多种颜色、喇叭形的躯干以及类似野猪的特征。图中这头战象背着一个炮塔的士兵。

# 奇幻的兽类

　　中世纪动物寓言集是中世纪的生物集册，它宣扬兽类、鸟类、鱼类，甚至地球上的岩石全部具有上帝赋予的特质和特征。关于世界上野生生物固有的善与恶的故事很容易被中世纪的人们熟记。许多杰出的寓言集装饰华丽、引人入胜，包括大量动物图片，久久萦绕在目不识丁的读者心中。

　　欧洲的动物寓言集主要用拉丁语或法国的土语写成，其历史可追溯至《博物学家》（Physiologus）。这本古老的亚历山大文本刻画了50种动物。在《博物学家》中，大自然的无辜兽类被赋予了与基督或魔鬼相联系的行为和特征。例如，人们认为鹈鹕可以用自己的鲜血复活死去的幼鸟，这使鹈鹕成为复活的有力象征。

　　在13世纪的动物寓言集中，鲸鱼被刻画为一种巨大的多鳍鱼，它将自己伪装成一个岛屿，来引诱船只驶到它的背部。当不知情的水手们在它沙质的皮肤上生火时，炽热愤怒的鲸鱼就把他们拖进深渊，此故事旨在描述魔鬼的诱惑，警醒世人，揭示罪人必下地狱的命运。寓言集中的刺猬在葡萄上滚动，将之刺穿并带到幼崽身边。一只咆哮的黑豹带着芬芳的气息出现，吸引着所有的动物。

　　大多数插图都出自未经艺术训练的僧侣之手，他们不得已将自己对于神秘动物的设想用口头描述和雕刻的形式表现出来。他们通过想象创作出一条长着狗头的鳄鱼，抑或是一只独角兽。

　　13世纪的探险家马可·波罗的第一手观察也没有加深中世纪对遥远地区野生动物的认识。这位威尼斯探险家向同被关押在热那亚监狱的囚犯鲁斯蒂谦（Rustichello da Pisa）口述了他24年的旅行。后来在欧洲成为畅销书的内容都是一些动物的花哨缩影，但是马可·波罗"一切都不一样……在尺寸和美感上都很出色"的描述却遭到怀疑。

为了驯服独角兽以便将其捕获，
人们曾将一个处女置于独角兽的必经之路上。

——《罗切斯特动物寓言集》，13世纪

# 高大的动物

　　高挑的个头使得动物更容易发现危险，并且能够接触到竞争对手可望不可及的食物。在这方面，没有其他动物能与长颈鹿相提并论。它的身形得益于细长的脖子和修长的小腿骨。但是，这个高度也需要一个更加强壮的心脏来对抗地心引力，实现长距离泵血，并且为了维持运动，长颈鹿的血压需要达到哺乳动物血压的两倍。

### 特别的头部

长颈鹿是现存最高的动物，雄性长颈鹿从地面到头顶的高度可达6米。以下几个因素有利于它们的进化：高度提供了更强的警惕性和更高的可见度，身形表面积巨大能促进散热，使其保持凉爽。

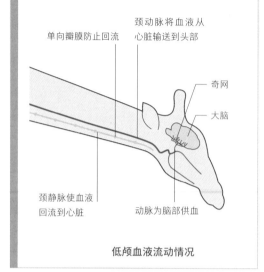

### 颈部循环

当长颈鹿低下头时，位于大脑底部的一个有弹性壁的血管网（奇网）就会膨胀，帮助吸收血液，否则，这些血液一旦回流就会造成伤害。沿颈静脉的一系列单向瓣膜关闭，以防止血液在重力的压力下倒流。

单向瓣膜防止回流

颈动脉将血液从心脏输送到头部

奇网

大脑

颈静脉使血液回流到心脏

动脉为脑部供血

**低颅血液流动情况**

面向侧面的眼睛为长颈鹿提供了一个广阔的视野。

伸长的颈部只有7块骨头，数目和其他哺乳动物一样，但是更长。

颈部有狭窄的气管，可以最大限度地减少每次呼吸时必须更换空气的体积。

短角或称长颈鹿角，被皮肤所覆盖，最初由软骨形成并且融于头骨。

头骨内部**鼻腔**有一层衬，可以在长颈鹿无法喘气时冷却血液。

**暗斑**含有高浓度的大汗腺和有助于散热的表面血管。

**长颈鹿的脖子**如此之长，如果不张开双腿就无法喝到水。

颈部的基部，即顶柱，比其他有蹄类动物的基部位置更靠后而且高度更高，为其颈部长度提供了一个稳定的基础。

**冒险喝水**

长颈鹿的腿骨很长，它不得不张开前腿从水池喝水。这种不稳定的姿态使长颈鹿极易受到捕食者攻击。因此，出于自我保护的目的，长颈鹿经常成群结队地喝水。

# 骨骼

skeletons

**骨骼：**支撑动物形体并且保证动物运动的内部或外部框架，通常由骨或软骨等坚硬材质构成。

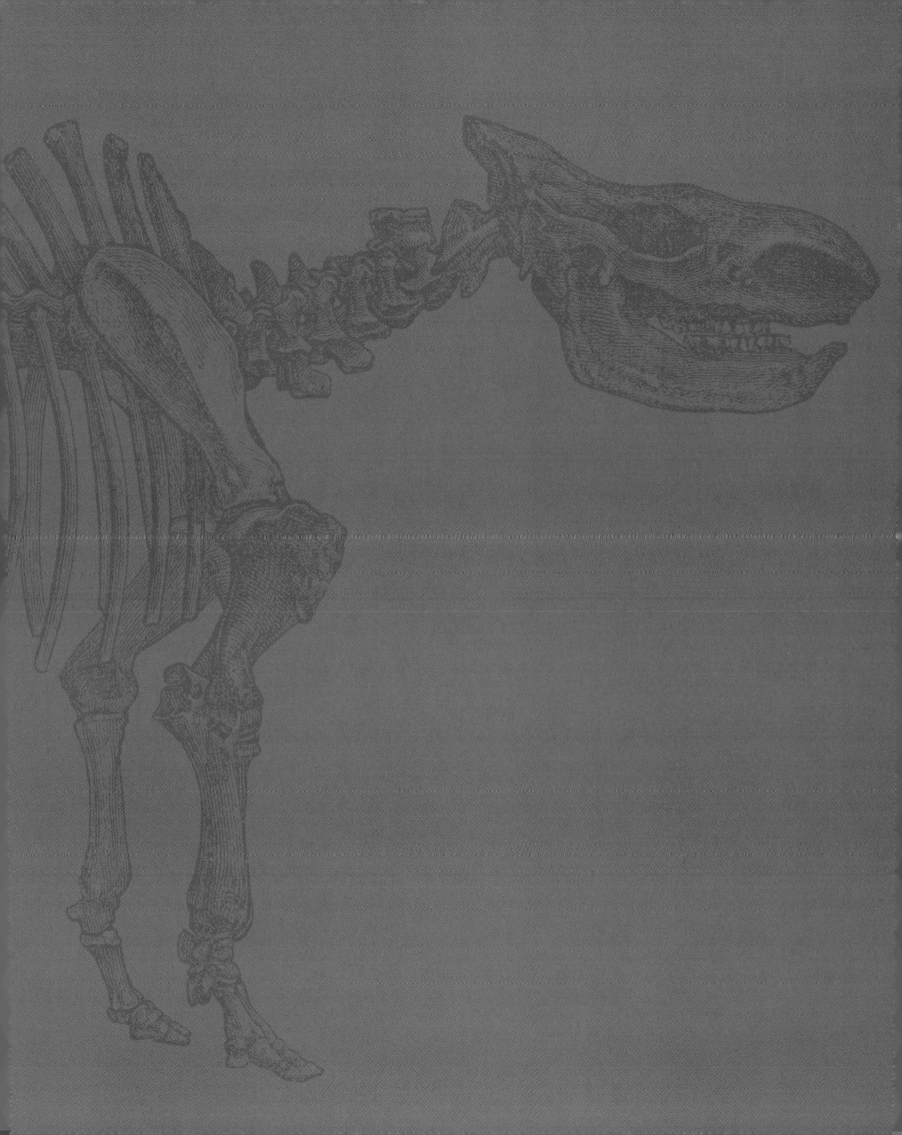

## 海扇

银树柳珊瑚由一种珊硬蛋白角质材料
构成的中空管道加固。它的强度足以
抵挡洋流的冲击。这种黄色海扇的扇
形结构也有助于它抵御海流。

柳珊瑚的**公共骨骼**有助于集群
分支的直立生长，从而使珊瑚
虫暴露在更多的浮游生物面前。

柳珊瑚拥有密集羽毛状集群，
易被强大水流连根拔起，所以
多生长在平静深邃的水域。

## 珊瑚虫

珊瑚或柳珊瑚的骨骼是一个无生命子
结构，但它对表面有生命的珊瑚虫起
支撑作用。每只珊瑚虫都位于坚硬的
杯状物——珊瑚个体之中，从而保护
它们柔软的身体。

**每只触手**上都
覆盖着刺细胞，
用于击晕猎物。

**石珊瑚骨骼**

大多数珊瑚都含有一个由碳酸钙组成的骨骼，它堆积成珊瑚礁巨大的岩石地基。珊瑚礁的生命起源于一个由矿物沉积而固定在海底的微小珊瑚虫。随着这种动物的不断繁殖，产生更多珊瑚虫，矿物沉积逐渐扩大，形成集群。

珊瑚虫口部

触手

珊瑚个体
（单个珊瑚虫的骨骼）

下部岩石地基

**单个珊瑚虫**

薄薄的表皮分泌物质形成骨架

形成一个无生命框架（骨架）

**珊瑚礁**

# 公共骨骼

正如木本树干和树枝支撑起树木的枝叶，骨骼也同样有力地支撑起一个庞大的群落。珊瑚及其近缘擅长通过制造巨大骨骼的方式来承载成千上万的微小珊瑚虫（参见第32—33页）。这些骨骼的构成元素包括角质蛋白质、岩石矿物或几丁质（螃蟹壳中亦存在此物质），它们在薄薄的表皮下茁壮生长，所有在表面生活的珊瑚虫都通过表皮得以相互连接。

**珊瑚虫**排列在骨骼上，由活性组织连接。

柳珊瑚的**扇形分枝**朝着主流方向生长，来捕获浮游生物。

首节，即口围，包含口器。

肉质延伸，即触须，用以感知和品尝食物。

抓食下巴隐藏在分节之内，但会在进食时伸出并且将藻类撕裂。

隔膜将每个身体节段分隔开来。

一对**桨状物**,即侧足,
附于每个身体分节。

**虫王**

虫王沙蚕的静水骨骼由一系列充满水的
分节组成。成群的肌肉靠着气囊收缩和
放松,帮助动物在水、沙和沉积物中顺
利通过。两侧的肉质襟翼或桨状物使它
能够抓牢地面。

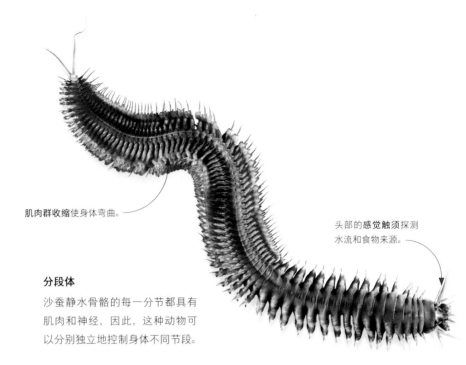

**肌肉群收缩**使身体弯曲。

**头部的感觉触须**探测
水流和食物来源。

**分段体**

沙蚕静水骨骼的每一分节都具有
肌肉和神经,因此,这种动物可
以分别独立地控制身体不同节段。

# 静水骨骼

包括蚯蚓在内的环节动物的身体没有坚硬的骨头或坚固的盔甲支
撑,取而代之的是灵活、充满水(或静水)的骨骼。水是完美的骨骼
填充物,因其不会被压缩,而且可以自由流动以填补任何形状。因此,
通过协同努力,动物的肌肉可以挤压身体充满水分的部分,从而实现
向前移动。

**通过波来前进**

沙蚕通过收缩身体一侧的交替肌肉群,放松拉长另一侧的肌肉群,产生S形横波。
横波沿着身体传播,帮助它穿过沙土或在水中游动。

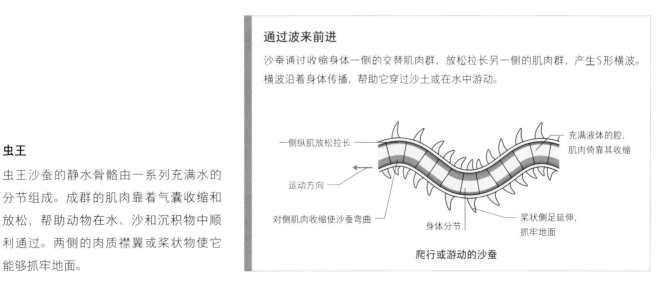

一侧纵肌放松拉长

运动方向

对侧肌肉收缩使沙蚕弯曲

充满液体的腔,
肌肉倚靠其收缩

身体分节

桨状侧足延伸,
抓牢地面

**爬行或游动的沙蚕**

**戴盔甲的幸存者**

红树林马蹄蟹是当之无愧的活化石。它是5亿年前第一批披甲无脊椎动物的残存物种，亦是甲壳类动物、昆虫和蜘蛛的祖先。

一个宽大的护盾形成了硬壳的前部，覆盖着合并的头部和胸部。

五对螯状（钳尾）关节肢用于行走和游动。

硬壳的后半部分覆盖腹部，沿其后缘排布着可移动的刺。

**假螃蟹**

虽然名字带有"蟹",但是马蹄蟹更接近于蛛形纲动物,而非蟹类。和蛛形纲动物一样,马蹄蟹没有触角,身体被分成两部分:前体区(即合并的头部和胸部)和末体(即腹部)。

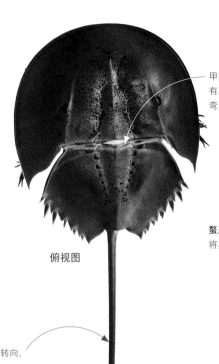

甲壳上灵活的铰链有助于动物在中间弯曲。

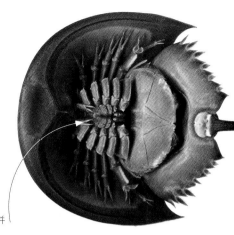

螯肢用于捕捉猎物并将其放入口中。

俯视图

底视图

**僵硬、尾巴状的尾节**帮助动物转向,并且包含探测光线的传感器。

与许多水生节肢动物不同,**马蹄蟹的外骨骼**不含碳酸钙。

# 外骨骼

许多身体柔软松弛的水生动物在外部和内部都依靠水来起支撑作用,但是,坚硬的骨骼为支撑动物体形提供了一个更为坚实的框架。由外部外壳(即外骨骼)支撑的动物能够更好地控制自己的运动,既可移动得更快,也可长得更大。外骨骼像盔甲一样在身体周围生长,这意味着它们必须定期脱壳,以便在其下为动物生长腾出足够空间。

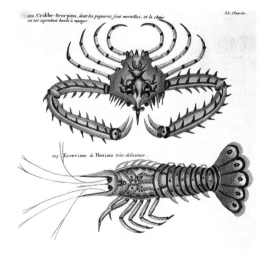

**加固的外骨骼**

节肢动物有一个坚硬的外骨骼,由几丁质构成。许多生活在水里的节肢动物(尤其是甲壳类动物)的外骨骼也被碳酸钙等矿物质加固,这使得外骨骼更坚实,但也更重。然而,水栖节肢动物周围的水能够分担它们沉重骨架的重量。

# 陆地环境中的外骨骼

　　5亿年前，第一批在陆地生活的动物具有坚硬的外部骨骼，即外骨骼，它位于灵活的关节周围。这种盔甲保护它们的身体免受伤害，甚至可以形成一层蜡质层，从而防止脱水。但是，这些陆生动物有一个巨大的缺点：由于缺少水的浮力，导致盔甲负重极大。如今，最大的批甲无脊椎动物仍生活在海洋之中（参见第68—69页）。那些入主林地等陆地环境的动物，因受限于环境而体型较小。但是蜘蛛以及具有更佳防水性和呼吸孔的昆虫（见方框），在数量和多样性上弥补了这一点。

## 昆虫外骨骼

骨骼的改进使得昆虫成为陆地上的主要节肢动物。它们不仅具有更好的防水性能，而且其外壳被呼吸孔（即气孔）系统穿透，这些气孔通过充满空气的微管将氧气直接输送给肌肉。

气孔，即呼吸孔

角质层表面浸有防水蜡

感觉硬毛，即刚毛

外皮表面是硬化的

表皮

气管，即呼吸管道

腺细胞分泌物质形成角质层

刚毛形成细胞，与表皮神经细胞相连

**昆虫的保护外层**

胸部由七块护甲保护，每小护甲分别怒十一对腿之上。

六块腹部护甲保护鳃状呼吸结构。

身体各分节之间的**关节**使得
球土鳖虫能够将身体卷起。

触须和口器被拉入内部，
从而提供额外的保护。

陡峭的弓形身体使动物
形成近乎完美的球形。

### 防御机制

与其他种类的土鳖虫不同，球土鳖虫有一种额外的防御策略，
它们能够将身体卷成球状，这有助于保护其免受捕食者的攻击。

在外骨骼的每一部分都分
布着一排**触感突起**，即感
觉器。

**头盔状头囊**保护大脑和
相关器官。

**口器**被坚硬的外骨骼加固，
腿和其他附属部分同理。

### 呼吸空气的甲壳类动物

虽然缺少旱地昆虫的特化作用，普通的球土鳖虫
却是成功进化的陆生甲壳类动物之一。与大多数
昆虫和蜘蛛相比，它的护甲更为明显；而且对其
虾状祖先的鳃部进行了优化，从而能够从空气中
而非水中吸收氧气。

**摆动的棘刺**

若组成骨骼的护甲与甲壳（即外壳）相连接，那么生物的灵活性则会相应减弱。但是，就海胆而言，比如白色斑点的长刺海胆，可以通过肌肉移动棘刺来击退入侵者。在其身体下面，像吸管一样的管足（参见第212—213页）能够使海胆停留在海床上。

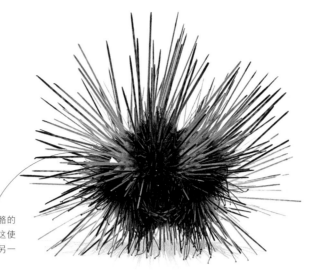

每根棘刺的底部与骨骼的其他部分灵活相连，这使得棘刺能够从一侧向另一侧移动。

侧视图

# 白垩骨骼

海星和海胆属于棘皮类动物，"棘皮"意为"多刺的表皮"。这个名字意指它们独特的白垩骨骼，此种骨骼由碳酸钙晶体组成，这些晶体松散地堆积在动物粗糙的皮肤上（如海星）；或聚集形成一个壳，即外壳（如海胆）。尽管它们的放射状对称与星星相像，但它们是脊椎动物近缘之一，二者相似度极高。

较长的吸盘状管，称为管足，它能从棘刺中伸出，用于附着在海床上并且爬行。

坚硬的尖头防御棘刺是中空且易碎的，在断裂时会释放出微量毒液。

### 五边形身体形态

大多数棘皮动物都具有五轴对称性，这意味着它们的身体围绕一个中心点可分成五个部分。这种对称性在典型海星的五臂中最为明显，但是，在一些失去棘刺的海胆死去后显现的贝壳状护甲上，以及海蛇尾（参见第212—213页）和海参等相关动物身上，也可以发现这种五轴对称性。

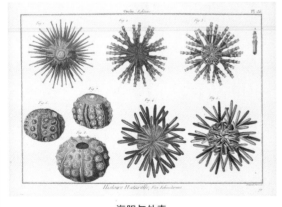

海胆与外壳

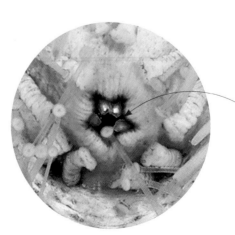

颚器

五颗牙从下颚突出，帮助海胆从岩石上剥下海藻。

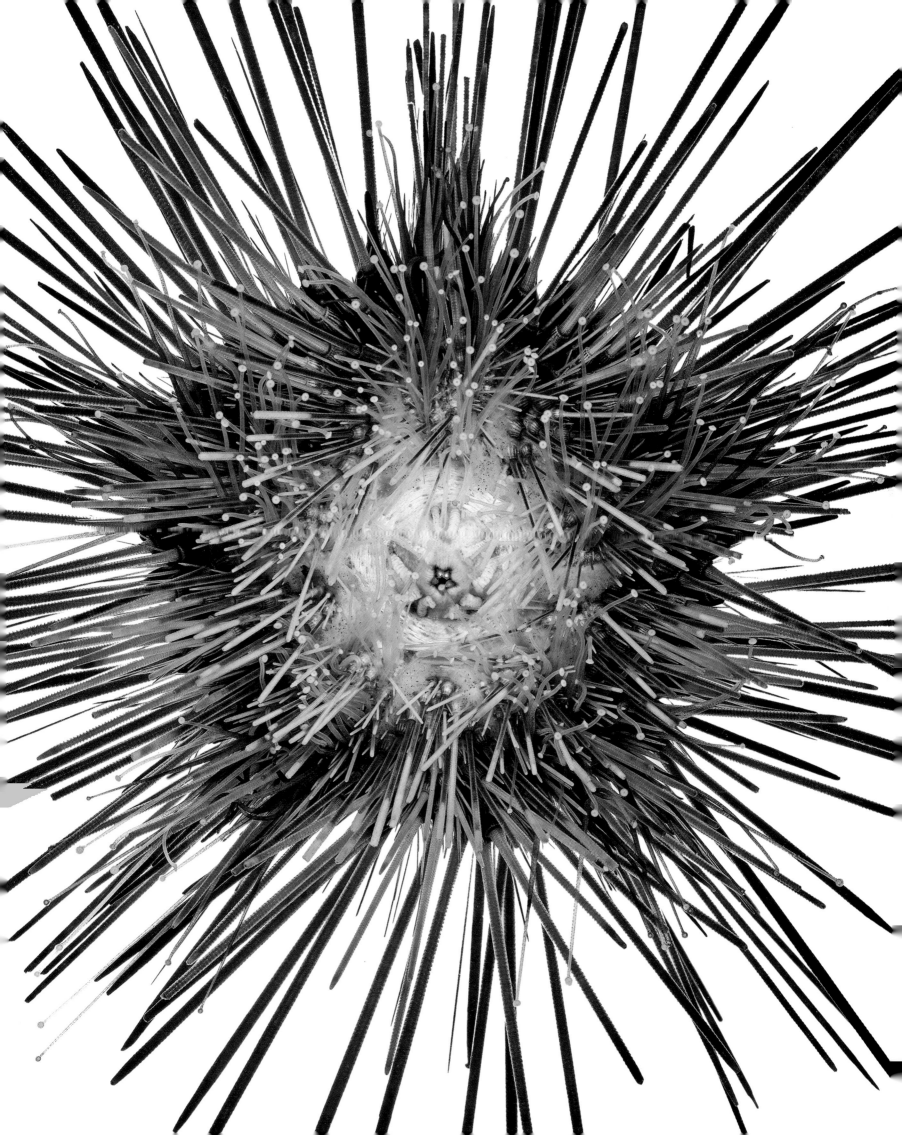

# 内部的骨骼

脊椎动物身体内部具有一个坚实的关节结构，被肌肉包围。与无脊椎动物的外骨骼不同，这种内骨骼是从内部构建的。它随身体生长，所以不需要蜕皮。这之所以可行，得益于硬骨和灵活软骨这些在发育过程中成形并不断重塑的活组织的进化。

## 染色成分

喉盘鱼是一种沿海鱼类，因其吸盘状的腹鳍而得名。和大多数脊椎动物一样，成年喉盘鱼保留下来的骨骼主要由硬骨（此处呈紫罗兰色）构成。但它也保留了由柔软的软骨（呈蓝色）构成的部分，这些软骨专门用于支撑胚胎。

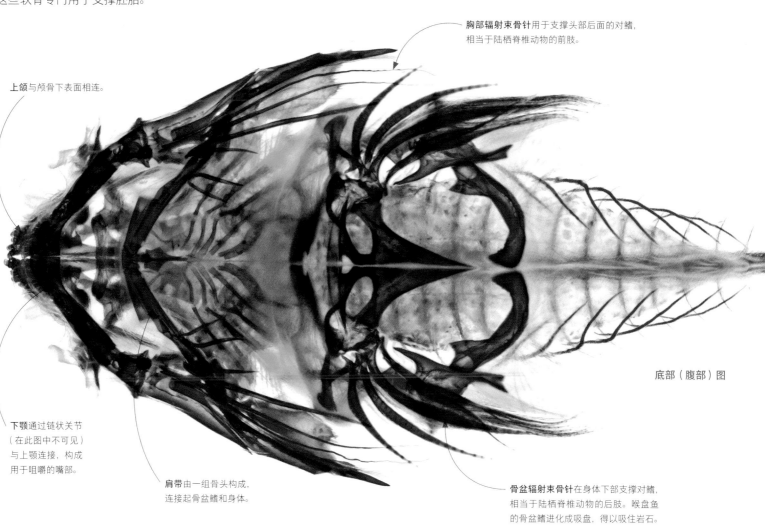

**脊柱**包括一系列相同的骨骼单元，称为椎骨，为身体肌肉提供灵活的支撑轴。

**胸部辐射束骨针**用于支撑头部后面的对鳍，相当于陆栖脊椎动物的前肢。

**上颌**与颅骨下表面相连。

**下颚**通过链状关节（在此图中不可见）与上颌连接，构成用于咀嚼的嘴部。

**肩带**由一组骨头构成，连接起骨盆鳍和身体。

**骨盆辐射束骨针**在身体下部支撑对鳍，相当于陆栖脊椎动物的后肢。喉盘鱼的骨盆鳍进化成吸盘，得以吸住岩石。

底部（腹部）图

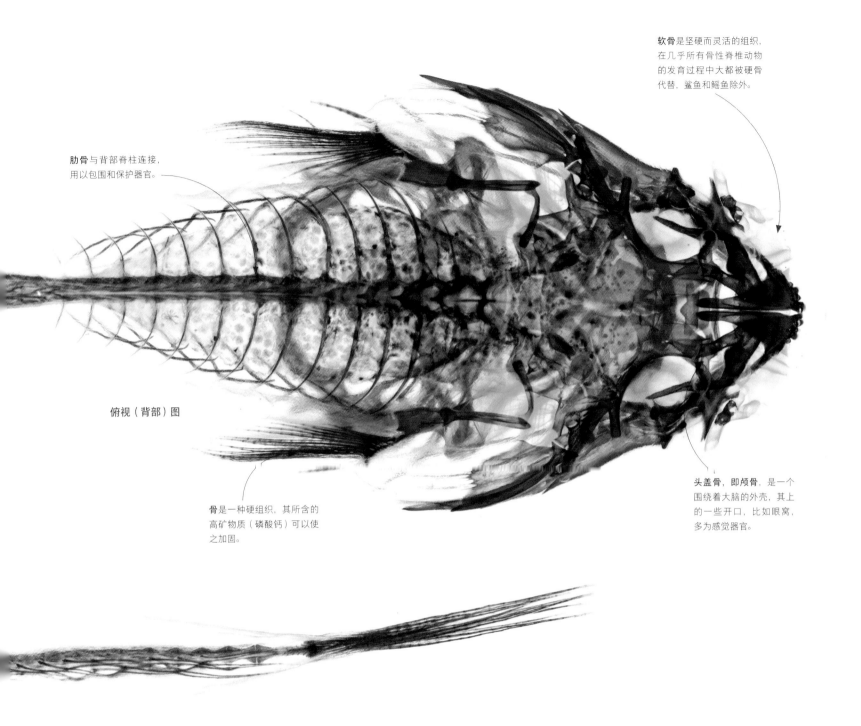

软骨是坚硬而灵活的组织，在几乎所有骨性脊椎动物的发育过程中大都被硬骨代替，鲨鱼和鳐鱼除外。

肋骨与背部脊柱连接，用以包围和保护器官。

俯视（背部）图

骨是一种硬组织，其所含的高矿物质（磷酸钙）可以使之加固。

头盖骨，即颅骨，是一个围绕着大脑的外壳，其上的一些开口，比如眼窝，多为感觉器官。

## 脊椎动物的骨骼

脊柱，亦称脊椎，支撑着脊椎动物身体的长度，包围着脊髓，而颅骨则保护着大脑。它们一起构成了中轴骨骼。与中轴骨骼连接的部分起辅助运动的作用，即所谓的附肢骨骼。最早的脊椎动物都是鱼，它们有鳍，但后来的脊椎动物进化出了能行走的四肢。

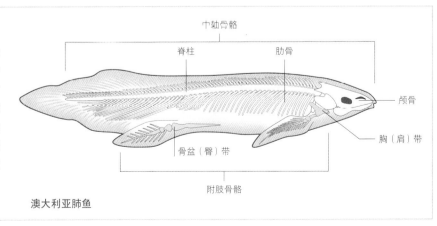

中轴骨骼

脊柱　　　　肋骨

颅骨

胸（肩）带

骨盆（臀）带

附肢骨骼

澳大利亚肺鱼

**长颈海龟**

此幅树皮画描绘了两条长颈海龟，作者使用了多种土著技艺，包括传统的交叉阴影图案，当地人称之为"交叉影线"绘画，这种技法被认为赋予了海龟精神力量。

# 土著人的洞见

数千年来，澳大利亚土著部落的岩石露头彩绘墙壁讲述了这些群体赖以生存的本地鱼类等动物的故事。许多史前艺术家利用X射线效果，揭示了猎物的内部运转方式和结构，形成了他们对于动物每一部分的完整理解。

第一批人类移民于5万多年前来到澳大利亚，这标志着历史上最古老的连续文明的开端。其文明的最早记录包括塔斯马尼亚虎等灭绝动物的木炭画（约公元前20 000年），但是，在澳大利亚北部的阿纳姆地乌比尔洞穴中，有着距今较近的岩石艺术画廊，它将土著人生命和信仰的持续性展现得淋漓尽致。

穿过洞穴内部的墙壁可以发现，在附近的东鳄鱼河和纳拉伯平原上生活的多样动物和鱼类均被描绘成一种可追溯至8000年前的X光风格。大多数作品取景于"淡水时期"，横亘2000年的历史，描绘了丰富的鱼类、蚌类、水禽、袋鼠、山雀和针鼹。

艺术家们的颜料取材于木炭和赭石，赭石是一种当地的硬黏土，包括红色（最为持久的颜色）、粉色、白色、黄色，还有不太常见的蓝色。画家将其磨成粉末，然后与鸡蛋、水、花粉、动物脂肪或血液混合，制成颜料。在每种生物栩栩如生的轮廓之下，它们的骨头、器官都一并得到精准的呈现。几个世纪以来，澳大利亚不同地区的土著艺术纷繁多彩：象征性的点画法盛行于中西部沙漠地区；X射线艺术盛行于北部地区；还有一种精致的交叉阴影图案，多见于阿纳姆地上的"交叉影线"绘画，这些通常作于树皮内部。艺术家们运用芦苇的发状刚毛或者人类头发，在动物肖像的轮廓之内精心填充线条。他们相信此种技巧赋予了这个主题灵性。

澳大利亚动物的象征性联想是梦境的核心。此种神创论神话是基于以下信念：河流、溪流、土地、山丘、岩石、植物、动物和人类都是由神灵创造的，神灵把工具、土地、图腾和梦想给予每个氏族。

氏族行为、道德法则和信仰的神圣规则通过讲故事、舞蹈、绘画和歌曲的形式代代流传。在许多洞穴画廊中，祖传艺术可跨几个世纪之久，但是其核心信息万古不变。

洞穴……从未移动。没有人能移动那个洞穴，因为它是梦、是故事、是规律。

——大比尔·内杰（Big Bill Neidjie），布尼迪氏族

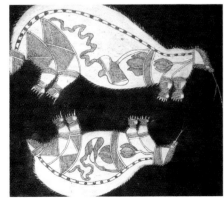

### 岩石艺术 —— 沙袋鼠

在北部领地卡卡杜的乌比尔洞穴墙壁上，刻有一只尾骨和脊椎清晰可见的沙袋鼠。乌比尔是人类持续居住的古老住所之一，在这里可以发现几千年来人类捕食的动物形象。

### 内外翻转的食蚁兽

一段树皮的内侧刻画着2只食蚁兽，这为解剖学研究提供了经验。此画运用澳大利亚阿纳姆地西部的交叉影线画法，采取20世纪的X射线风格，详细描绘了食蚁兽的心脏、胃部和肠部。

**骨骼的适应性**

一些脊椎动物具有独特的额外结构，
比如起保护作用的盔状物、洞角和
护甲，它们都属于动物内部骨骼的
一部分。在其他动物中，骨头的形
状本身已经扩展或发生改变。

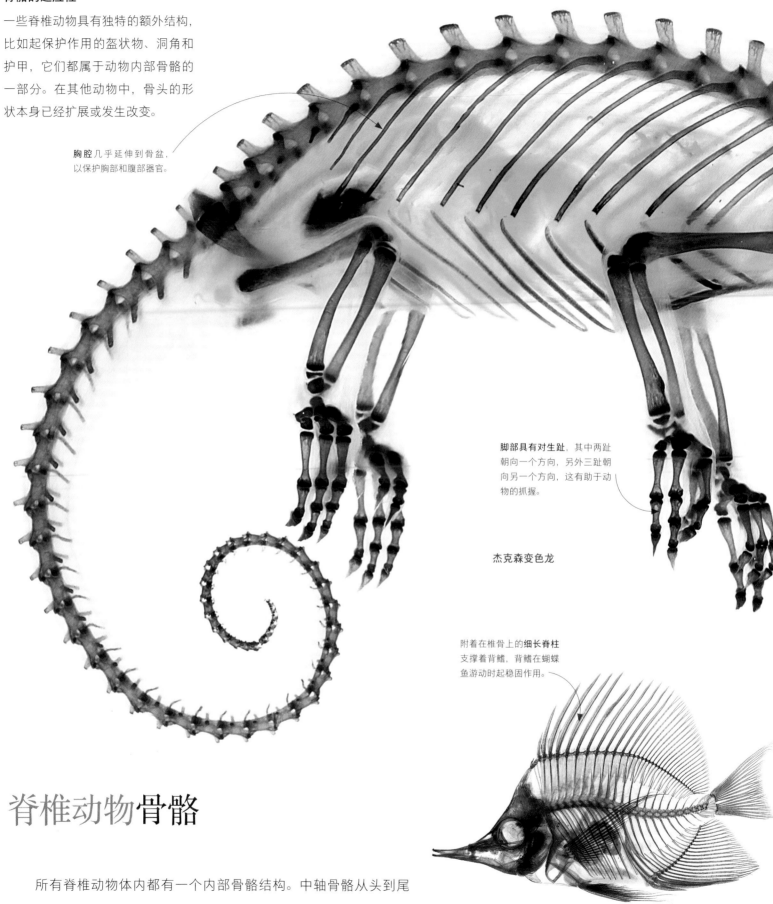

胸腔几乎延伸到骨盆，
以保护胸部和腹部器官。

脚部具有对生趾，其中两趾
朝向一个方向，另外三趾朝
向另一个方向，这有助于动
物的抓握。

杰克森变色龙

附着在椎骨上的**细长脊柱**
支撑着背鳍，背鳍在蝴蝶
鱼游动时起稳固作用。

# 脊椎动物骨骼

所有脊椎动物体内都有一个内部骨骼结构。中轴骨骼从头到尾
贯穿全身，包括颅骨和由一系列微小椎骨组成的脊柱。此图为附肢骨
骼，用于支撑四肢动物的肢、鱼类的鳍、鸟类的腿和翅膀。

黄色长鼻蝴蝶鱼

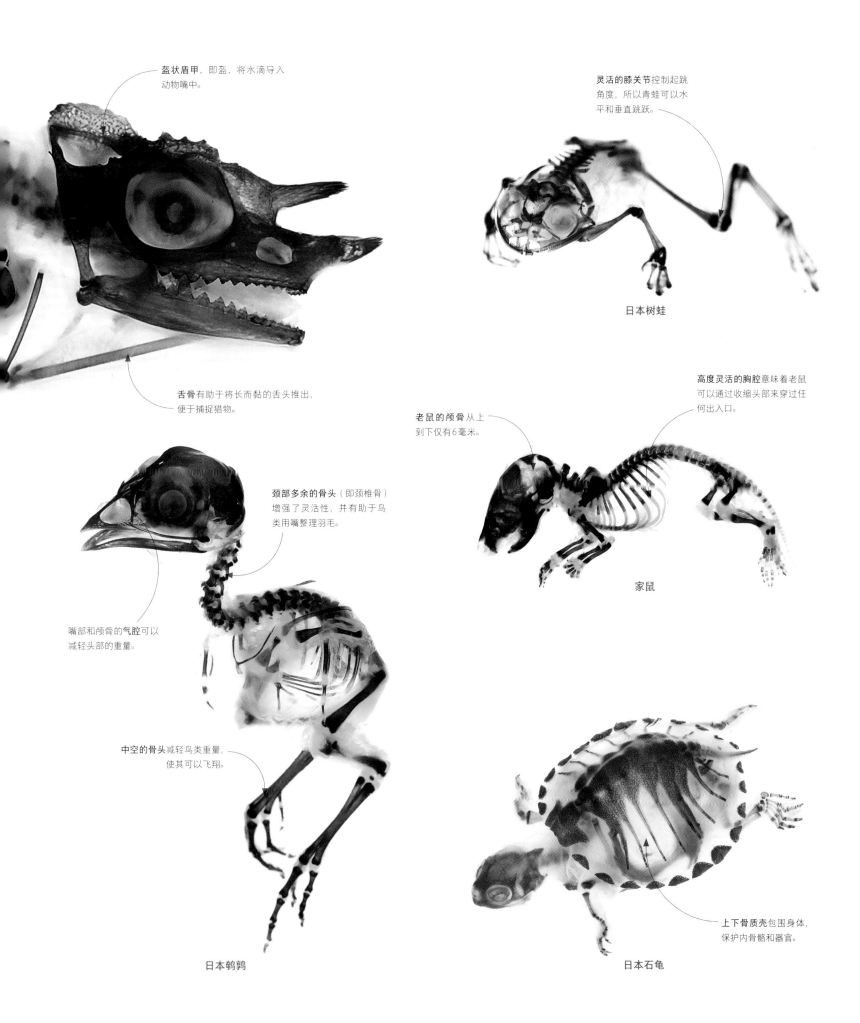

盔状盾甲，即盔，将水滴导入
动物嘴中。

灵活的膝关节控制起跳
角度，所以青蛙可以水
平和垂直跳跃。

舌骨有助于将长而黏的舌头推出，
便于捕捉猎物。

日本树蛙

高度灵活的胸腔意味着老鼠
可以通过收缩头部来穿过任
何出入口。

老鼠的颅骨从上
到下仅有6毫米。

颈部多余的骨头（即颈椎骨）
增强了灵活性，并有助于鸟
类用嘴整理羽毛。

家鼠

嘴部和颅骨的气腔可以
减轻头部的重量。

中空的骨头减轻鸟类重量，
使其可以飞翔。

上下骨质壳包围身体，
保护内骨骼和器官。

日本鹌鹑

日本石龟

**骨质壳**

和其他龟类一样，印度星龟的
上壳（头胸壳）和下壳（盾板）
由互锁甲壳组成，此甲壳对应着
皮肤内部生长的皮骨。其上是角
蛋白的角质层，充满了色素。

盾板是覆盖着骨头的角质层，
**每片盾板**上都有一个星形图案。

**头胸壳（上壳）**有一个很高
的圆顶，正如其他陆栖龟。

**厚而大的四肢**带有爪子，
有助于抓握地面。

# 脊椎动物壳

　　海龟和乌龟等龟类的壳为脊椎动物提供了一种独特的保护形式，它们身体
的大部分被骨质包裹。这在保护自身免受捕食方面极其有利，但是，其重量和
硬度又会导致行动不便。因此，龟类具有比其他爬行动物更长、更灵活的脖子，
便于伸出觅食，而超强的四肢肌肉则为龟类在陆地或水中前行提供推动力。

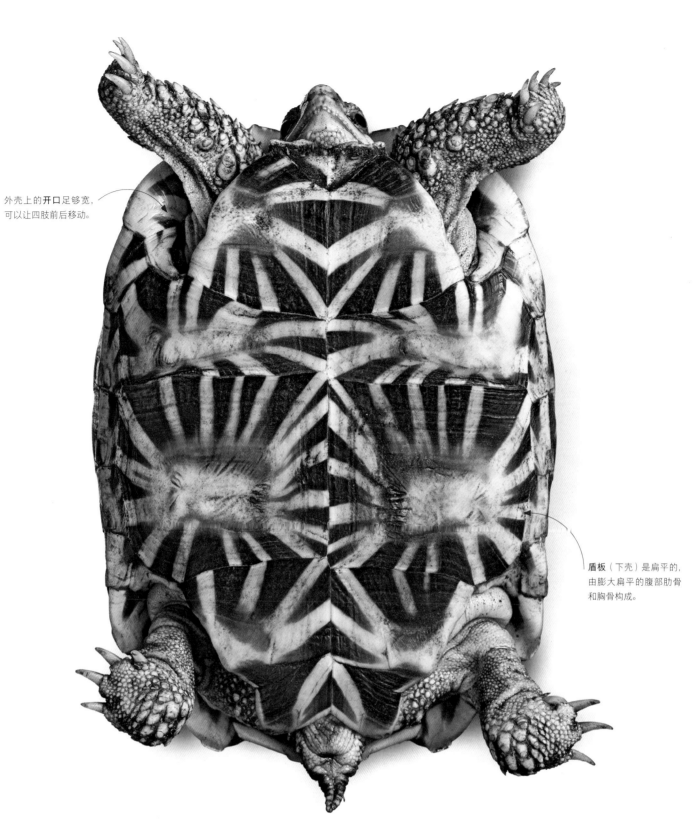

外壳上的**开口**足够宽，可以让四肢前后移动。

盾板（下壳）是扁平的，由膨大扁平的腹部肋骨和胸骨构成。

### 防护服

由于脊椎、肋骨与甲壳合并在一起，肩骨和骨盆也在胸腔内连接，所以龟类几乎全身都得到了相应保护，许多龟类甚至可以将四肢和头部缩回壳内。然而，对于它们来说，通过移动胸腔进行常规呼吸是不可能的。相反，它们的上肢带骨来回摆动以给肺换气。

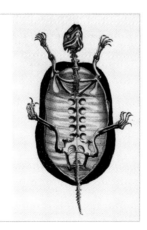

**乌龟骨骼（盾板被移除）**

颈部侧弯，使头部靠在外壳边缘之下。

### 缩回颈部

一些龟类通过弯曲颈部使其呈S形而将头部拉回壳中，吉巴蟾头龟等其他龟类则将头部和颈部向一侧折叠。

# 鸟类骨骼

尽管鸟类种类繁多，可达10 000余种，但是，出于飞行条件的物理限制，大多数鸟类的身体结构十分相似。它们都有两条用于行走和栖息的鸟腿，前肢演化成翅膀，脊柱、颈部和骨盆的一些骨头已经合并，便于承受跳跃和着陆的压力。大部分骨头都是充气的，可使重量最小化（参见第83页方框），所以在空中耗费的能量更少，亲代鸟也可以坐在鸟蛋之上，而且不会将其压碎。

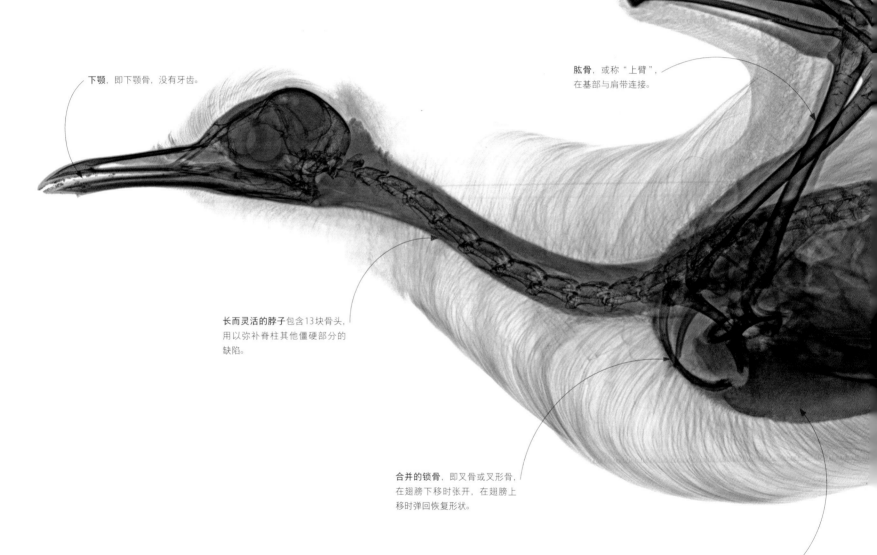

**下颚**，即下颚骨，没有牙齿。

**肱骨**，或称"上臂"，在基部与肩带连接。

**长而灵活的脖子**包含13块骨头，用以弥补脊柱其他僵硬部分的缺陷。

**合并的锁骨**，即叉骨或叉形骨，在翅膀下移时张开，在翅膀上移时弹回恢复形状。

胸骨的**大型龙骨**用作飞行肌肉的附着点。

## 空中骨骼

这是一只地中海海鸥的标本，展示了翅膀是如何围绕胸（肩）带骨头旋转的。与爬行动物祖先相比，鸟类的身体骨骼更短，也更紧凑，重心在后肢上方移动。

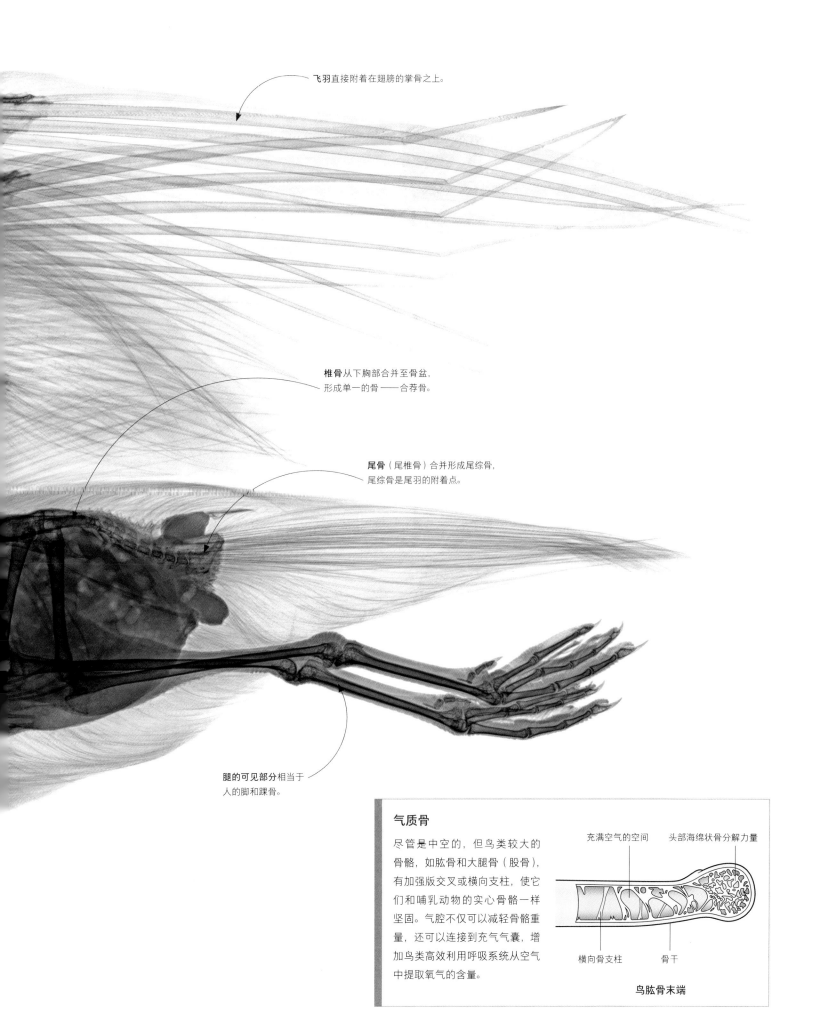

飞羽直接附着在翅膀的掌骨之上。

椎骨从下胸部合并至骨盆，形成单一的骨——合荐骨。

尾骨（尾椎骨）合并形成尾综骨，尾综骨是尾羽的附着点。

腿的可见部分相当于人的脚和踝骨。

## 气质骨

尽管是中空的，但鸟类较大的骨骼，如肱骨和大腿骨（股骨），有加强版交叉或横向支柱，使它们和哺乳动物的实心骨骼一样坚固。气腔不仅可以减轻骨骼重量，还可以连接到充气气囊，增加鸟类高效利用呼吸系统从空气中提取氧气的含量。

充满空气的空间　头部海绵状骨分解力量

横向骨支柱　骨干

鸟肱骨末端

# 非洲猎豹

就捕食而言，许多食肉动物擅长伏击或者群体间的相互配合，但是，非洲猎豹借助速度的突增来捕捉猎物。猎豹的脊柱灵活，便于大步跳跃，速度可达每小时102千米，这使其成为跑得最快的四肢动物。

非洲猎豹原产于非洲以及伊朗的一些区域，它们的栖息地多样，从干燥的森林、灌木丛到草原甚至沙漠中都可见其身影。猎豹通常捕食小型羚羊，如汤姆森瞪羚，这种羚羊随捕食者共同进化，速度也很快，而且警惕性极高。羊群可以灵敏定位捕食者，并且会一直盯着它，以免被突然袭击。猎豹必须适时出击，徒劳追逐只会浪费宝贵的精力。

非洲猎豹依靠隐形和伪装慢慢向目标靠近，一旦被发现就会蹲下或停止大步前行。当距离猎物足够近时（理想情况下，距离少于50米），就会爆发冲刺。在追踪瞪羚的过程中，猎豹可在几秒钟之内达到每小时60千米的速度和超过一倍的呼吸速率。当与瞪羚势均力敌之时，它会用爪子进攻，并用悬爪钩住猎物，使其失去平衡。

拥有爆发性速度并不能保证百发百中，因为冲刺捕食是一种消耗能量的狩猎策略，猎豹会比瞪羚更快陷入疲惫状态。如果没有在300米内击中目标，猎豹将放弃追逐。

如果一举得手，非洲猎豹会用下颌锁住猎物的喉咙使其窒息，同时通过扩大的鼻孔喘气来恢复体力。即便如此，它们也并非每顿都能饱餐，许多猎豹在捕食方面逊色于豹子、狮子或鬣狗（它们也会给猎豹幼崽带来极大伤亡）。首先要将猎物尸体藏好，同时也要尽可能快地将肉吃完，一只非洲猎豹一次可以吃掉14千克的肉。

### 逐渐逼近以捕食猎物

通常情况下，冲刺捕猎的成功几率是五成。但是，如果锁定瞪羚的幼崽，成功率可达100%。

### 骨骼的适应性

高速冲刺需要大跨步和有力的肢体肌肉。非洲猎豹灵活、可伸展的脊柱和四肢在比例上长于其他猫科动物，因此，其步幅可达9米。每次跨越时，猎豹4只脚至少有2次悬空，而且脊状脚掌可以防止打滑；在转弯时，尾巴从一侧至另一侧稍微拉平，从而保持平衡。

脊柱最大弯曲

**弯曲的脊柱**

肩胛骨旋转

脊柱最大伸展

四肢骨较长，使得步幅更大

**伸展的脊柱**

**巨大的多样性**

根据种类不同，牛科动物的角形状有
笔直、螺旋或弯曲之分。除了右下方
的四角羚，其他野生牛科动物只有一
对角。

突起的环，即环纹，
分布于外鞘。

**令人印象深刻的角**

雄性非洲南部黑马羚的角长近1米；
雌性黑马羚的角短25%，而且底部
更细。如果雄性黑马羚拥有一对较
长的角，那么它将获得更多的繁殖
机会。为了恐吓竞争对手，它会昂
首巡逻，不时用角敲打草木。

**保护性外鞘**由角蛋白形成，
蹄中也存在此种蛋白质。

角的核心是颅骨前骨的延伸。

**雄性的角**更长，
因而也比雌性
的角更加弯曲。

完整的黑马羚颅骨

摩擦树枝而产生的**表面褶皱**,
折断的角不会重新长出。

# 哺乳动物的角

　　许多动物的身体上都有突起物,比如亚马逊紫色圣甲虫(参见第115页)或者一些蜥蜴的角状鳞片。但是,只有羚羊等有蹄类哺乳动物才具有真正的角,即其颅骨的骨质延伸。雄性的角通常更大,而多数雌性并没有角。不同于雄鹿的分叉鹿角(参见第88—89页),有蹄类哺乳动物的角是永久性的、不分叉的,用于建立雄性优势或者防御捕食者。

### 角和鹿角

只有牛、羚羊、山羊等牛科动物才具有真正的角;鹿科动物头上的是鹿角。鹿角每年都会更新,由一层叫作鹿茸的皮肤所滋养,并在繁殖季节结束时脱落。相反,角伴随着动物的一生不断生长,外部有一层干燥的角质鞘。

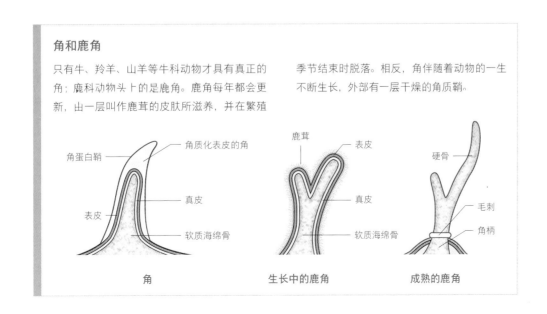

角蛋白鞘　　　角质化表皮的角

表皮　　　　　真皮

　　　　　软质海绵骨

鹿茸　　　表皮

　　　　真皮

　　软质海绵骨

硬骨

毛刺

角柄

角　　　　　生长中的鹿角　　　　成熟的鹿角

分叉鹿角的**主干**被
称为角干。

当鹿角生长时，
**分叉**（或尖头）
从鹿角角干上
形成分支。

当皮肤上覆盖的表皮层
（即鹿茸）磨损后，**裸露**
**的骨头**随即出现。

# 鹿角

鹿角是生长速度最快的骨头。它们从雄性的颅骨上长出，
几个月后形成巨大分支，用于争夺雌鹿的战斗。鹿角依赖于皮
肤层内丰富的血液供给，这层皮肤会在此后萎缩，露出骨头。
繁殖结束后，鹿角会脱落，因此要在第二年长出新的鹿角。

赤鹿的鹿角**角干**是圆的，驼鹿等其他品种的鹿角角干是平的，像铲子一样。

**鹿角**生长在颅骨的角柄部位，受荷尔蒙影响巨大；这也是在交配季节结束时鹿角脱落之处。

**发情期**

鹿角是力量和雄性气概的标志。除北美驯鹿，只有雄性才有鹿角。在繁殖季或发情期，赤鹿为了争夺雌鹿的青睐蜂拥而上，碰撞多发，鹿角尖头常被抓住，只有胜者才有资格继续繁殖。鹿角的生长需要投入巨大精力，但是考虑到巨大的繁殖机会这一潜在福利，这种投资无疑是值得的。

# 皮、皮毛和甲壳

skin, coats, and armour

**皮：** 构成身体外部覆盖结构的一层薄薄的组织，通常包括两层，真皮和表皮。

**皮毛：** 动物的自然覆盖层，如毛皮、羽毛、鳞片或壳。

**甲壳：** 坚固的防御性覆盖层，用以保护身体免受伤害。

两栖动物吸收氧气的两种方式在网纹玻璃蛙身上得到了很好的诠释。这种青蛙透明、可渗透的皮肤可以摄入大量氧气，而它所需的剩余氧气则通过肺部进入血液。

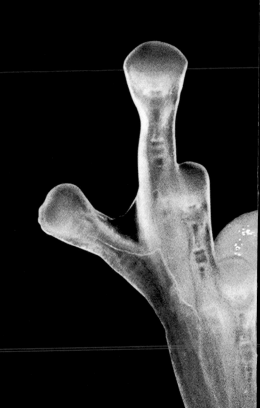

**水下的青蛙**

在较低的温度下，水中含有更多氧气。生活在南美洲安第斯山脉高处的喀喀湖水蛙，通过自身松散的折叠皮肤最大限度地吸收氧气而无须依赖肺部，这使得水蛙能够停留在湖水的凉爽深处。

# 渗透性皮肤

皮肤是一个保护屏障，它将体内脆弱的活性组织与外界恶劣多变的环境分隔开来。皮肤能使身体免受感染，并且可以在受伤时自我修复。但是，完全密封的状态也有弊端。通常情况下，至少有微量氧气会直接从外部的水或空气中渗入皮肤表面，但是对许多动物来说，这种通过皮肤进行的气体交换是不可或缺的。两栖动物所需氧气的一半之多均是通过此种方式获得，这就需要其皮肤具有足够的渗透性，让氧气畅通无阻。

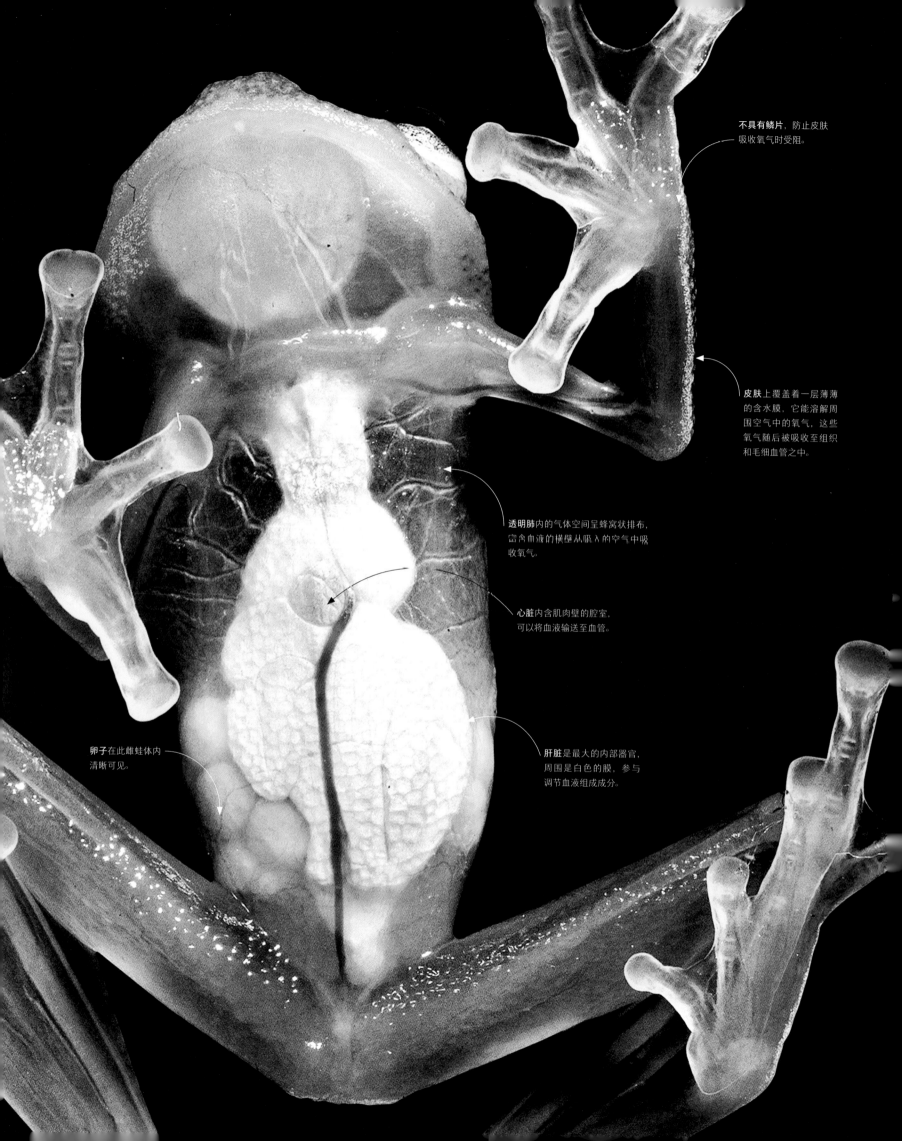

不具有鳞片，防止皮肤
吸收氧气时受阻。

皮肤上覆盖着一层薄薄
的含水膜，它能溶解周
围空气中的氧气，这些
氧气随后被吸收至组织
和毛细血管之中。

透明肺内的气体空间呈蜂窝状排布，
富含血液的横壁从吸入的空气中吸
收氧气。

心脏内含肌肉壁的腔室，
可以将血液输送至血管。

卵子在此雌蛙体内
清晰可见。

肝脏是最大的内部器官，
周围是白色的膜，参与
调节血液组成成分。

# 获取氧气

呼吸这一化学过程会释放营养物质中的能量，所有的动物都需要氧气完成呼吸。身体从周围环境中摄入氧气，排出废弃二氧化碳。薄壁和大幅表面积最有利于高效呼吸的进行。最简单的呼吸途径是通过皮肤，但是，单凭皮肤通常只能满足小型动物的需求。鳃和肺这种特殊的呼吸器官则有利于大型动物更加高效地完成气体交换。

## 呼吸器官

鳃是身体的延伸，用于在水下吸收氧气；肺如同充满气体的袋子，用于在陆地上呼吸。两者都有一层薄薄的上皮细胞，表面一大部分都有充足的血液供给，有利于最大限度地吸收氧气和排出二氧化碳。

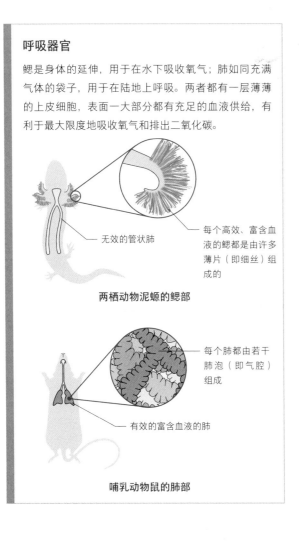

无效的管状肺

每个高效、富含血液的鳃都是由许多薄片（即细丝）组成的

**两栖动物泥螈的鳃部**

每个肺都由若干肺泡（即气腔）组成

有效的富含血液的肺

**哺乳动物鼠的肺部**

**渗透性皮肤**有助于动物通过整个身体表面吸收部分氧气。

**色素斑点**有助于伪装成海床上的蛞蝓。

**露鳃**是一些海蛞蝓中的投射物，它含有防御性的刺细胞，并有助于气体交换。

**西班牙披肩海蛞蝓**

**鳃部的双羽**能够使海蛞蝓收集更多氧气。

**绿点海兔**

**鳃羽**

提氏发光海蛞蝓能够长到12厘米。这样的体型过于庞大，单凭其渗透性皮肤难以满足全部供氧需求。但是，这种海蛞蝓的背部也有一串鳃，可以从水中额外吸收氧气，弥补缺氧状况。

鳃部的羽毛状延伸增加了从水中吸收氧气的表面积。

嗅角是头部柔软的角状突起，用于感知水中的化学物质。

宽广的肌肉"足"分泌黏液，更易于蛞蝓向前爬行。这种缓慢的运动将能量消耗降至最低，因此和移动迅速的动物相比，蛞蝓需要的氧气量更少。

## 毒蛙

南美洲毒蛙（树蛙科）具有鲜艳的颜色，从而警告捕食者远离它们的剧毒。在这100个物种中，安伯拉和诺亚南印第安人将一些毒蛙用于传统狩猎时给飞镖尖部上毒。

这种变异物种的**腿**呈蓝色、红色、棕色或黑色。

### 食物中的毒素

和其他南美有毒物种一样，这种草莓毒蛙通过食用蚂蚁等有毒节肢动物来获取毒素。

# 有毒的皮肤

两栖动物的皮肤很薄且不含鳞片，因为它们需要通过皮肤表面来获取氧气。皮肤依赖于所产毒素保护自身，其中一些毒素效果斐然。皮肤上的腺体有时会肿成疣状，能够释放有毒液体，这种液体轻则通过其苦味来阻止捕食，重则使捕食者迅速丧命。

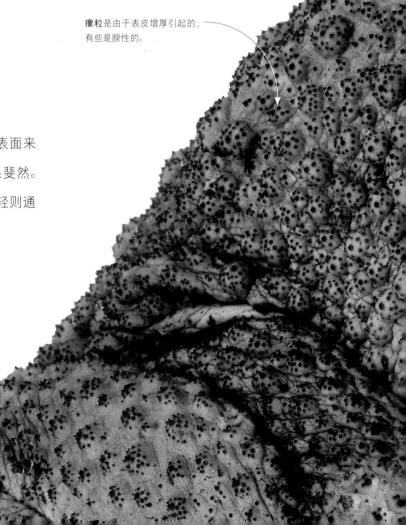

**瘰粒**是由于表皮增厚引起的；有些是腺性的。

巨大的腮腺是一种大型腺体，
内部充满有毒液体。

分泌黏液的腺体产生的**黏液涂层**
能锁住皮肤中的水分，有助于氧
气的吸收。

## 有毒的入侵者

热带美洲甘蔗蟾蜍的大型腺体能够产生一种蟾酥
毒类的化学物质，常作用于神经和肌肉。这种蟾
蜍于1935年被引入澳大利亚，用以消灭甘蔗田的
害虫——甘蔗甲虫。但是，它的毒素使其具有了
对于当地捕食者的抵抗力，于是数量泛滥，现已
威胁到当地其他物种。

**色素细胞**

脊椎动物的皮肤含有三层色素细胞：黄或红色素在最顶层；黑色素（黑色或棕色）在最低层；中间一层含有晶体，可以反射出蓝色、绿色或紫色，只存在于鱼类、两栖动物和爬行动物中。鸟类和哺乳动物的表皮上有深色的色素细胞，这些细胞不仅能给皮肤上色，也能给羽毛或毛发上色。

黑色素颗粒向上扩散，使皮肤变黑

表皮

真皮

黄色素细胞含有黄色素颗粒

虹细胞含有鸟嘌呤晶体

真皮层的血液使皮肤呈浅粉色

黑色素细胞含有黑色素颗粒

**脊椎动物皮肤内的色素细胞**

**幼鱼的皮肤图案**在成年后会变成白底黑点。

小丑鱼

这种鱼身上的**蓝色**是由皮肤色素引起的，并非源于反射晶体。

桂鱼

高浓度黑色素导致身体呈**黑色**。

幼年小丑三角鱼

此类鱼喜食藻类食物，内含类胡萝卜素色素，导致身体呈**黄色**。

黄刺尾鱼

# 皮肤的颜色

　　皮肤细胞内的化学过程能够产生生物界的油漆和染料 —— 色素，许多装饰动物身体的华丽颜色便由这些色素形成。棕色和黑色是由于黑色素引起的；黄色、橙色和红色是由类胡萝卜素引起的，胡萝卜、水仙花和蛋黄的颜色也归因于类胡萝卜素。但是，绿色、蓝色和紫罗兰色通常是通过皮肤、鳞片或羽毛在体表弯曲反射光线的方式产生的。

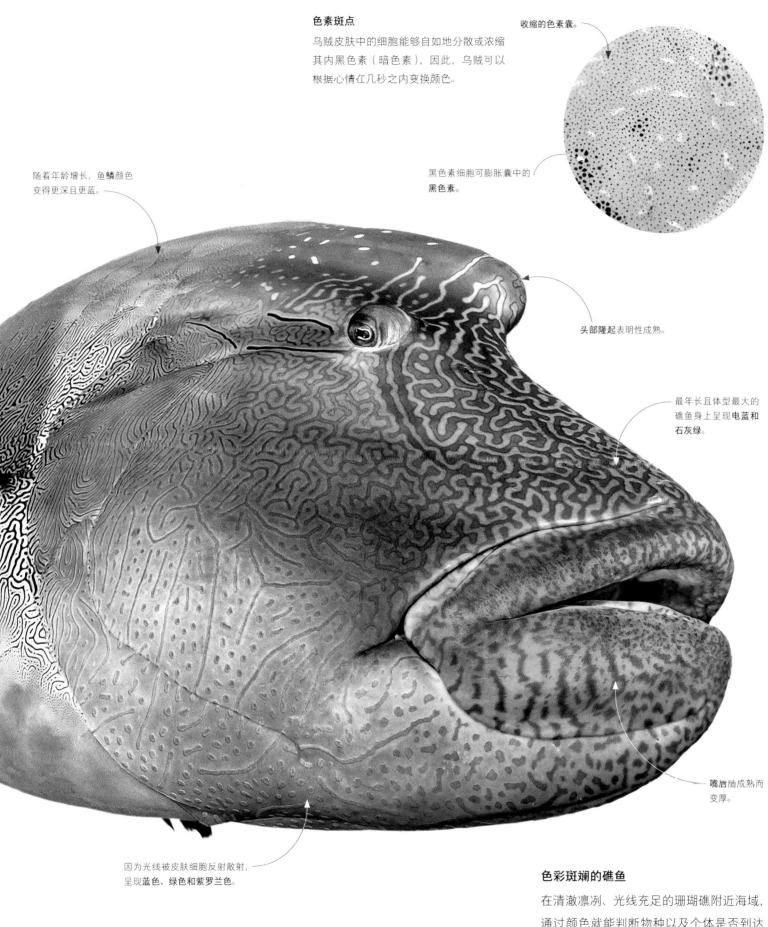

**色素斑点**

乌贼皮肤中的细胞能够自如地分散或浓缩
其内黑色素（暗色素），因此，乌贼可以
根据心情仉几秒之内变换颜色。

收缩的色素囊。

黑色素细胞可膨胀囊中的
**黑色素**。

随着年龄增长，鱼鳞颜色
变得更深且更蓝。

头部隆起表明性成熟。

最年长且体型最大的
礁鱼身上呈现电蓝和
石灰绿。

因为光线被皮肤细胞反射散射，
呈现蓝色、绿色和紫罗兰色。

嘴唇随成熟而
变厚。

**色彩斑斓的礁鱼**

在清澈凛冽、光线充足的珊瑚礁附近海域，
通过颜色就能判断物种以及个体是否到达
繁殖年龄。蓝色在礁鱼等许多物种身上尤
为普遍，因为蓝光在水中传播得更远。

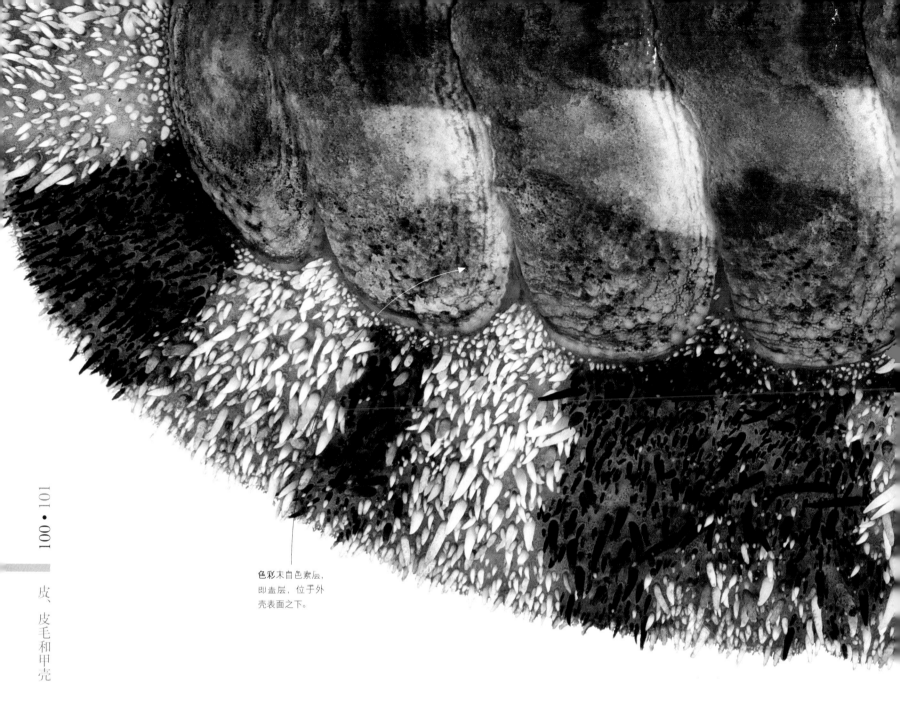

色彩来自色素层，即盖层，位于外壳表面之下。

# 壳的形成

　　贝壳是蜗牛和其他软体动物的特征之一。虽然蛞蝓、章鱼等少数软体动物没有壳也能生存，但是，就许多物种而言，壳对其下的柔软身体起着至关重要的保护作用。贝壳由一层皮和肌肉构成，称为外套膜，覆盖在动物背部。外套膜包围着一个腔，腔内有鳃以及用于排泄、繁殖的开口。而在其上表面，外套膜释放出能够硬化成壳的物质，它们可能简易如帽贝的圆锥壳，亦可复杂如扭曲的海螺壳。

带有图案的贝壳将石鳖隐藏在五颜六色的海藻之中。

弯曲的短硬毛保护悬着的环带。

光滑的环带
上存在光点或光带。

排石鳖

木石鳖

石鳌头部被第一个壳板
（即头部瓣膜）所覆盖。

此八块壳板亦称作"瓣"，
其边缘呈颗粒状。但是，
在波浪作用下，它们的顶
部被逐渐磨平。

## 链甲壳

石鳌具有一些最为简单的软体动物壳。
和所有石鳌一样，西印度石鳌呈帽贝式
固定在海岸岩石上。石鳌壳由小的铰链
板组成，如同链甲一般。贝壳周围是环
带，即肉质外套膜裸露在外的边缘。

环带是外套膜突出的边缘，
保护其下的鳃。针对此物种
而言，尖锐的钙质刺保护着
外套膜顶部。

### 壳是如何生成的

石鳌等软体动物的外套膜不仅肌肉发达，便于动物活动，
而且表皮含有腺体，用于生成贝壳。腺体能够分泌一种
叫作贝壳硬蛋白的坚硬蛋白质，蛋白质内含白垩类矿物，
石质珊瑚和海胆的骨骼中亦为此矿物。

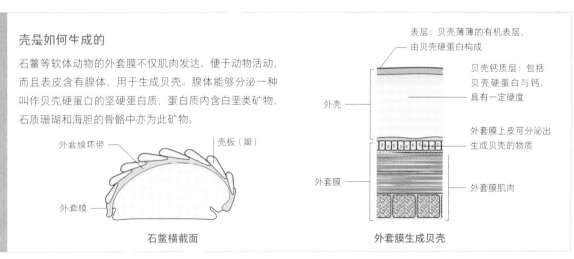

外套膜环带　　　　　　　壳板（瓣）

外套膜

石鳌横截面

表层：贝壳薄薄的有机表层，
由贝壳硬蛋白构成

贝壳钙质层：包括
贝壳硬蛋白与钙，
具有一定硬度

外壳

外套膜上皮可分泌出
生成贝壳的物质

外套膜

外套膜肌肉

外套膜生成贝壳

# 软体动物的壳

软体动物总体包括两大类别：腹足类（蜗牛和蛞蝓）和双壳类（包括牡蛎和蛤蜊）。

腹足类只有一个外壳，通常扭曲成螺旋形；而双壳类则由两部分（称为瓣）铰接形成。

根据外壳形状不同，每大类可进一步细分成若干组。

## 腹足类贝壳

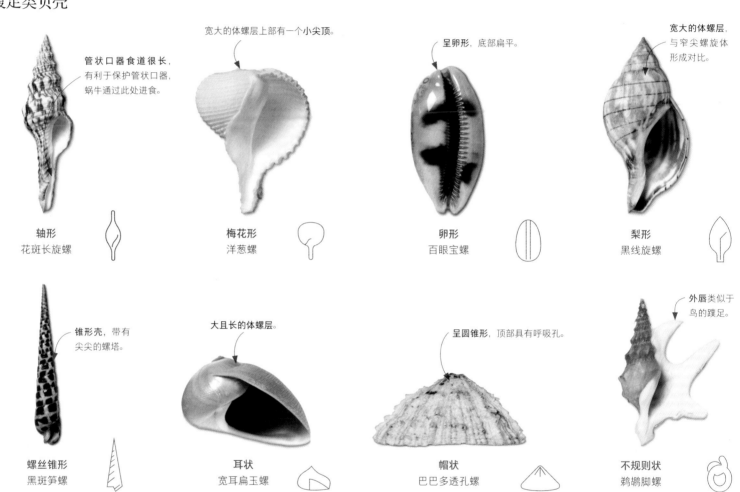

宽大的体螺层上部有一个小尖顶。

管状口器食道很长，
有利于保护管状口器，
蜗牛通过此处进食。

呈卵形，底部扁平。

宽大的体螺层，
与窄尖螺旋体
形成对比。

**轴形**
花斑长旋螺

**梅花形**
洋葱螺

**卵形**
百眼宝螺

**梨形**
黑线旋螺

锥形壳，带有
尖尖的螺塔。

大且长的体螺层。

呈圆锥形，顶部具有呼吸孔。

外唇类似于
鸟的蹼足。

**螺丝锥形**
黑斑笋螺

**耳状**
宽耳扁玉螺

**帽状**
巴巴多透孔螺

**不规则状**
鹈鹕脚螺

## 双壳类

两瓣连接处的
链甲。

扇贝的耳郭（耳状扁平物）
是不对称的。

宽广的部底形成了三角形轮廓。

薄薄的长方形瓣膜。

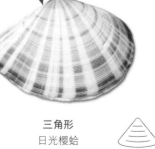

**铁饼状**
环状镜蛤

**扇状**
澳大利亚海扇蛤

**三角形**
日光樱蛤

**桨形**
合唱壳菜蛤

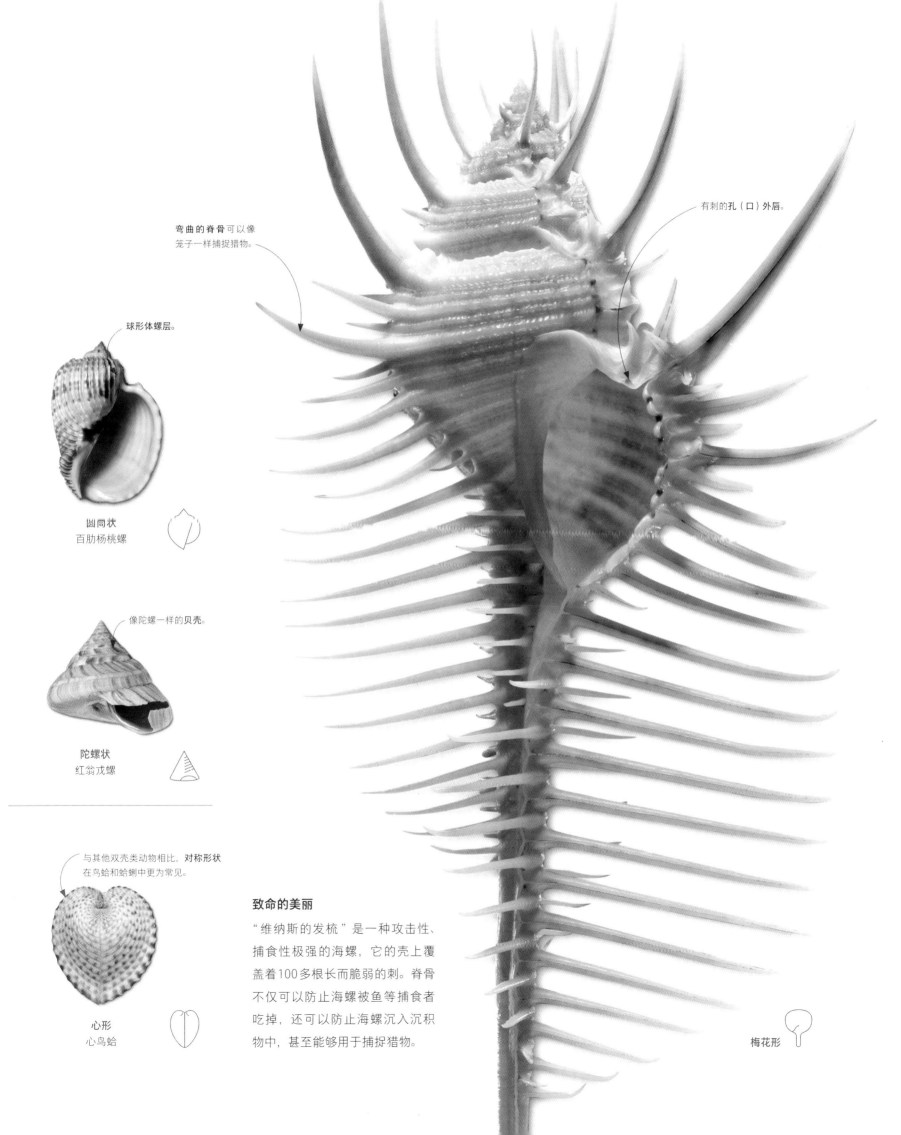

球形体螺层。

囱同状
百肋杨桃螺

弯曲的脊骨可以像
笼子一样捕捉猎物。

有刺的孔（口）外唇。

像陀螺一样的贝壳。

陀螺状
红翁戎螺

与其他双壳类动物相比，对称形状
在鸟蛤和蛤蜊中更为常见。

心形
心鸟蛤

**致命的美丽**

"维纳斯的发梳"是一种攻击性、
捕食性极强的海螺，它的壳上覆
盖着100多根长而脆弱的刺。脊骨
不仅可以防止海螺被鱼等捕食者
吃掉，还可以防止海螺沉入沉积
物中，甚至能够用于捕捉猎物。

梅花形

# 脊椎动物的鳞

鳞片由皮肤褶皱形成，为身体提供灵活的盔甲。鱼鳞的骨质核心源自皮肤的深层真皮；爬行动物的鳞片则仅限于表面表皮，而且通常是无骨的。它们含有坚硬的角蛋白以及油脂，防止下层皮肤过于干燥。

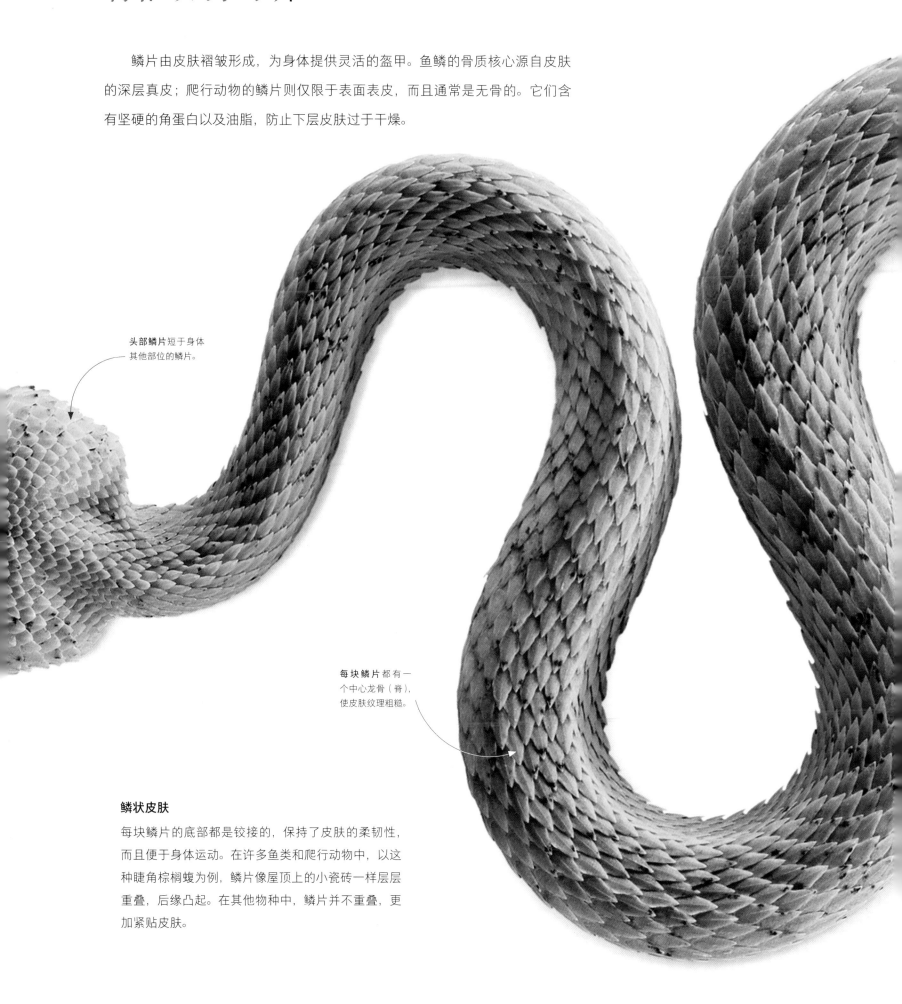

头部鳞片短于身体
其他部位的鳞片。

每块鳞片都有一
个中心龙骨（脊），
使皮肤纹理粗糙。

## 鳞状皮肤

每块鳞片的底部都是铰接的，保持了皮肤的柔韧性，而且便于身体运动。在许多鱼类和爬行动物中，以这种睫角棕榈蝮为例，鳞片像屋顶上的小瓷砖一样层层重叠，后缘凸起。在其他物种中，鳞片并不重叠，更加紧贴皮肤。

**多样的鳞**

鱼鳞进化为齿状结构，板状和硬鳞鱼鳞仍然保留着一层釉质和齿质；在大多数现存鱼类中，较薄的骨构成了环状和栉状鳞。爬行动物的无骨鳞可能独立于鱼鳞进化而来。

**鱼鳞**

微小的**板状鳞片**朝后排布，使皮肤具有砂纸般的纹理。

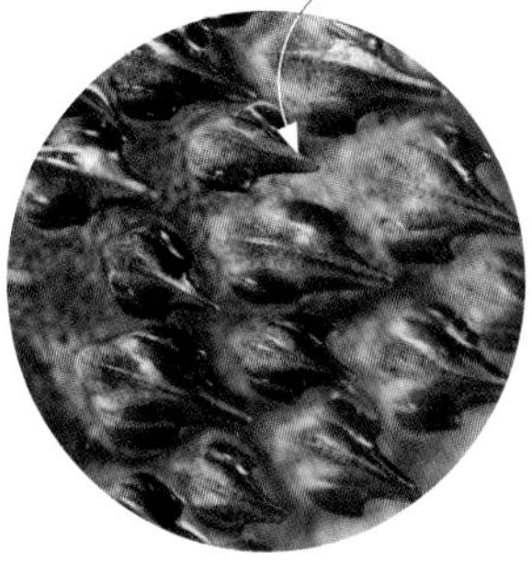

**板状硬鳞**由于含有釉质而坚硬且有光泽。

猎犬鲨

斑点雀鳝

**环状鳞**含有细骨的同心环。

**栉妆鳞**具有梳状条纹，可以缓冲湍流。

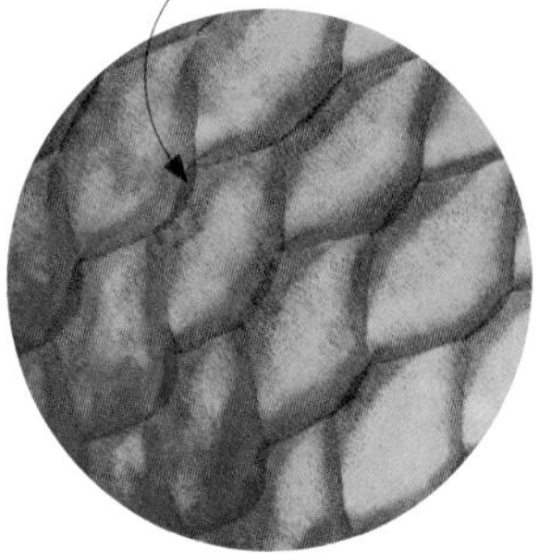

亚洲龙鱼

锈色鹦嘴鱼

**爬行动物的鳞**

**珠状鳞片**不重叠。

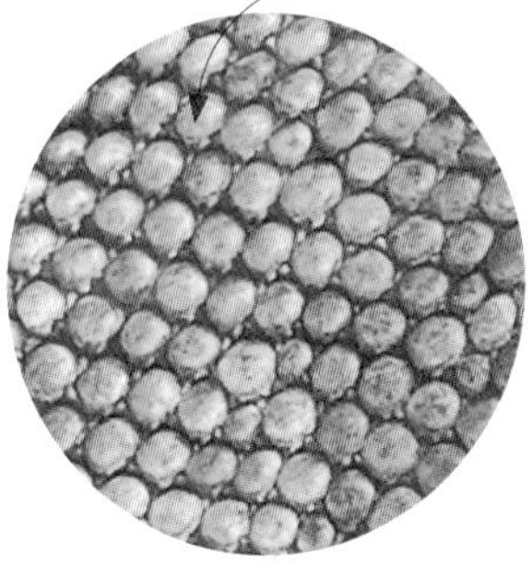

宽大且相互重叠的**腹部鳞片**有助于抓握树枝。

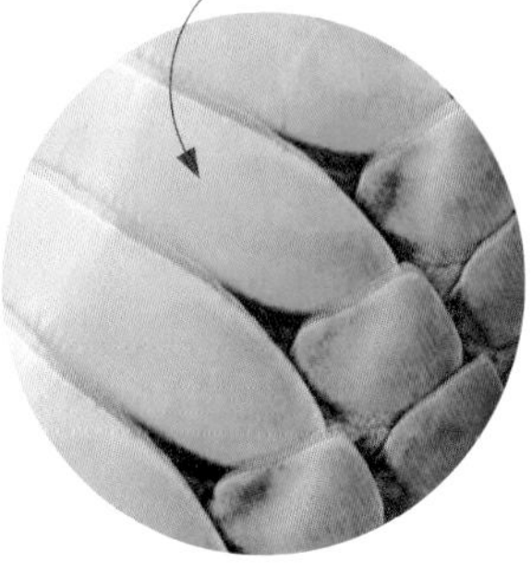

睑脚守宫

白唇竹叶青

**金鳞**是该物种几种颜色的变体之一，其他的有粉色、绿色和棕色，有时带有更深的斑纹。

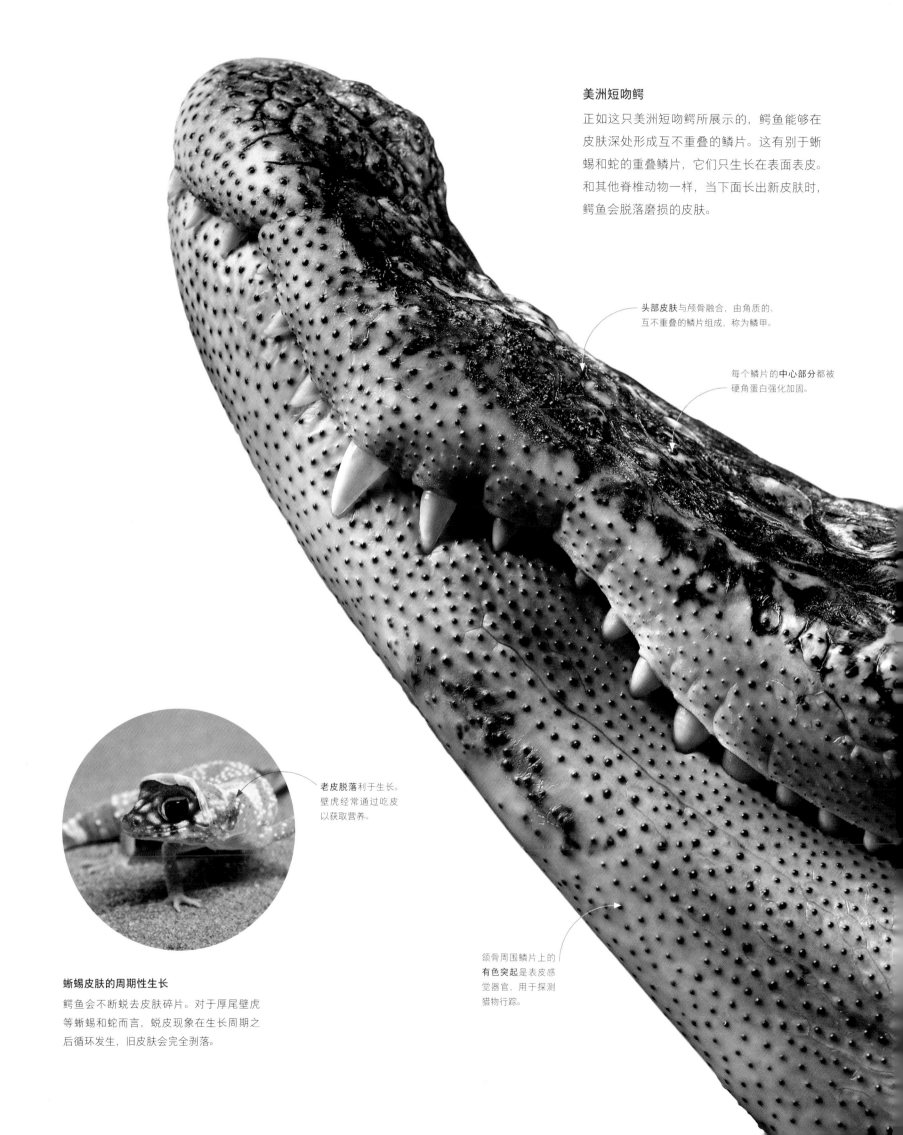

## 美洲短吻鳄

正如这只美洲短吻鳄所展示的，鳄鱼能够在皮肤深处形成互不重叠的鳞片。这有别于蜥蜴和蛇的重叠鳞片，它们只生长在表面表皮。和其他脊椎动物一样，当下面长出新皮肤时，鳄鱼会脱落磨损的皮肤。

头部**皮肤**与颅骨融合，由角质的、互不重叠的鳞片组成，称为鳞甲。

每个鳞片的**中心部分**都被硬角蛋白强化加固。

**老皮脱落**利于生长。壁虎经常通过吃皮以获取营养。

颌骨周围鳞片上的**有色突起**是表皮感觉器官，用于探测猎物行踪。

## 蜥蜴皮肤的周期性生长

鳄鱼会不断蜕去皮肤碎片。对于厚尾壁虎等蜥蜴和蛇而言，蜕皮现象在生长周期之后循环发生，旧皮肤会完全剥落。

# 爬行动物的皮肤

爬行动物的带鳞皮肤具有坚硬、干燥的表面，能够锁住水分，因此，它们比无鳞两栖类祖先更适合陆地生活。爬行动物的皮肤含有两种角质物质：一种硬而脆，另一种是软而韧。这种组合提供了一个灵活的屏障，既保护身体免受磨损，又防止皮肤过于干燥。

上身鳞片（即鳞甲）被称为皮内成骨的骨板所强化加固。

背部和尾部的**鳞甲**极厚，形成保护性甲壳。

**装甲式身体**

鳄鱼上部身体的鳞片上覆盖着坚硬的角蛋白，而且具有充足的血液供应，使身体得以吸热或散热，从而控制温度。

**瞬膜**（即第三眼睑）覆盖眼睛，能够保持表面润滑，在水下活动或者攻击猎物时起到保护作用。

**皮肤皱褶**，尤其是喉咙周围的褶皱，是产生求爱信息素的腺体。

**高韧性角蛋白**连接起邻近的鳞片。

## 变色

许多动物通过扩张皮肤中的黑色素囊来改变颜色（参见第98—99页），但变色龙等则借助晶体实现变色。像许多爬行、两栖动物一样，变色龙具有一种被称为色素细胞的皮肤细胞，内含颜色反射晶体，它可以通过神经控制移动这些晶体，在几秒内改变其颜色反射特性。

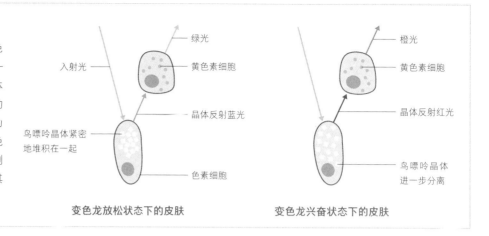

入射光 → 绿光
黄色素细胞
晶体反射蓝光
鸟嘌呤晶体紧密地堆积在一起
色素细胞

**变色龙放松状态下的皮肤**

→ 橙光
黄色素细胞
晶体反射红光
鸟嘌呤晶体进一步分离

**变色龙兴奋状态下的皮肤**

绿色皮肤

橙色皮肤

### 炫耀

大多数豹变色龙能够改变底色，放松时呈绿色，兴奋时呈橙色或红色。在休息状态下，蜥蜴能够完美地伪装在树梢栖息地的树叶之中。

# 广告般的色彩

对于视觉动物而言，颜色能够传达出强烈的检测信号。而且，随着动物成长，其颜色也会变得鲜艳，用以表明性成熟或者警告对手。一些动物可以通过神经或激素控制随意改变颜色。它们通过颜色闪现传递一些社交信号，比如性情的改变、面临竞争对手时的攻击性、交配的意愿等。这些行为都是暂时的，避免了引来捕食者的危险。

**鳞片下面**是皮肤的真皮层，含有色素细胞。

当鸟嘌呤晶体通过黄色素细胞反射蓝光波段时，就会呈现绿色。

**色彩斑斓的皮肤**
图中红绿相间的标本展示了豹变色龙的众多颜色变体之一，在马达加斯加各地可以发现不同的颜色变体。雄性比雌性色彩更为丰富，这意味着它们在面对雄性竞争者或者向潜在配偶发出信号时的表现也会更加明显。

如果某处含有的色素细胞较少，鸟嘌呤晶体反射蓝色波长就会产生蓝色。

红色是由于反射红色波长的晶体和橙红色素细胞相互作用而形成的。

**变色龙（约1612年）**

乌斯塔德·曼苏尔笔下的变色龙体型远大于在树枝上盘旋的昆虫，这幅画展示了变色龙的生理特征和栖息地。

**梧桐树上的松鼠（约1610年）**

莫卧儿王朝极负盛名的阿布·哈桑（Abu al-Hasan）创作了一只顽皮松鼠的缩影。它们似乎是欧洲红松鼠，贾汉吉尔（Jahangir）皇帝领地内并无此物种，所以这很有可能是在哈桑的私人动物园中观察所作。从哈桑对动物和鸟类的细致描绘手法可以看出，同期艺术家乌斯塔德·曼苏尔（Ustad Mansur）对其影响巨大。

皮、皮毛和甲壳

# 莫卧儿王朝

莫卧儿权贵阶层从16世纪至18世纪一直统治印度和南亚大部分地区，身份尊贵的他们对于美学艺术亦情有独钟。关于传说、战斗、肖像和狩猎场景的宝石般的微缩画在皇家宫廷备受珍视。第四位皇帝贾汉吉尔亦沉迷于博物学研究，他请人精确刻画动植物，为后世留下了精美绝伦的艺术作品。

在胡马云、阿克巴（Akbar）和贾汉吉尔的历次统治期间，来自波斯（现在的伊朗）、中亚和阿富汗的先锋艺术家们纷纷被莫卧儿王朝的财富和声望所吸引。微缩画通常需要书法家、设计师和艺术家合作完成：先覆一层白色，继而用精细的毛笔轻轻地层层上色，然后再用玛瑙石将画打磨成珐琅饰面。

贾汉吉尔最为看重的阿布·哈桑和乌斯塔德·曼苏尔曾与他一起游览，穿越了整个帝国，而且凭借其作品获得了"时代奇迹"的称号。贾汉吉尔对动物的热爱在其回忆录中可见一斑。《回忆录》（*Memoirs of Jahangir*）记录了其他国家进贡的若干标本：波斯国王的一只稀有猎鹰；阿比西尼亚的一匹斑马；印度果阿大使的一只雄火鸡和喜马拉雅麝。苏拉特（Surat）贾汉吉尔动物园中的两只渡渡鸟可能是商人送的礼物。

**彩色渡渡鸟（约1627年）**

乌斯塔德·曼苏尔是17世纪贾汉吉尔宫廷中的一位杰出艺术家，他受命于赞助人的直接指示，记录下鸟类、动物和植物的稀有标本。这幅罕见的彩色渡渡鸟被认为出自曼苏尔之手。

他带来了一些奇怪、不寻常的动物……我命令艺术家们画出它们的样子。

——印度皇帝贾汉吉尔，《回忆录》，1627年

# 褶皱和垂肉

　　最佳装饰只有在需要之时才会展现出来。长期的展示有可能引起食肉动物的注意，而那些可以瞬间闪现的展示则更为吸引眼球。有些蜥蜴通过喉咙底部的可移动骨骼来展开皮瓣。此种行为可能向同一物种的其他生物发送社交信号，也有可能使蜥蜴更具威胁性，以抵御捕食者。

### 开口褶皱
澳洲热带蜥蜴将嘴张开，从而在争夺领地时展开颈部皱褶，或者作为一种战术吓退敌人。喉部的骨质舌骨带有长长的、朝后排布的刺，称为角鳃骨。它们均由肌肉支撑，用以伸展皮肤使之呈扇形。

褶皱的橙色皮肤带给观察者更大的视觉冲击。

褶皱抬起

## 头部的信号

在鬣蜥和变色龙身上，拉动舌骨的肌肉在喉咙下方延伸出一块赘肉。某些物种的垂肉颜色鲜艳。因此，它们可以通过垂肉闪光加之头部摆动进行交流，特别是在求偶之时。

绿鬣蜥

折叠的褶皱紧靠着身体。

皱褶落下

颈部褶皱的"辐条"是由鱼鳃骨构成的，鱼鳃骨是从喉部下方延伸出的。

强壮的后腿便于蜥蜴在展示失败时用两腿逃跑。

褶皱半落

# 武器与战斗

肢体冲突的危险不言而喻，所以大多数动物即使配备了武器，也会尽力避免冲突。但是，有时为了获得战利品，冒险一搏在所难免。雄鹿角虫的颌骨极大，以至于上下颌骨不能完全闭合来撕咬食物。但是，在争夺食物或潜在配偶之时，雄鹿角虫可以利用颌骨优势参加推下巴大赛，正如和它们同名的"鹿角"一样（参见第88—89页），都是力气大者取胜。

## 战斗中的雄鹿角虫

这些铜色鹿角锹形虫利用其鹿角般的下颚（即下颌骨）作战。颌骨巨大的动物占有优势，它们可以举起对手，并将其扔到地上。

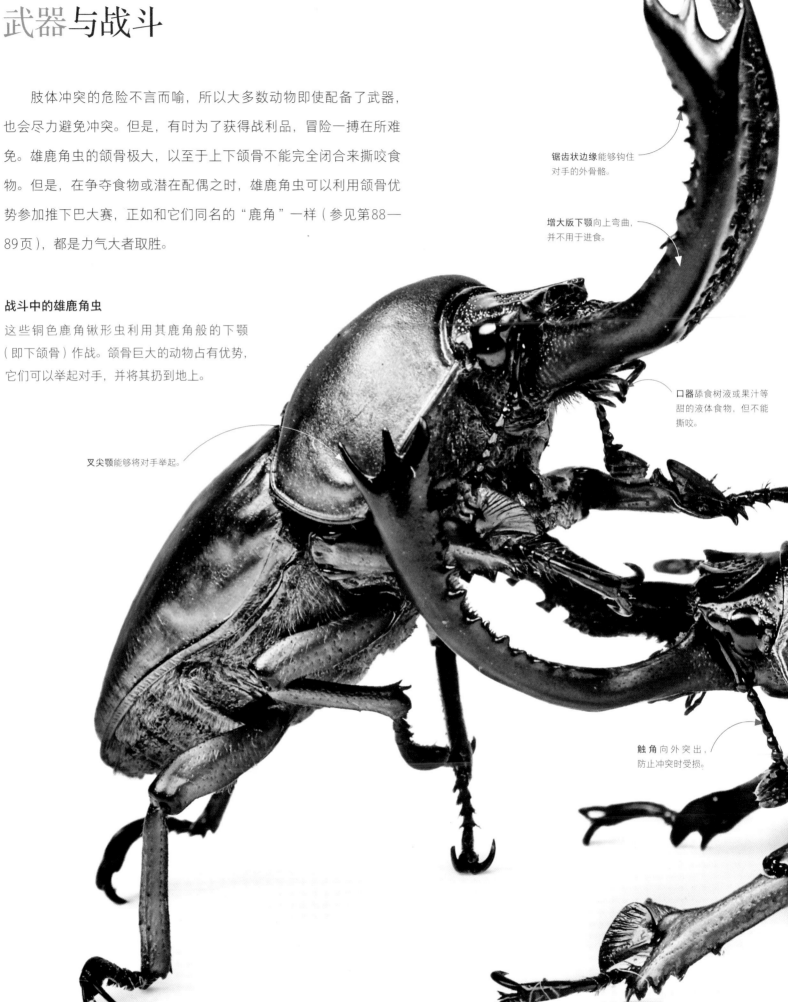

锯齿状边缘能够钩住对手的外骨骼。

增大版下颚向上弯曲，并不用于进食。

口器舔食树液或果汁等甜的液体食物，但不能撕咬。

叉尖颚能够将对手举起。

触角向外突出，防止冲突时受损。

## 成长的身体

用于展示或作为武器的身体部位比其他部位生长得快，因此前者不断增大，显得不成比例。此处的例子显示了雄性招潮蟹爪相对于其体型的生长速度。这些螃蟹仕与雄蟹竞争时，会用它们增大的单只蟹爪进行战斗，它们同样会挥动爪子以吸引雌蟹。

**身体和用作武器部分的成长速度对比**

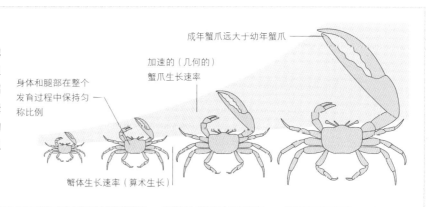

成年蟹爪远大于幼年蟹爪

加速的（几何的）蟹爪生长速率

身体和腿部在整个发育过程中保持匀称比例

蟹体生长速率（算术生长）

## 雌雄通用的武器

雄性和雌性亚马逊紫色圣甲虫都具有角状武器。雄性在争夺配偶时使用这些角状武器；而雌性则用它们保护动物尸体免受其他雌性伤害，如此便可把尸体埋起，日后当作幼虫的食物。

犀牛般的角。

宽大的盾甲，用以在土中挖洞。

铲状脚，用以埋藏幼虫的食物。

硬化的翅膀外壳，即翅鞘，是保护性外骨骼的一部分。

**擅于伪装的比目鱼**

孔雀鲆一开始是直立游动的，但随着不断成长，其形状发生了巨大改变。比目鱼右边的眼睛移到左边，右侧变成了下侧，而拥有两只眼睛的左侧沉淀了斑驳的色素，使其能够成功隐藏于多石海床之上。

**长而连续的背鳍**沿着比目鱼的身体延伸。

**鱼鳍**可以用来搅动沉淀物，使其掩盖部分鱼体。

# 融入环境

成功的伪装使动物获益匪浅。缺乏防御武器的弱小动物可以因此避开捕食者；相反，捕食者也可使用伪装伏击猎物。对大多数动物来说，融入环境不失为一种妙招，它们根据天生的形状和颜色隐藏在适当的栖息地。然而，其他一些动物更加灵活，在神经系统的影响下，它们能够改变颜色或图案来匹配所处的背景。

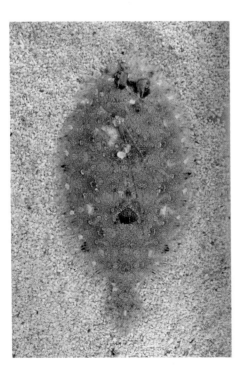

混入细泥沙的孔雀鲆

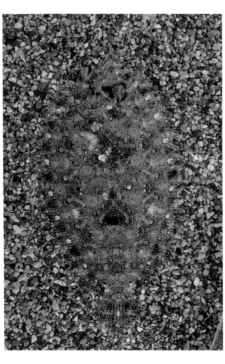

混入粗泥沙的孔雀鲆

**匹配图案**

孔雀鲆具有特殊的变色皮肤细胞（参见第98页），能够与其背景的颜色和图案实现匹配。这些细胞含有微小的色素颗粒，它们或聚集或分散，使得皮肤相应变亮或变暗。根据孔雀鲆视觉检测到的环境，荷尔蒙会在几秒钟内释放出来，从而改变皮肤中的色素分布状况。

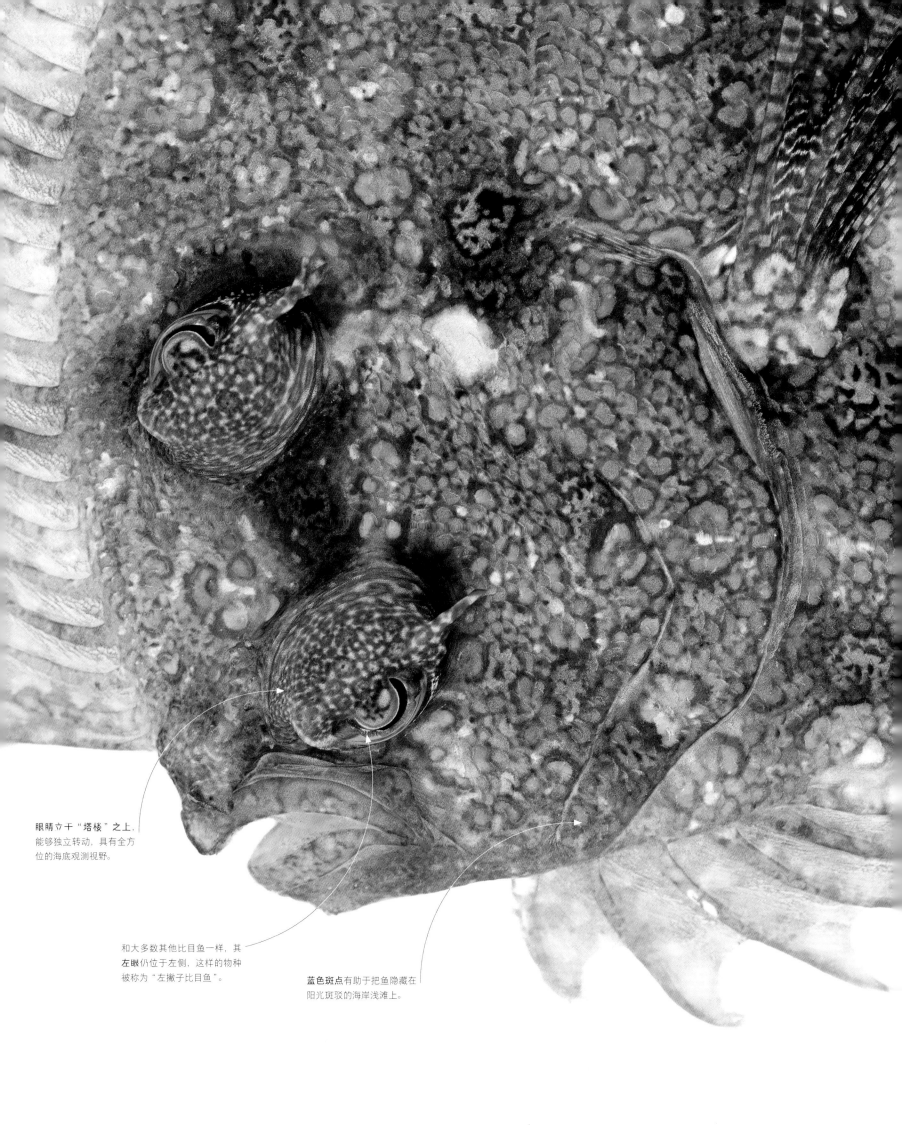

眼睛立于"塔楼"之上，能够独立转动，具有全方位的海底观测视野。

和大多数其他比目鱼一样，其**左眼**仍位于左侧，这样的物种被称为"左撇子比目鱼"。

**蓝色斑点**有助于把鱼隐藏在阳光斑驳的海岸浅滩上。

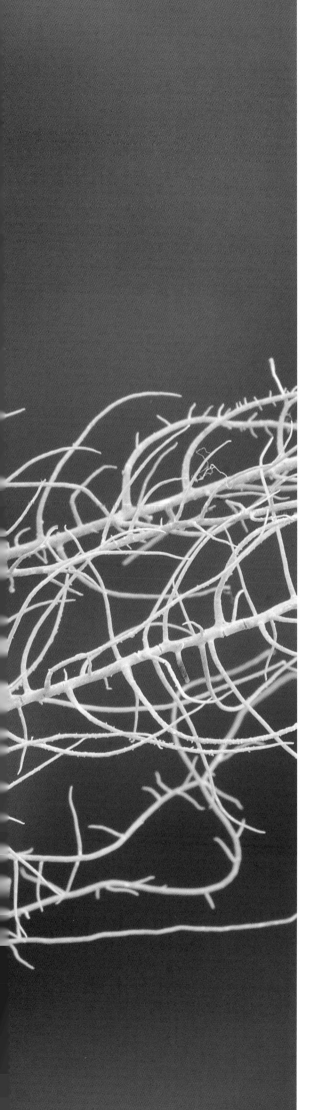

# 地衣蟊斯

　　鸟类、爬行动物、蝙蝠、地栖和树栖哺乳动物、昆虫以及蜘蛛均以地衣蟊斯为食，此物种常隐藏于雨林栖息地。虽然缺乏化学和物理防御机制，但其特殊的伪装和模仿能力很好地弥补了这一缺陷。

　　地衣蟊斯原产于中美洲和南美洲，是一种夜间活动的树栖昆虫，这些特性有助于其避开白天活动或主要在地面捕猎的食肉动物。其颜色、体形和运动的适应性越强，生存几率就越大。地衣蟊斯看上去几乎无异于它赖以生存的胡须地衣。

　　美洲大蟊斯不仅在颜色方面完美融于绿白地衣之中，其身体和腿上还带有刺，用以模仿胡须地衣的网格形状。此种色形组合使得捕食者很难发现美洲大蟊斯，此

外、成年蟊斯的翅膀上还带有类似地衣的图案，更加增大了捕食难度。为了进一步躲避侦查，美洲大蟊斯通常会缓慢谨慎地移动，但在面临威胁之时，它会逃跑以躲避危险。

　　蟊斯的各种拟态令人叹为观止，一些物种还会模仿树叶、苔藓、树皮，甚至岩石。叶子的拟态包括相匹配的颜色、叶状身体、细脉状图案，有时还有类似于腐烂或洞的斑块。因此，尽管属于同一物种，不同蟊斯个体形态大相径庭，这使得捕食者对于昆虫与叶子的区分难上加难。

### 完美的伪装
这种幼年地衣蟊斯还未长出翅膀，但已完美匹配了地衣的颜色，甚至还具有模仿细树枝间隙的较暗斑块。

**仿苔藓**
哥斯达黎加和巴拿马的苔藓蟊斯上具有植物般的装饰，它们实际上是保护性的刺。

**假疤痕组织**
像介壳虫一样，一些美洲大蟊斯的外观类似于树皮被撕裂或刺穿时产生的脊状突起。

**各种各样的颜色**

鸟类羽毛颜色多样。黑色、棕色是由皮肤细胞中的
黑色素颗粒形成的；黄色、红色与饮食有关；蓝色、
紫罗兰色和绿色是羽毛结构弯曲或反射光线的方式
引起的。（参见第98页"色素细胞"）

紫胸佛法僧

鹫珠鸡      大火烈鸟      皇冠鹤      雄性折衷鹦鹉      大眼斑雉

# 羽毛

鸟类是现存的唯一具有羽毛的动物。这些羽毛可能是由恐龙祖先的鳞片进化而来，
但是，"原始羽毛"最初是否有助于吸收身体热量，或者为滑翔及飞行提供空气动力，
目前仍不确定。在现代鸟类中，羽毛有两种用途：一种是一层绒羽提供隔热效果；另一
种是坚硬的刀片型羽毛使身体呈流线型，有助于在鸟类飞行时提供必要的抬升力。

紫蕉鹃

马来黑斑犀鸟　　　　　红额金刚鹦鹉　　　　　红腿叫鹤　　　　　维多利亚凤冠鸠

## 羽毛的种类

羽毛从毛囊长出，每个毛囊形成一个羽轴和宽宽的羽片。羽片起初是一片角质形成细胞，然后扪并一个复杂的裂缝构造，从而分离羽支。飞羽和廓羽有自我密封的羽片，羽片由微型钩固定在一起（参见第123页）。毛羽有传感系统，毛茸茸的绒羽可御寒。

宽大的羽片后缘

窄小的羽片前缘

羽轴

羽支

羽根

羽片是对称的，两侧等同

羽轴

带有羽毛的羽支

带有绒羽的羽支

羽根

羽支

羽轴

羽支

羽轴

羽根

飞羽（翅膀飞行羽毛）　　　舵羽（尾部飞行羽毛）　　　廓羽　　　绒羽　　　毛羽

初级飞羽明显不对称，
其狭窄的前缘便于气
流穿过。

# 飞羽

鸟类需要借助一种特殊的羽毛完成飞翔。飞羽是翅膀
和尾部最大、最坚硬的部分，它直接附着在骨骼上，占据
了翅膀和尾巴的大部分表面。这些羽毛具有自我密封的羽
片，依靠复杂的微型钩构造（参见第123页方框）来保持
刀片状，这对于在空中实现对鸟类的托举极为重要。

**制动羽毛**

翅膀和尾部的飞羽也可用于着陆制动。就这种红绿
金刚鹦鹉而言，超过一半的翅膀是由飞羽组成的，
其独特的尾羽长度抵得上头部和身体长度之和。

尾羽（即舵羽）沿着强壮的
肌肉延展，以减缓鸟类的降
落速度。

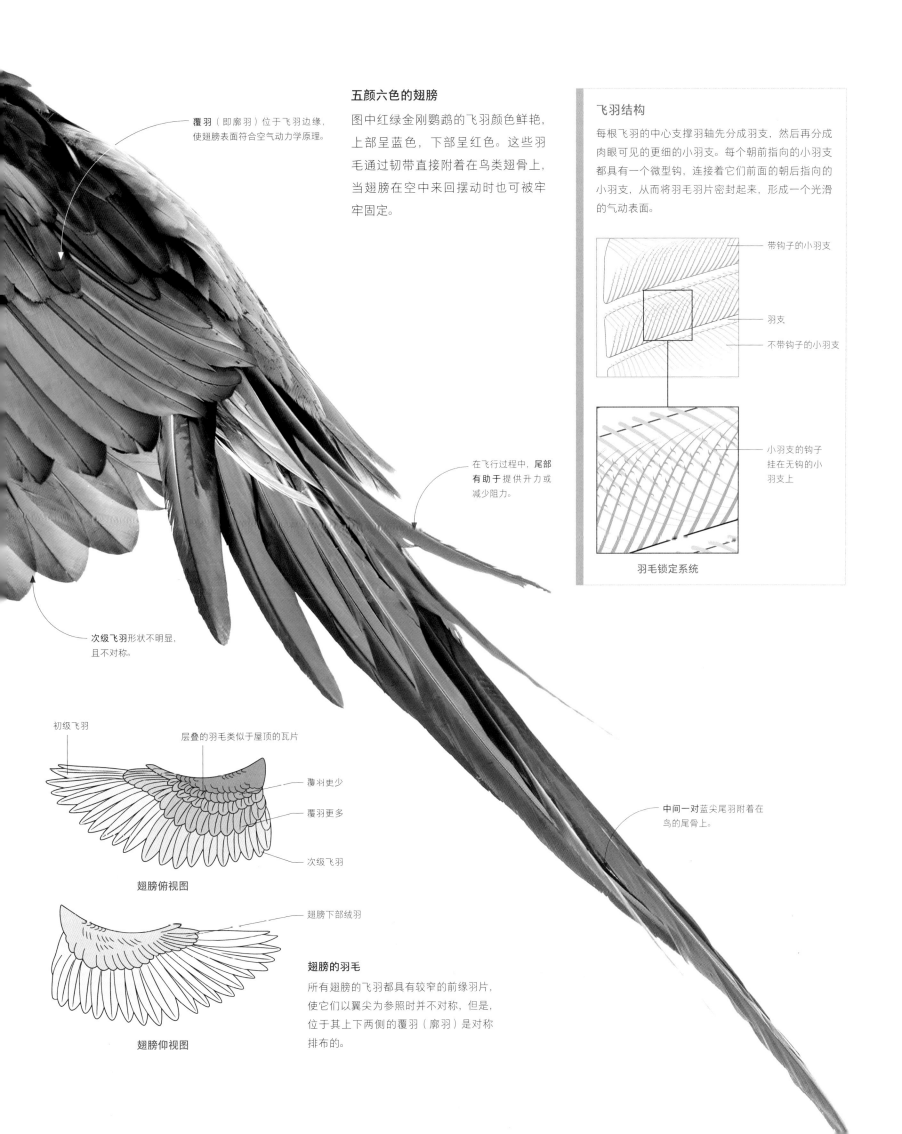

**五颜六色的翅膀**

图中红绿金刚鹦鹉的飞羽颜色鲜艳，上部呈蓝色，下部呈红色。这些羽毛通过韧带直接附着在鸟类翅骨上，当翅膀在空中来回摆动时也可被牢牢固定。

覆羽（即廓羽）位于飞羽边缘，使翅膀表面符合空气动力学原理。

在飞行过程中，**尾部有助于**提供升力或减少阻力。

**飞羽结构**

每根飞羽的中心支撑羽轴先分成羽支，然后再分成肉眼可见的更细的小羽支。每个朝前指向的小羽支都具有一个微型钩，连接着它们前面的朝后指向的小羽支，从而将羽毛羽片密封起来，形成一个光滑的气动表面。

带钩子的小羽支

羽支

不带钩子的小羽支

小羽支的钩子挂在无钩的小羽支上

**羽毛锁定系统**

**次级飞羽**形状不明显，且不对称。

中间一对蓝尖尾羽附着在鸟的尾骨上。

初级飞羽

层叠的羽毛类似于屋顶的瓦片

覆羽更少

覆羽更多

次级飞羽

**翅膀俯视图**

翅膀下部绒羽

**翅膀仰视图**

**翅膀的羽毛**

所有翅膀的飞羽都具有较窄的前缘羽片，使它们以翼尖为参照时并不对称，但是，位于其上下两侧的覆羽（廓羽）是对称排布的。

**暗中炫耀**

新几内亚紫胸凤冠鸡等许多藏在茂密森林深处的鸟类具有极其奢侈华丽的羽毛。只有贵宾级鸟类，即那些被视觉审美所吸引的潜在配偶才能一睹紫胸凤冠鸡的风采。它们雌雄同色，都有相同的羽冠。

**争相吸引关注**

这些幡羽极乐鸟的许多雄鸟会在求偶场群体亮相，雌性则聚在一起择偶。雄鸟主要依靠精致的羽毛来吸引配偶；相反，雌鸟则比较朴素，所以能够在独自抚养幼鸟时完美伪装。

**蕾丝羽冠**的羽毛具有不带钩子的羽支，但是缺乏坚实的羽轴。

# 展示羽毛

羽毛是用途多样的视觉展示工具。就结构而言，羽片可以如雉鸡尾巴上的一样长而硬，亦可像鸵鸟羽毛上的一样纤且细；其颜色可以鲜明醒目用以炫耀，亦可隐秘低调便于隐藏。与许多哺乳动物相比，鸟类更喜炫耀其绚丽装饰。这也许是因为它们能够通过飞行快速逃离危险，也可能是因为它们更出色的色彩视觉使得这种社交信号成为吸引配偶和恐吓竞争对手的一种有效方式。

扇形羽冠的羽毛在头顶
呈一条直线生长，并且
能够永远保持直立。

充气时**亮黄色胸囊**显露，
并发出独特鼓声。

**通过跳舞加深印象**

鸟类可将羽毛和舞蹈结合，最大限度地
强化展示效果。雄性艾草松鸡高抬扇形
尾羽，昂首阔步前行，并使胸前特殊的
囊膨胀起来，从而给雌性留下深刻印象。

**夏季被毛**

超过99%北极狐狸的被毛在冬季呈白色,在夏季则变为深棕色。狐狸被毛在夏天还会变薄,防止温度过高。

身体上部的**棕色皮毛**颜色最暗。

狐狸身上**深色的夏季被毛**与苔原栖息地的岩石和裸露地表融为一体。

# 季节性保护

毛茸茸的皮肤是哺乳动物的重要组成部分。其毛发由角蛋白构成,这是一种坚硬的蛋白质,所有陆生脊椎动物的表层皮肤亦由此种物质所加固强化。在最寒冷之处和最恶劣条件下,即使温度降至冰点甚至更低,哺乳动物也能够长出特别浓密的毛层,这意味着它们能使皮肤附近保持足够的体温,从而得以生存和保持活力。

## 双层毛发

所有毛发均生长于皮肤表面表皮的特殊部位,即毛囊。毛发具有两种类型,针毛和由较小的次级附属毛组成的下层绒毛。后者能够高效捕捉靠近皮肤表面的空气,减少热量损失。此外,附在较长针毛上的微小肌肉可以将其拉直,从而在异常寒冷的条件下竖起毛发,达到额外的隔热效果。

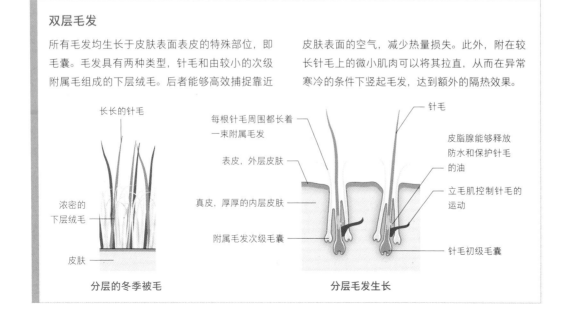

长长的针毛

浓密的下层绒毛

皮肤

每根针毛周围都长着一束附属毛发

表皮,外层皮肤

真皮,厚厚的内层皮肤

附属毛发次级毛囊

针毛

皮脂腺能够释放防水和保护针毛的油

立毛肌控制针毛的运动

针毛初级毛囊

分层的冬季被毛

分层毛发生长

**春天即将到来**

在冰原上，北极狐拥有被毛护体，免受严寒侵袭。在其被毛上，每平方厘米就含有数百根毛发。图中这只北极狐嘴衔一只鹅蛋，它经历了春天的蜕皮，露出蓝色的夏季被毛，预示着未来一段时期温度将转暖。

**颜色**

毛发颜色及其形成的图案，包括反荫蔽（即浅色腹部与深色背部形成对比）和斑纹，通常有利于动物在栖息地藏身。除了伪装，一些图案别有他用，比如长颈鹿的斑点有助于控制体温；斑马的条纹还能够驱逐苍蝇。黑白搭配有时具有警醒作用，说明此种动物在受到威胁时会散发有毒物质或者激烈反击。

**警示性的**
条纹臭鼬

**反荫蔽的**
印度黑羚

**形式**

毛皮有薄有厚，或光滑或粗糙。温暖、炎热气候下的动物通常覆盖着较短、均匀的毛发。但是，极端寒冷环境中的动物具有超厚的或双层的被毛，这种被毛由柔软、隔热的下层绒毛和粗糙、防水的针毛组成。鼹鼠通常具有天鹅绒般的皮毛，可以转向任何方向，最大限度地减少与土壤的摩擦。甚至一些哺乳动物身上的壳刺、刚毛和鳞片也属于变形的毛发。

**单层短被毛**
狮子

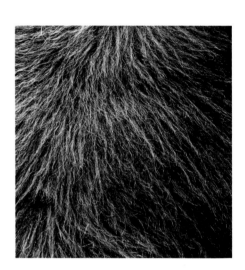

**双层被毛**
麝牛

**羊毛**
多尔大角羊

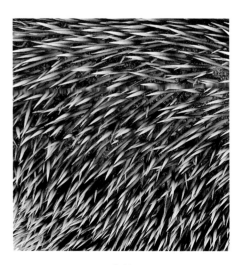

**壳刺**
小马岛猬

**带斑纹的**
华北豹

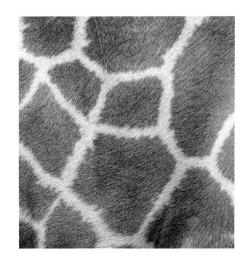

**带斑点的**
网纹长颈鹿

**带条纹的**
平原斑马

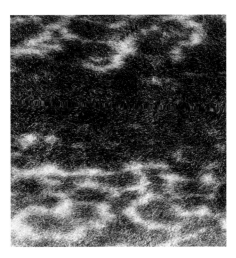

**防水的**
普通海豹

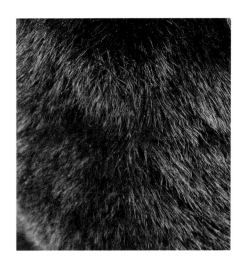

**低摩擦的**
欧洲鼹鼠

**粗糙不平的**
褐喉树懒

# 哺乳动物皮毛

　　哺乳动物的皮肤覆盖物有皮毛、毛发或触须等多种称呼，但是，它们都由相同材料组成，一种叫作角蛋白的蛋白质。在提供隔热和保护的同时，毛皮还可用于伪装，迷惑捕食者和猎物，亦可减少摩擦，表明性成熟等，一些颜色和图案还另有他用。

**地球上最稠密的毛皮**

海獭每平方厘米的皮肤上含有多达15.5万根毛发。尽管没有厚层隔热脂肪，但它仍然能够在1℃的寒冷水域中保持适宜的体温。

**防水针毛**覆盖着浓密的下层绒毛，并且可捕捉被毛空气中的隔离层。

《蓝狐》（1911年）

动物是弗朗茨·马尔克（Franz Marc）作品的母题，
并且贯穿了他短暂的一生。这位德国画家、版画
家擅长使用简单的轮廓和形状，将精神融入色彩
之中，直达作品主题。

**两只螃蟹**（1889年）

在文森特·凡高（Vincent van Gogh）的此幅静物画中，充满活力的红螃蟹被置于海绿色背景之下，两种互补色达到一种耀眼效果。这位荷兰后印象派画家很有可能受到了日本大师葛饰北斋的一幅螃蟹木刻画的启迪。

# 表现主义性质

20世纪之交，艺术家们寻求用革命性的方式来反映现代生活的节奏和复杂性。表现主义画家以一种令人瞠目的新方式，提升了线条、形状、尤其是颜色方面对自然世界的还原度。评论家们将亨利·马蒂斯（Henri Matisse）和乔治·鲁奥（Georges Rouault）等法国画家归为"野兽派"，因其鲜艳明丽的颜料中流露出一种原始情感，引起观众发自肺腑的感应。

19世纪晚期的印象派画家专注于捕捉风景、花朵和肖像中稍纵即逝的光线变化，后印象派画家则另辟蹊径。例如，文森特·凡高在作品中对色彩和形式的痴迷，奠定了抽象派绘画的基石，也激发了德国艺术家弗朗茨·马尔克的灵感。和野兽派一样，马尔克也关注人类与自然世界的通感。动物无疑是重要的切入点。他在慕尼黑学习动物解剖学，在柏林用若干小时绘制动物和鸟类形状，并在柏林动物园观察它们的行为。他曾于1915年在一篇论文中写道："马儿是如何看待这个世界的？鹰、鹿、狗又是如何？我们习惯于把动物置于目光所及的风景之中，而非深入动物的灵魂去想象它们的感知，这是多么可惜且无情啊！"

1911年，马尔克与瓦西里·康定斯基（Vassily Kandinsky）共同创办了《青骑士》（Der Blaue Reiter）杂志，并联手组织艺术运动。康定斯基认为他们的抽象艺术是对这个有毒世界的一种制衡。无论何种绘画，色彩都是一个独立的实体，具有超然的联想：蓝色是阳性、严肃、精神的；黄色是阴性、温柔、欢快的；红色是残忍、沉重的。色彩的并置和混合增添了作品的洞察力和平衡感。

马尔克的画作《蓝狐》（Blue Fox）和《小蓝马》（The Little Blue Horses）暗示着纯真，而《黄牛》（The Yellow Cow）则意指无尽的快乐。《动物的命运》（Tale of the Animals，1913年）描绘了野生动物的世界末日，彩色野兽被困在一片红色的森林火海之中，预示着世界大战即将到来，而他本人也于此战中丧生。

动物对生命的自然感知令我体内的一切美好都随之振动。

——弗朗茨·马尔克，西线来信，1915年4月

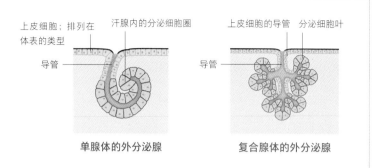

**皮肤分泌物**

外分泌腺内的细胞产生的化学物质会通过导管释放到皮肤表面。有些是单腺体，比如肠壁的腺体；另一些则聚在一起形成复合腺体，如分泌乳汁的乳腺。

上皮细胞；排列在体表的类型

汗腺内的分泌细胞圈

上皮细胞的导管　分泌细胞叶

导管

导管

**单腺体的外分泌腺**

**复合腺体的外分泌腺**

# 皮肤腺体

腺体是分泌有用物质的器官。内分泌腺向血液循环中释放一种叫作"激素"的身体化学物质，而外分泌腺体则通过导管将其分泌物排放到表面上皮。例如，消化液或从肠壁进入肠道，或成为皮肤上的分泌物。哺乳动物具有若干皮肤腺体；有些产生水状汗液，使其冷却或者产生防水油，而另一些则产生化学气味来标记领地、识别个体或促进求爱。

**面部气味腺**

许多有蹄哺乳动物的脸上含有气味腺。柯氏犬羚的眶前腺能够产生一种深色焦油状分泌物，会被涂在粪便堆附近的树枝上，及其领地范围内常去的小路上。

眶前腺，分泌香味。

腺体分泌的**黑色焦油物质**会被涂抹在植物上。

**社交信号**

柯氏犬羚这种非洲羚羊依靠气味来组织群体生活。图中有角的雄性羚羊（位于中间）陪伴着雌性羚羊和新近出生的幼羊。此外，成年羚羊（雄性多于雌性）会用面部分泌物标记领地以吓退敌人。

**最长的角**

非洲犀牛有白犀牛与黑犀牛两种，下图是更为常见的白犀牛。两种犀牛通常都有两个角，但白犀牛的"武器"更大，长度可达1.5米。

第二只角形成于颅骨的前额上方。

皮肤最厚处可达5厘米，在雄性对手打斗的过程中可能被磨损。

前角形成于鼻骨上方，平均长90厘米。

皮肤平台把角固定在骨头的粗糙区域。

**独角犀牛**

亚洲有三种犀牛。右图中的印度犀牛只有一只角，而雌性的爪哇犀牛是无角的。

印度犀牛具有**独特的皮肤褶皱**，与非洲同种犀牛相比，它看起来像是穿了一层盔甲。

# 皮肤中长出的角

犀牛角是独一无二的，"犀牛"这一名字就来源于希腊语中的"鼻角"一词。犀角的独特之处不仅包括颅骨之上的位置，还有其形成方式。其他动物的角是覆盖着坚硬皮肤鞘（参见第87页）的骨头，而犀牛角则是由角蛋白构成，角蛋白也是组成爪子和毛发的物质。坚实密集的角蛋白能够形成有效的防御武器。

## 犀角的结构

扫视犀牛角可以发现，虽然没有骨性核心，但其中心被钙和黑色素强化，黑色素可以保护犀牛抵御阳光照射。犀角外层较软，可能会磨损。虽然犀角所谓的医用价值已经导致犀牛濒临灭绝，但是，目前还没有科学证据证明犀角确有此用。

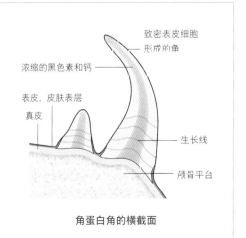

致密表皮细胞形成的角

浓缩的黑色素和钙

表皮，皮肤表层

真皮

生长线

颅骨平台

**角蛋白角的横截面**

# 装甲皮肤

角蛋白是一种角质蛋白，可以加固皮肤。毛发、爪子和羽毛中含有最为纯净的角蛋白，此外，一些动物还将其用作盔甲。除了下部表面，穿山甲其他部位均被坚硬的角质化指甲状鳞片保护，这些鳞片对触觉高度敏感。为了鳞片的生成和维护，穿山甲需要高蛋白饮食，它们通过捕食大量蚂蚁和白蚁来满足此需要。

**肌肉控制鳞片的方向**，
当穿山甲滚动成球状时，
肌肉会将鳞片抬高。

**成年穿山甲的鳞片**即使
经过多年磨损，仍保留
着较明显的尖端。

**防护甲**占穿山甲体重的
三分之一。

## 犰狳的保护机制

和穿山甲一样，犰狳也具有坚硬的鳞片。但是，它们浑然一体，形成连续盾牌，由骨质板所支撑。倭犰狳是犰狳科最小的一种，它用臀板在洞穴里压实沙子，或者为了自卫而堵住入口。

## 穿山甲的鳞片

穿山甲的鳞片是由皮肤中的细胞产生的。当这种无生命的角状物质成型时，皮肤便布满了坚硬的角质，这一过程被称为角质化。鳞片与灵长类动物的指甲极为相像。当鳞片暴露在外的边缘磨损时，它们会被新的角蛋白所"修复"，这种角蛋白由表皮的角化细胞在鳞片底部生成。

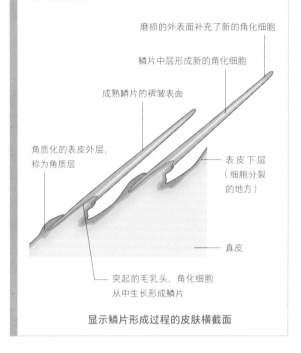

磨损的外表面补充了新的角化细胞

鳞片中层形成新的角化细胞

成熟鳞片的褶皱表面

角质化的表皮外层，称为角质层

表皮下层（细胞分裂的地方）

真皮

突起的毛乳头，角化细胞从中生长形成鳞片

**显示鳞片形成过程的皮肤横截面**

幼年穿山甲的鳞片具有独特的三尖头形状，它们随年龄增长而变得更加平滑。

重叠的鳞片可以防止被大型食肉动物咬伤，但是对昆虫叮咬的防御作用微乎其微。

## 与生俱来的保护

非洲的树穿山甲出生时通身覆盖着柔软鳞片，这些鳞片会迅速硬化。出生不久，幼年穿山甲就能够紧紧抓在母亲背上以保安全，并且像它一样，在遇到危险时滚成球状。

# 感官

## senses

**感官：** 一种能力，如视觉、听觉、嗅觉、味觉或触觉，动物通过这种能力接收外部世界的信息。

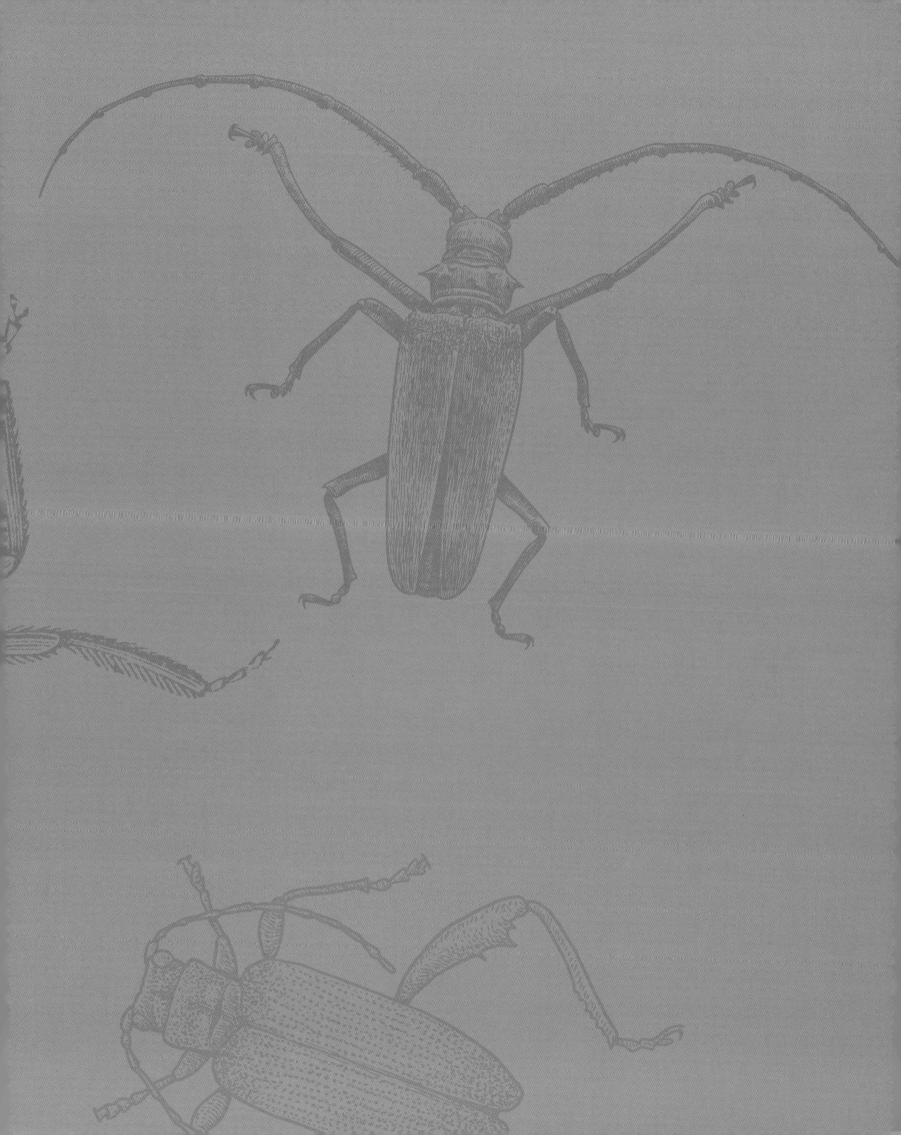

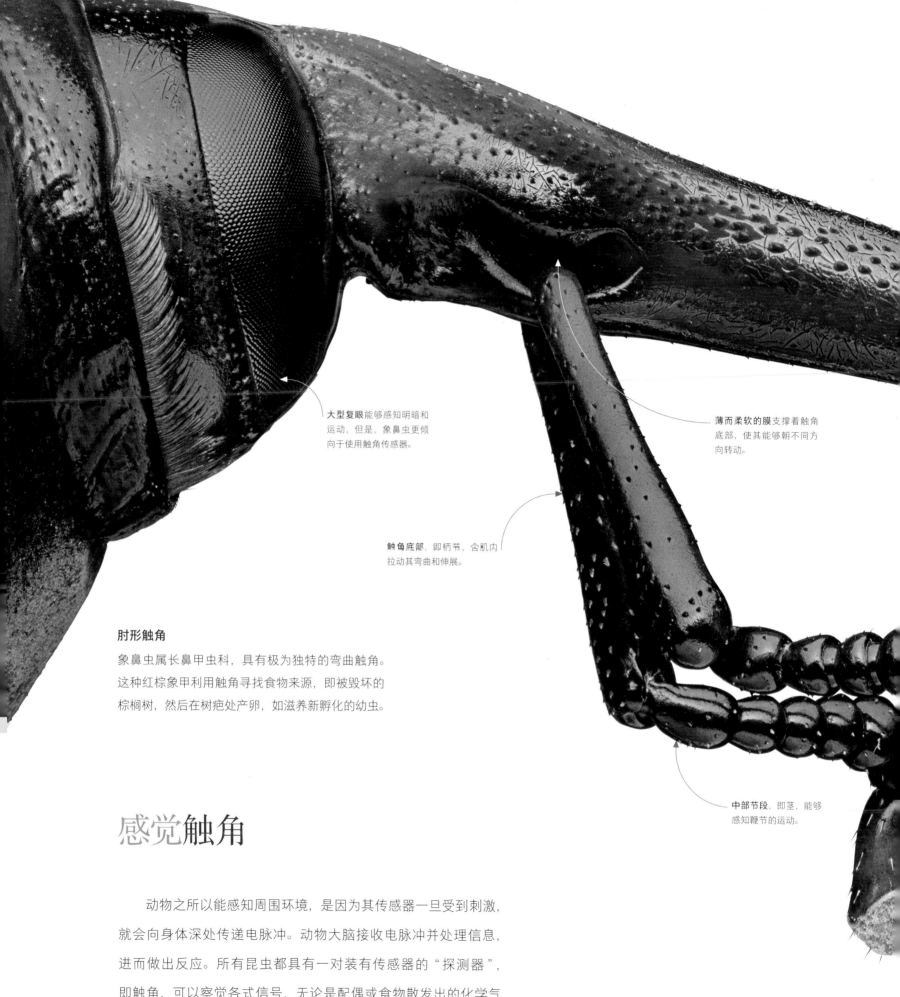

大型复眼能够感知明暗和
运动，但是，象鼻虫更倾
向于使用触角传感器。

薄而柔软的膜支撑着触角
底部，使其能够朝不同方
向转动。

触角底部，即柄节，含肌肉
拉动其弯曲和伸展。

中部节段，即茎，能够
感知鞭节的运动。

**肘形触角**

象鼻虫属长鼻甲虫科，具有极为独特的弯曲触角。
这种红棕象甲利用触角寻找食物来源，即被毁坏的
棕榈树，然后在树疤处产卵，如滋养新孵化的幼虫。

# 感觉触角

　　动物之所以能感知周围环境，是因为其传感器一旦受到刺激，
就会向身体深处传递电脉冲。动物大脑接收电脉冲并处理信息，
进而做出反应。所有昆虫都具有一对装有传感器的"探测器"，
即触角，可以察觉各式信号，无论是配偶或食物散发出的化学气
味，还是影响其空中飞行控制的气流。

## 触角类型

所有昆虫的触角都位于口器上方的头部。它们由许多关节组成，非常灵活。这些感觉器官差别迥异，根据大小和形状分为几大类（见右图）。传感器，或称感觉器，集中分布在末端。这些部位多有形变，例如体积胀大或呈羽毛状，以容纳尽可能多的感测器。

| 蟑螂 | 蚊子 | 腐尸甲虫 |
| --- | --- | --- |
| 刚毛状的 | 羽状的 | 纺锤状的 |
| 金龟子 | 真蝇 | 白蚁 |
| 片状的 | 芒状的 | 单丝状的 |

长长的鼻鞘用于探测作为食物的植物，以及为产卵做准备。

灵活的角质层连接着触角各个部分。

末端部分（即鞭节）胀大，便于容纳探测化学物质和空气运动的传感器。

## 感知世界

红棕象甲是破坏性极大的害虫，严重影响了具有商业价值的椰子、油和椰枣作物的产量。这种毁灭性象鼻虫起源于东南亚，并已扩散至非洲和地中海区域。

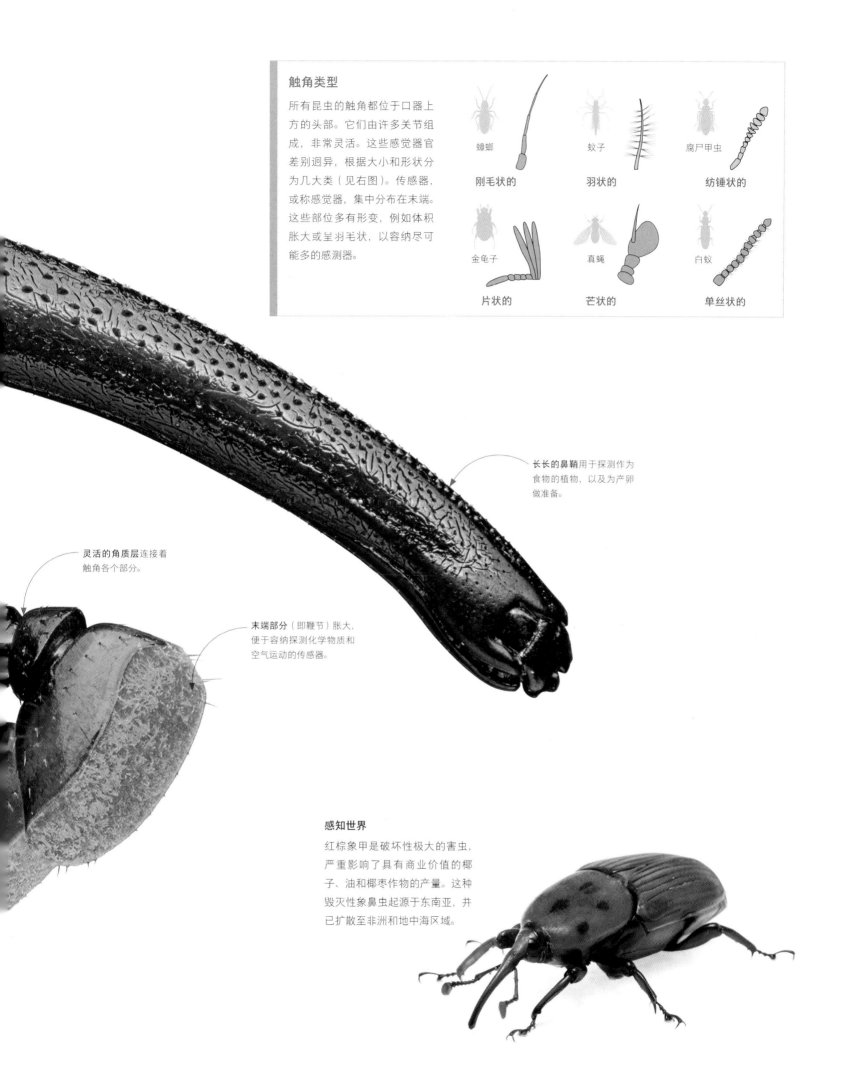

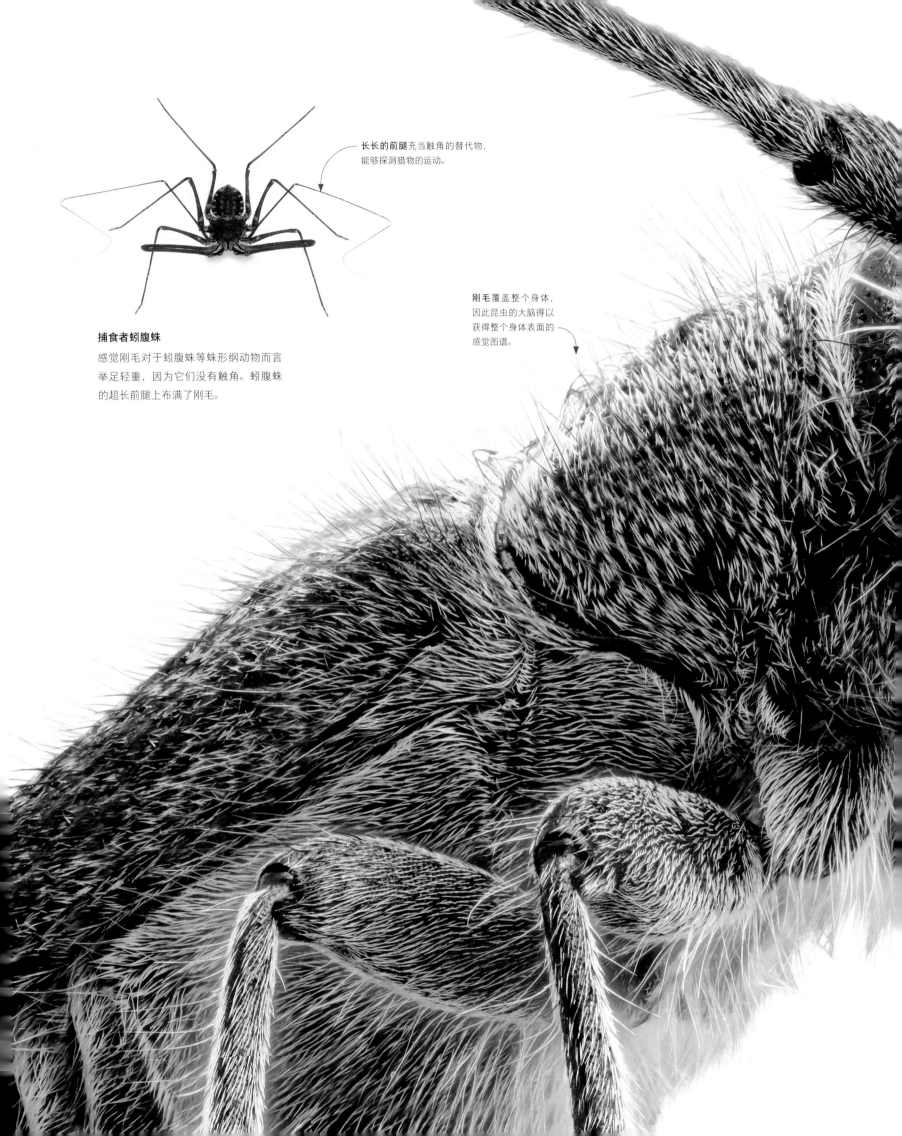

长长的前腿充当触角的替代物，能够探测猎物的运动。

刚毛覆盖整个身体，因此昆虫的大脑得以获得整个身体表面的感觉图谱。

**捕食者蚖腹蛛**

感觉刚毛对于蚖腹蛛等蛛形纲动物而言举足轻重，因为它们没有触角。蚖腹蛛的超长前腿上布满了刚毛。

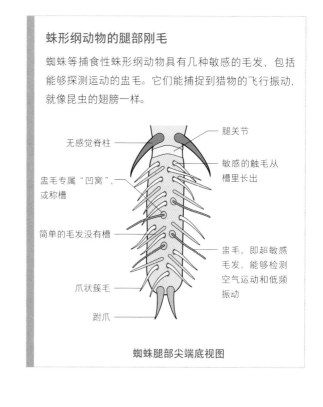

### 蛛形纲动物的腿部刚毛

蜘蛛等捕食性蛛形纲动物具有几种敏感的毛发，包括能够探测运动的蛊毛。它们能捕捉到猎物的飞行振动，就像昆虫的翅膀一样。

无感觉脊柱

腿关节

敏感的触毛从槽里长出

蛊毛专属"凹窝"，或称槽

简单的毛发没有槽

蛊毛，即超敏感毛发，能够检测空气运动和低频振动

爪状簇毛

跗爪

**蜘蛛腿部尖端底视图**

**被密集覆盖着的甲虫**

在高倍镜下可以观察到这种蓝色长角甲虫身上超常的感觉刚毛，它显示了昆虫对触觉刺激的依赖程度。每根毛发的偏转都会发出信号，告知昆虫身处何处以及周围状况。

**每根触毛（刚毛）**都生成于一个与感觉神经末梢相连的槽。

关节一毛发板处的**毛发集中**，能够感知身体部位的运动并提供它们的相对位置信息。

# 感觉刚毛

所有动物都通过皮肤与外部环境进行直接接触，因此皮肤上遍布感觉神经末梢，便于从环境中接收信号并且传至大脑。对于昆虫和蛛形纲动物来说，它们的皮肤外面具有坚硬的外骨骼，表皮细胞会生成一系列特殊的感觉刚毛，这些刚毛会穿透坚硬的外层，提高身体对触觉和运动的敏感度。

借助显微镜，就再也不会有我们观察不到的微小生物了……

——罗伯特·胡克，《微物图志》，1665年

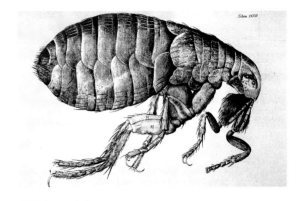

**跳蚤（1665年）**

自然哲学家罗伯特·胡克（Robert Hooke）在其著作《微物图志》（Micrographia）中首次揭示了跳蚤的复杂性，跳蚤在胡克革命性的可调节显微镜之下清晰可见。

# 微型世界

科学家们曾用200多年来探索世界上的野生动物，此后的17世纪迎来了一个发现的新时代，揭开了微型世界的奥秘。显微镜的进步、科学家的艺术技巧，以及在著名作品中使用精准方式描绘昆虫生活的艺术家们，全部推动了昆虫学的发展。

插图技巧成为17世纪新一代昆虫学家的必备技能。英国发明家和科学家罗伯特·胡克亦是一位顶尖艺术家。他用一种新的复合光学显微镜，揭示了昆虫难以想象的解剖学结构，并且鉴定了植物细胞。胡克在1665年的作品《微物图志》中公开了诸多令人震惊的画作，图中的昆虫新奇怪异，以至于有些读者对其真实性提出质疑。

在荷兰，纺织商安东尼·范·列文霍克（Antonie van Leeuwenhoek）用1毫米镜头制作了微型显微镜。其制造过程无比隐秘，但它们很有可能是用检查布料的玻璃珍珠锻造而成。微型显微镜精妙地放大显示了单细胞有机体、细菌和精子的结构。

同一时期，著名艺术家们沉迷于对自然对象的敏锐观察。简·凡·凯塞尔（Jan van Kessel）出身于显赫的布鲁盖尔家族，他观察活体昆虫标本，仔细研究带插画的科学文本，为艺术注入准确性元素。

出生于法兰克福的玛丽亚·西比拉·梅里安（Maria Sibylla Merian，1647—1717年）在十几岁时便对毛毛虫蜕变成飞蛾和蝴蝶的过程非常着迷，她后来成为最早一批描绘寄主植物上昆虫和蝴蝶的艺术家之一。搬到阿姆斯特丹后，52岁的梅里安得到了一笔罕见的政府赞助，用以记录荷兰殖民地苏里南的昆虫生活。卡尔·林奈后来曾引用梅里安《苏里南昆虫变态图谱》（*Metamorphosis of the Insects of Surinam*）一书中的华丽画作，对新型物种进行了分类。

**昆虫与勿忘我（1653年）**

简·凡·凯塞尔基于科学文献中的知识储备，在羊皮纸上完成了以甲虫、飞蛾、蝴蝶和蚱蜢为主题的精致水彩画。他有时会用毛毛虫拼出自己的名字。

**毛毛虫、蝴蝶和花（1705年）**

此幅水彩出自玛丽亚·西比拉·梅里安关于苏里南昆虫的著作，2只天蚕蛾居于一棵高耸的热带树木花枝上，这种飞蛾广泛分布于墨西哥和南美洲。梅里安误认为图中的幼虫是天蚕蛾的早期形态，其实不然，它是一个未知的物种。

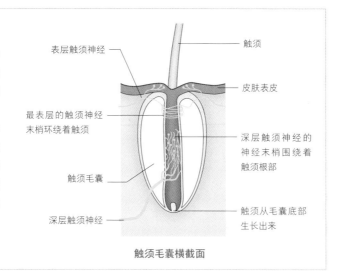

## 触毛

每根须，或称触须，都与皮肤表面附近的一些感觉神经末梢相连，这些末梢围绕着触须分布。然而，80%与触须相连的神经末梢位于较深处，并与触须根部平行。当触须从毛囊底部弯曲时，神经末梢受到刺激，会向大脑发射电脉冲。

表层触须神经

触须

皮肤表皮

最表层的触须神经末梢环绕着触须

深层触须神经的神经末梢围绕着触须根部

触须毛囊

触须从毛囊底部生长出来

深层触须神经

**触须毛囊横截面**

## 对鱼类的感知

触须能使动物通过感知水或空气中的微小振动来"感受"周围的环境。加州海狮的触须可以在流动的海水中探测到鱼类猎物生成的微小尾波，甚至可以通过触感确定目标的大小、形状和纹理。触须有助于海狮在能见度较低的情况下，在混浊的沿海水域找寻食物。

# 感觉触须

哺乳动物的毛发根植于神经和肌肉，使得动物能够敏锐察觉其运动。脸部的毛发经过进化变得格外敏感，特别是食肉动物和啮齿动物。它们附着在复杂的神经纤维束上，即使是极其轻微的触动也会刺激这些神经纤维发出脉冲。数百万年前，哺乳动物的爬行类祖先身上的初始"原毛"很有可能就具有这种触觉功能，因为这些夜间活动或穴居生活的开拓者们需要在黑暗环境中挣扎前行。

## 带有触须的鸟

有些鸟类具有坚硬的修饰性羽毛，称为嘴裂刚毛。它们从鸟喙底部伸出，可以像触须一样工作。夜莺和捕蝇鸟的嘴裂刚毛特别明显，它们在飞行捕猎时用刚毛检测与昆虫的接触状况。嘴裂刚毛多见于夜间活动的物种，几维鸟利用其嘴裂刚毛探测地面上的无脊椎动物，在这一过程中，鸟类的灵敏嗅觉亦会起到辅助作用。

**每根嘴裂刚毛**都是一种改良羽毛，内含没有羽支的强化羽轴。

**被毛包含针毛，针毛覆**在较短的细毛上；皮肤之下的腺体能够分泌油质物质，能够保持被毛的防水性能。

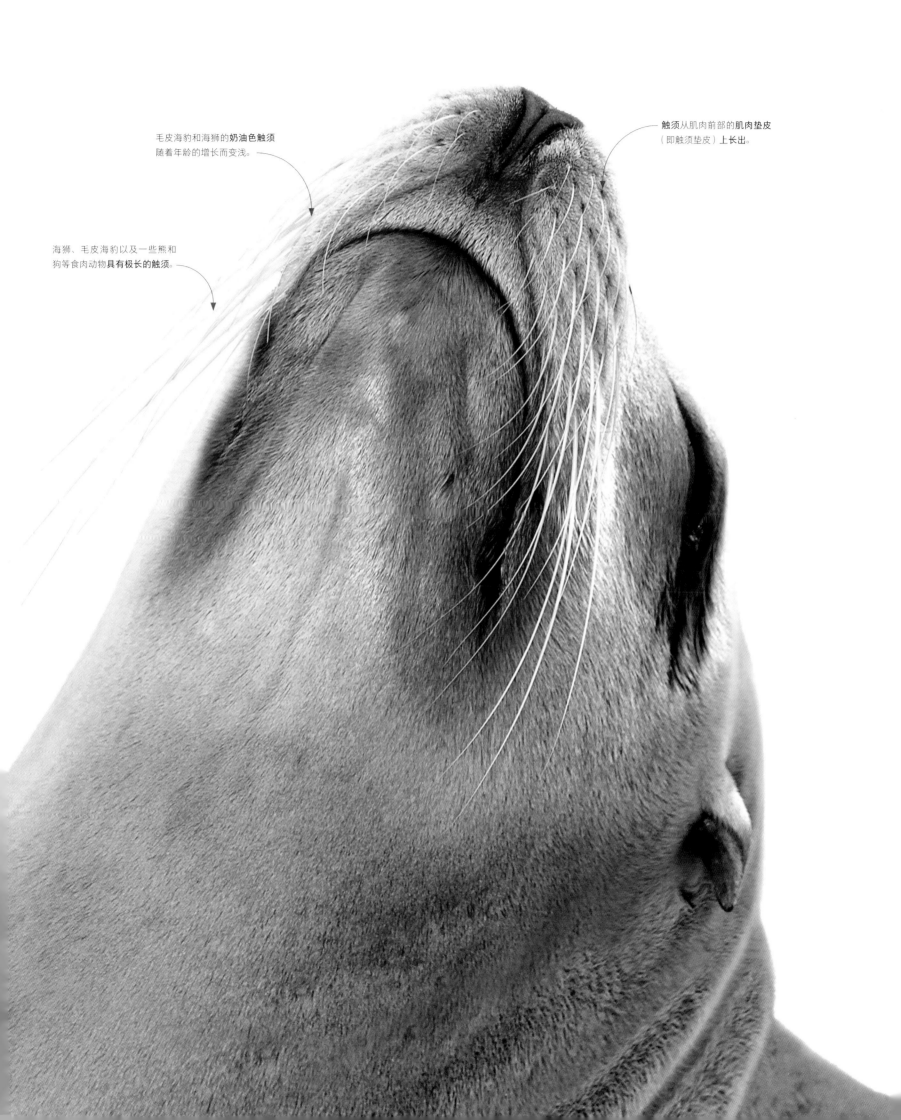

毛皮海豹和海狮的**奶油色触须**随着年龄的增长而变浅。

触须从肌肉前部的**肌肉垫皮**（即触须垫皮）上长出。

海狮、毛皮海豹以及一些熊和狗等食肉动物**具有极长的触须**。

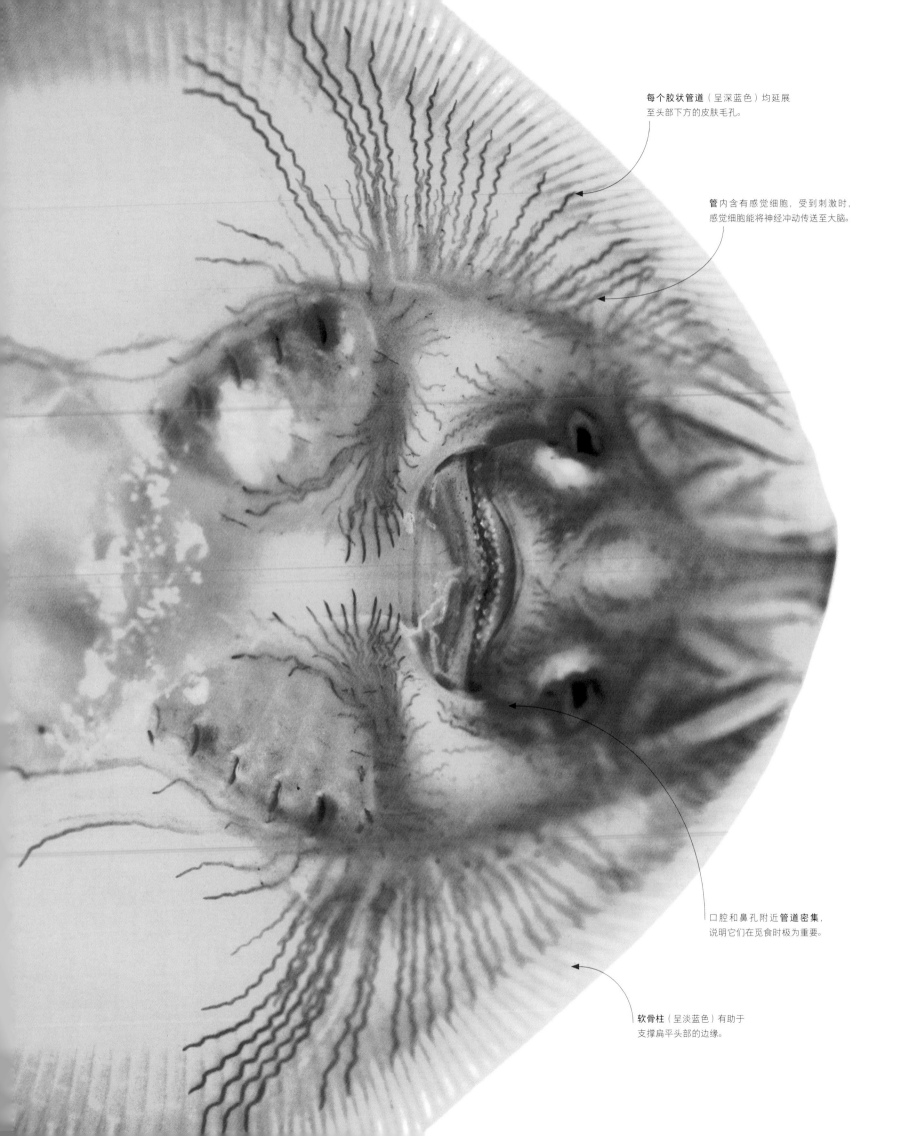

每个**胶状管道**（呈深蓝色）均延展
至头部下方的皮肤毛孔。

管内含有感觉细胞，受到刺激时，
感觉细胞能将神经冲动传送至大脑。

口腔和鼻孔附近**管道密集**，
说明它们在觅食时极为重要。

**软骨柱**（呈淡蓝色）有助于
支撑扁平头部的边缘。

**感觉管道**

在犸鳐扁平头部（呈蓝色）的下视图中，那些颜色偏暗、放射状、充满胶状物的管道即为壶腹器官。管中含有感觉细胞，能够探测猎物肌肉产生的电场。一旦被触发，这些细胞就会向犸鳐大脑发出神经冲动，引导鱼的下悬口移向在海底沉积物中藏身的无脊椎动物。

头部下方具有数百个感觉毛孔。

**瞄准猎物**

传感器分布于无沟双髻鲨改良头部前方的宽广区域，这有助于大锤头鲨对化学信号和电信号进行三角定位，从而确定猎物位置。

# 水下感应

　　水下动物生活在一种比空气密度更大的介质之中。在水这种介质中，声音传播得更广，但光线因浊度或深度而减弱，气味传播得更慢。水生动物已经进化出适应这种环境的感觉系统：触觉感受器可以探测到最细微的涟漪，奇妙的传感器可以察觉到猎物身上的化学迹象，甚至是微弱的电信号。

**探测运动**

鱼类之所以能够感知水流运动，得益于其侧线系统，即一系列沿着身体排布、位于皮肤下面的管道。这些管道将水从周围环境输送至弯曲的神经丘，神经丘是顶部充满胶状物的若干感觉细胞，当其来回移动时能够向大脑发送神经脉冲。

鳞片

通向周围海水的管口

水流使胶状锥弯曲

弯曲的锥体触发神经信号

触毛嵌入胶状锥

感觉毛细胞

神经丘

感觉神经与神经丘相连

**鲨鱼体表横截面**

**神经丘**

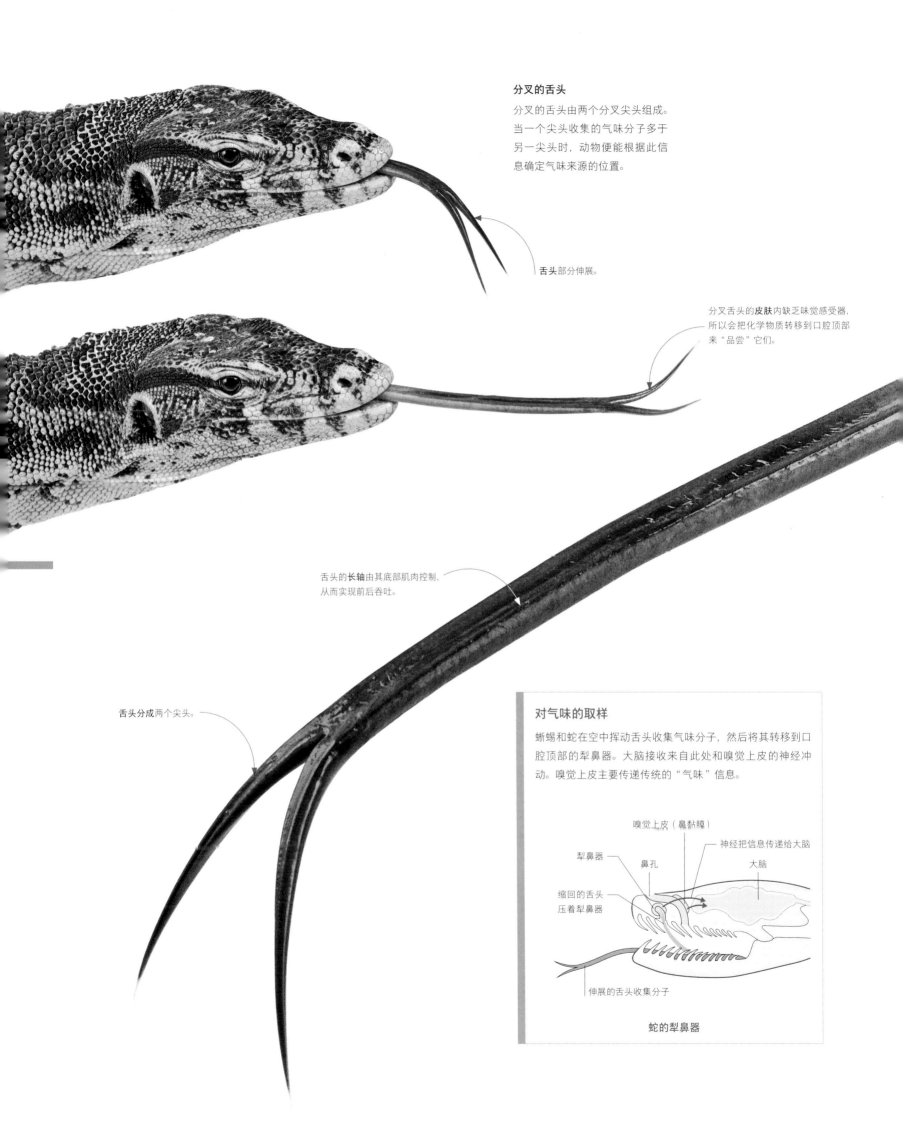

**分叉的舌头**

分叉的舌头由两个分叉尖头组成。当一个尖头收集的气味分子多于另一尖头时，动物便能根据此信息确定气味来源的位置。

舌头部分伸展。

分叉舌头的**皮肤**内缺乏味觉感受器，所以会把化学物质转移到口腔顶部来"品尝"它们。

舌头的**长轴**由其底部肌肉控制，从而实现前后吞吐。

舌头分成两个尖头。

**对气味的取样**

蜥蜴和蛇在空中挥动舌头收集气味分子，然后将其转移到口腔顶部的犁鼻器。大脑接收来自此处和嗅觉上皮的神经冲动。嗅觉上皮主要传递传统的"气味"信息。

嗅觉上皮（鼻黏膜）

犁鼻器

鼻孔

神经把信息传递给大脑

大脑

缩回的舌头压着犁鼻器

伸展的舌头收集分子

蛇的犁鼻器

鼻孔将气味分子传入鼻腔。

**吞吐舌头的食肉动物**

巨蜥有70余种，几乎所有蜥蜴都喜食肉，而且能够通过舌头的摆动来感知活体猎物或者腐肉。成年亚洲巨蜥是大型的蜥蜴之一，可以攻击幼年鳄鱼大小的动物。

# "品尝"空气

化学感应，或感知化学物质，可以闻气味（嗅觉）或者在口中品尝味道的形式进行，但有时二者的区别微乎其微。犁鼻器（即雅各布逊氏器）是一种感觉器官，补充完善了许多两栖动物、爬行动物和哺乳动物的主要嗅觉系统。蜥蜴和蛇的犁鼻器能够感知由分叉舌头从空气中收集的气味分子，帮助动物"品尝"猎物、掠食者，甚至是潜在配偶的气息。

**楔形凹窝**的凹陷壁上布满了
感觉神经末梢。

**每个唇部凹窝**都是由
一个改良鳞片形成的。

# 感知温度

许多动物通过探测红外线辐射的细胞而非温度传感器来感知热源。
红外线是一种电磁辐射，其波长比可见红色光稍长，由温暖物体发出。
带有红外线传感器的动物可以远距离接收这些辐射信号，有助于蛇等捕
食者追踪恒温猎物。

## 热传感器

以下图的绿树蟒为例，蟒的红外线传感器位于上下唇和口鼻部的凹窝中。这些窝有助于蛇在夜间发现猎物。蟒以迅雷不及掩耳之势伸出爪子抓住猎物，然后收缩爪子杀死猎物。

### 红外线接收器

感觉神经末梢作为红外线受体，当周围组织被红外线加热时立即被触发。环蟒的神经末梢嵌入表层鳞片；蟒的神经末梢位于凹窝底部。这两种分布都会使一些热量散失到皮肤中。蝮蛇的神经末梢则悬浮在膜上，这里升温更快，也更加敏感。

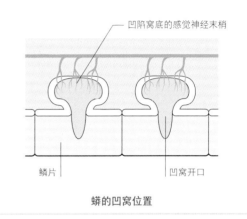

凹陷窝底的感觉神经末梢

鳞片　　　　　凹窝开口

**蟒的凹窝位置**

**鼻孔**通往嗅觉（气味探测）内膜，并作为蛇吞吐舌头所收集气味的有益补充。

位于口鼻部鳞片上的**红外线感测凹窝**。

### 平行生命

尽管在世界不同的地方进化，来自南美的翡翠树蟒与来自新几内亚的绿树蟒极为相像。它们都是夜间活动的捕食者，生活在雨林的低矮树枝上，都使用红外线探测器在黑暗中猎取恒温动物。

环蟒沿上唇和下唇排布的**唇部鳞**片支撑着感觉神经末梢。

# 电感应

在浑水中游动加大了安全移动和寻找食物的难度。一些动物利用矿质颗粒物在水中导电这一现象，借助特殊的传感器对它们进行探测。大多数鱼类和单孔类产卵哺乳动物使用其传感器来接收电信号，这些电信号能够指示猎物或捕食者的位置。

在水中时**眼睛和耳朵**保持闭合，主要依赖嘴部感觉。

**正面的壳**由充满传感器的皮肤构成，扩展了检测电信号的区域。

**外展鼻孔**在潜水时关闭。

带传感器的**橡胶皮肤**覆盖着喙形面部骨骼。

**角质垫**代替牙齿咀嚼无脊椎猎物的外骨骼。

## 对猎物的电感应

有两种产卵哺乳动物：带刺针鼹的尖鼻子里含有一些电传感器，有助于探测土壤中的蠕虫；而水栖鸭嘴兽的传感器则位于鸭嘴，嘴部可以瞬间接收猎物发出的电信号，其他部位传感器能够随后检测到水中的运动。动物大脑便可利用此时间差确定猎物在水中的位置。

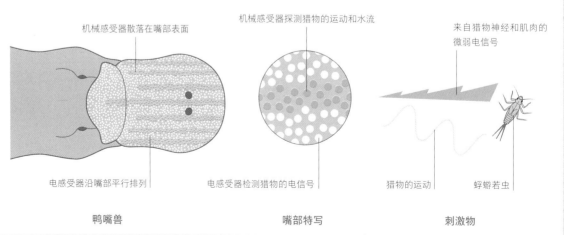

机械感受器散落在嘴部表面

机械感受器探测猎物的运动和水流

来自猎物神经和肌肉的微弱电信号

电感受器沿嘴部平行排列

电感受器检测猎物的电信号

猎物的运动

蜉蝣若虫

**鸭嘴兽**

**嘴部特写**

**刺激物**

肩膀和前肢处肌肉最为突出，
用于游泳。

## 探索黑暗的深处

鸭嘴兽利用其敏感的嘴部在水下寻找猎物，主要包
括石蛾、豆娘和石蝇的幼虫，偶尔还有小鱼或蝌蚪。
鸭嘴兽的大多数出动都是在黑暗掩护下进行的快速
俯冲，并且伴随着嘴部的大范围横扫。

带蹼前脚帮助游向
它所发现的猎物。

## 发电机

有些鱼类能够产生自己的电场，上图中的象鱼便使用它们作为
声纳。象鱼在黑暗环境或泥泞海水中游动时能够感知到那些
使电场产生扭曲的物体。

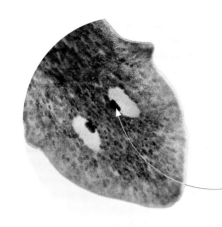

**眼点**

这种扁形虫在每只眼睛的内部表面都长有一个黑点。这些斑点能够挡住光线，因此每只眼睛都能感觉到来自不同方向的光线。

**每只眼睛**都是一组神经纤维，只在黑色眼点的一侧探测光线。

# 探测光线

对光的感应要靠一种色素，这种色素在被照亮时会发生化学变化。细菌和植物也有此能力，但是，只有动物才能以特定方式在光中生成信息，从而获得真正的视觉。光线刺激眼睛中的色素细胞，这些细胞将脉冲发送至大脑以待处理。最为简单的动物眼睛扁形虫眼能够感知光线及其方向，而蜘蛛眼等复杂的眼睛，能够用晶状体聚焦并构成图像。

**捕食者的眼睛**

大多数种类的蜘蛛都具有八只眼睛，每只眼睛各含一个晶状体。造网蜘蛛更多地依靠触觉而非视觉，但是，像跳跃蜘蛛这种捕食者在伏击猎物时，会用其巨大的、面向前方的眼睛来判断细节和深度。

**扁形虫和蜘蛛的眼睛**

扁形虫的眼睛只不过是神经纤维簇，在其胀大的末端含有一些视觉色素。蜘蛛的眼睛更为复杂，具有一个晶状体，可以将光线聚焦至一层色素细胞上，这层细胞也被称为视网膜。

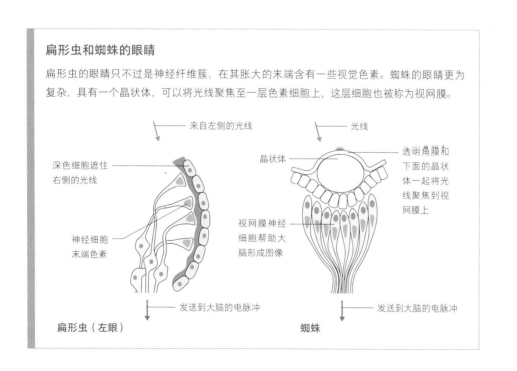

来自左侧的光线 | 光线

深色细胞遮住右侧的光线

晶状体

透明角膜和下面的晶状体一起将光线聚焦到视网膜上

神经细胞末端色素

视网膜神经细胞帮助大脑形成图像

发送到大脑的电脉冲 | 发送到大脑的电脉冲

**扁形虫（左眼）** | **蜘蛛**

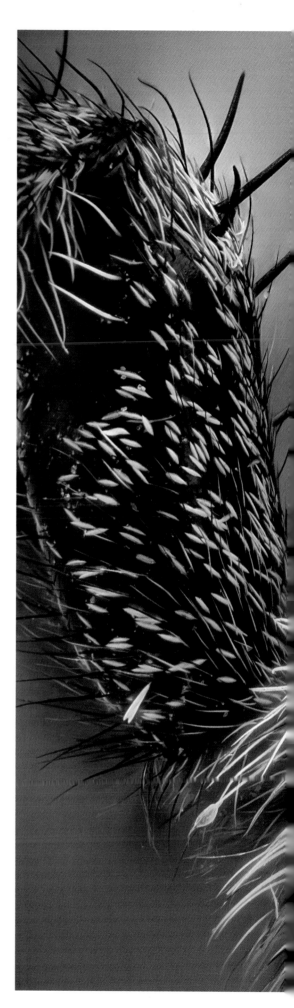

## 水平瞳孔

除了捕食性猫鼬等例外，大多数长着水平瞳孔的哺乳动物都是食草动物，比如鹿和瞪羚。食草动物大部分时间都低着头，水平方向的瞳孔不仅可以对地面清晰对焦，还能够提供全景视野，这对于发现捕食者至关重要。眼睛不断旋转，使水平瞳孔与地面焦面保持对齐。

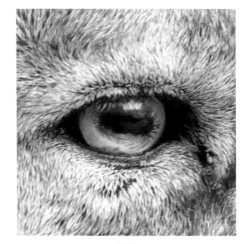

羱羊

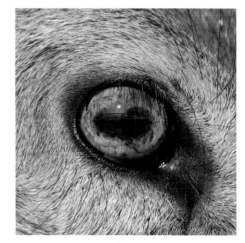

赤鹿

## 圆形瞳孔

一般来说，动物与地面的距离越大，其瞳孔更圆。类人猿或大象等高大的哺乳动物便是如此。大型猫科动物或狼等依靠力量或速度的活跃捕食者也具有圆形瞳孔。猫头鹰和老鹰等猛禽亦有圆形瞳孔，它们需要从高处精准确定猎物的位置。

雕鸮

西部大猩猩

## 垂直瞳孔

小型伏击类捕食者，包括像山猫这样的小型猫科动物，善用隐藏、攻击法捕捉猎物，它们通常具有垂直的瞳孔。这种形状有利于在不移动头部的情况下判断距离，以免打草惊蛇。那些在光线多变的环境中捕食的动物大多具有垂直瞳孔，因为这种瞳孔形状反应迅速；在昏暗的光线下扩大，并在明亮的条件下迅速收缩。

睫角守宫

短尾猫

平原斑马

# 瞳孔的形状

　　瞳孔的形状不仅可以表明动物在食物链中所处的位置，还可指示捕食者的捕猎技巧，以及被捕食者的饮食习惯、食物种类和饮食地点。虽然有些动物的瞳孔形状不易归类，但大多数可被划分为以下三种基本类型：水平瞳孔、圆形瞳孔与垂直瞳孔。

托哥巨嘴鸟

灰狼

狮子

赤狐

绿树蟒

灰三齿鲨

# 复眼

　　昆虫等动物使用最小的晶状体观察世界，成百上千的晶状体聚集在一起形成复眼。每一个晶状体都从属于一个感光单位，称为小眼或小眼面。此种感光单位还包括光探测器和通向大脑的神经。单个小眼不能形成清晰的图像，多个小眼能够共同检测到最细微的运动。当一个物体，譬如一只掠食性鸟儿，从它们眼前穿过时，若干小眼会依次接收刺激信号。

### 敏感的眼睛

雄性蜂蝇的复眼比雌性更大，可以收集更多光线，便于求偶。更大的小眼通常意味着更低的分辨率，但是，就蜂蝇和其他快速移动的真蝇而言，它们眼中错综复杂的神经线路形成了一个超灵敏且高分辨率的视觉系统。

雄性蜂蝇的**眼睛**在头部中间**相连**；雌性蜂蝇的眼睛较小，不会汇合。

刚毛（即敏感的短毛）
探测触觉刺激，包括空气的运动。

### 收集光线的小眼

每个小眼面（即小眼）都有一个锥形晶状体，通过感杆束聚焦光线。感杆束是一束较长感光细胞的感光核心。深色膜防止光线在相邻小眼之间穿过。

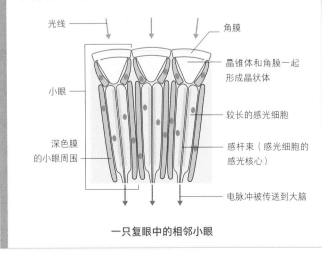

光线 → ← 角膜

晶锥体和角膜一起形成晶状体

小眼

较长的感光细胞

深色膜的小眼周围

感杆束（感光细胞的感光核心）

电脉冲被传送到大脑

**一只复眼中的相邻小眼**

复眼中的**每个小型晶状体**收集的光少于脊椎动物的大型单晶状体眼睛。

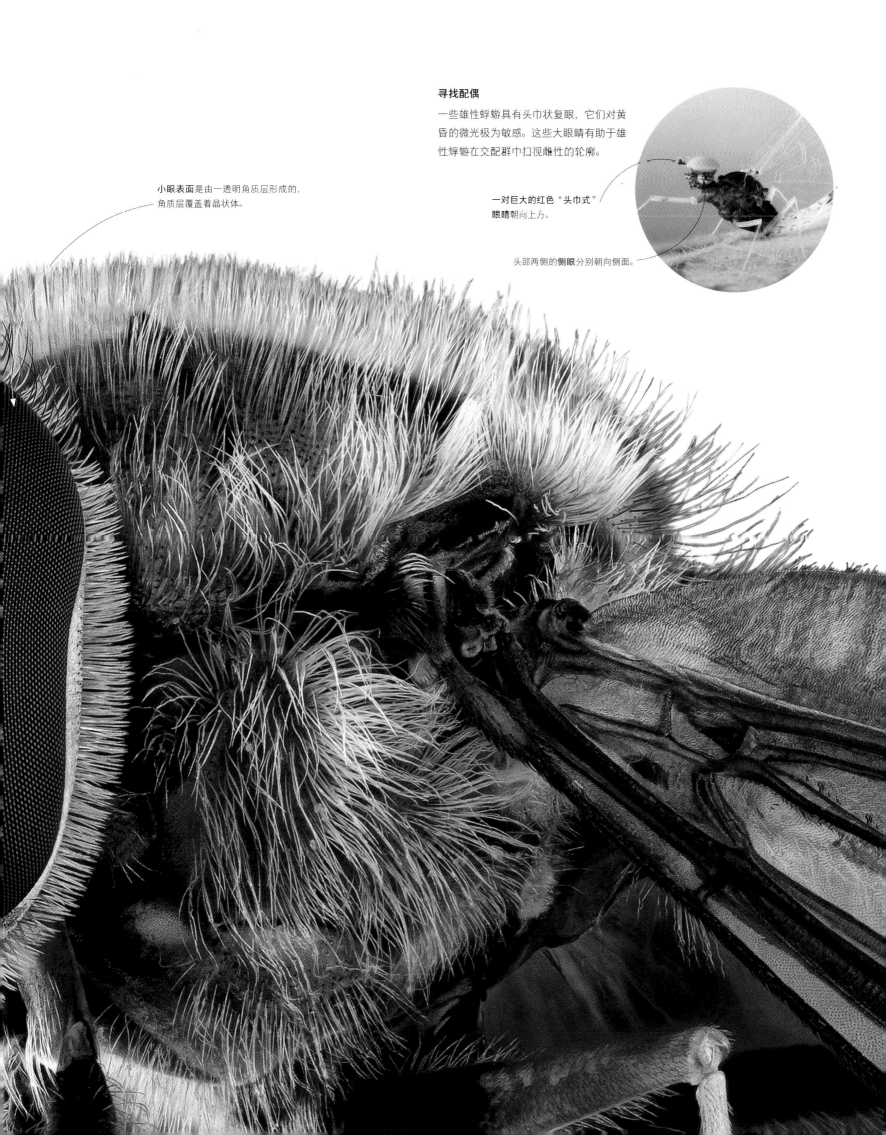

小眼表面是由一透明角质层形成的，
角质层覆盖着晶状体。

**寻找配偶**

一些雄性蜉蝣具有头巾状复眼，它们对黄
昏的微光极为敏感。这些大眼睛有助于雄
性蜉蝣在交配群中扫视雌性的轮廓。

一对巨大的红色"头巾式"
眼睛朝向上方。

头部两侧的侧眼分别朝向侧面。

**五颜六色的甲壳类动物**

在色彩鲜艳的珊瑚礁上，螳螂虾利用其
颜色视觉来探测食物、配偶和竞争对手。

**色彩斑斓的桨状触角鳞片**
用于在领土上和求爱期间
发出信号。

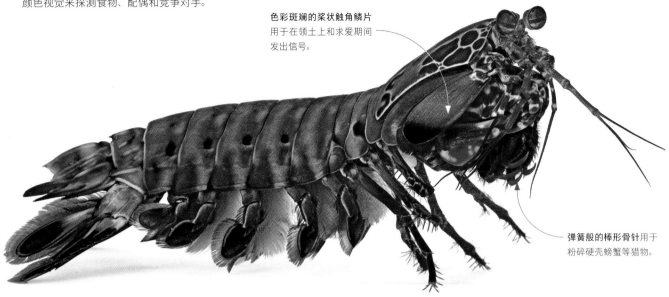

**弹簧般的棒形骨针**用于
粉碎硬壳螃蟹等猎物。

# 颜色视觉

　　许多动物的眼睛不仅能探测光，还能分辨光的波长。这意味着它们能够感知从短波蓝色
到长波红色的颜色，以及介于两者之间的光谱。它们之所以能做到这一点，是因为其眼睛含
有多种视色素，能够吸收不同的波长。生活在一个五彩缤纷的世界里，意味着动物可以接收
更多的视觉信号，比如求爱期的求偶信号或者远离危险的警告信号。

**拓宽的光谱**

人类具有3种对颜色敏感的视色素，
而孔雀螳螂虾的复眼内含有12种。
它能看到紫外线、红外线等人类无
法看到的波长。

**复杂多彩的图案**在社交
信号中至关重要。

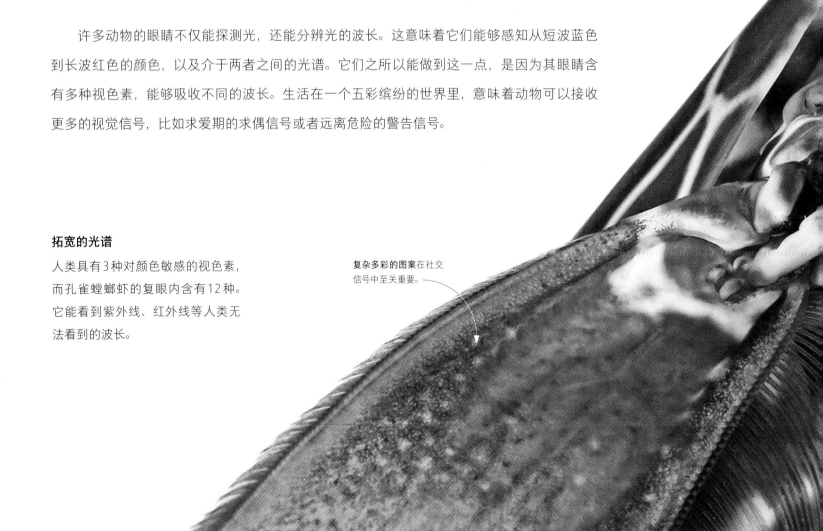

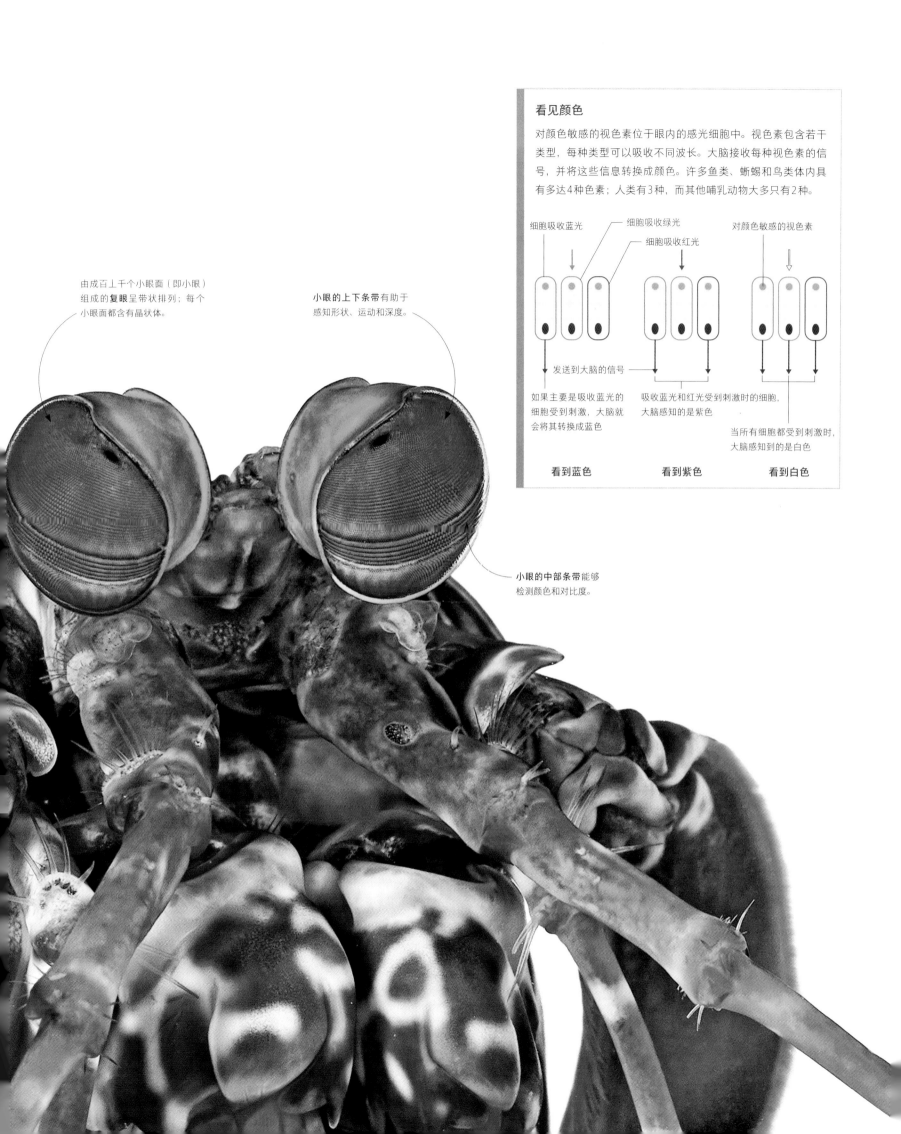

由成百上千个小眼面（即小眼）组成的**复眼**呈带状排列；每个小眼面都含有晶状体。

**小眼的上下条带**有助于感知形状、运动和深度。

**小眼的中部条带**能够检测颜色和对比度。

## 看见颜色

对颜色敏感的视色素位于眼内的感光细胞中。视色素包含若干类型，每种类型可以吸收不同波长。大脑接收每种视色素的信号，并将这些信息转换成颜色。许多鱼类、蜥蜴和鸟类体内具有多达4种色素；人类有3种，而其他哺乳动物大多只有2种。

细胞吸收蓝光

细胞吸收绿光

细胞吸收红光

对颜色敏感的视色素

发送到大脑的信号

如果主要是吸收蓝光的细胞受到刺激，大脑就会将其转换成蓝色

吸收蓝光和红光受到刺激时的细胞，大脑感知的是紫色

当所有细胞都受到刺激时，大脑感知到的是白色

**看到蓝色**　　　**看到紫色**　　　**看到白色**

每个眼球都位于一个锥形转台上，
不受限于较深的眼窝。每个眼球
几乎可以实现180°旋转。

**两全其美**

变色龙的眼睛可以独立旋转，
既可利用单目视觉扫视广阔
区域，也可利用双目视觉，两
眼同时向前定位昆虫等猎物。

# 视野深度

许多无脊椎动物的眼睛构造更为简单，而脊椎动物的成对眼睛含有晶状体，可以自
行调整位置或形状，以在不同距离聚焦。它们的光探测细胞（即感光细胞）在眼睛后部
形成一层视网膜。这些细胞的超强敏感性为大脑提供了足够多的数据，使动物能够看到
详细的、甚至是三维的周边世界图像。

**判断距离**

眼睛分别位于头部两侧的动物
能够在单目（一只眼）视野中
进行大范围扫视。眼睛朝向前
方的动物具有重叠的视野，能
够组合形成双目（两只眼）视
野。虽然这会使整个视野范围
缩小，但大脑会在重叠区域内
将来自左右两侧的稍有不同的
视图结合起来，产生视野深度，
从而可以更准确地判断距离。

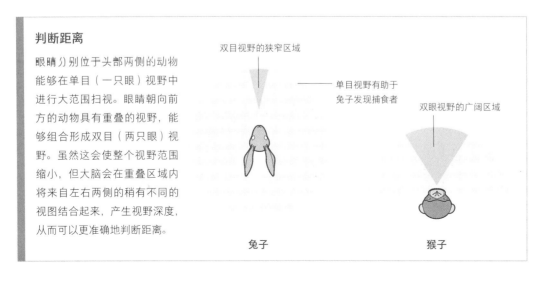

双目视野的狭窄区域

—— 单目视野有助于
兔子发现捕食者

双眼视野的广阔区域

兔子

猴子

**夜间树栖动物**

西里伯斯跗猴的生活习性有赖于精确
的双目视觉。在穿越树木时，西里伯斯
跗猴需要借助巨大的、面向前方的眼
睛准确判断距离；它在夜晚的雨林中
活动时也是如此。

耳廓可独立旋转，而且能够监测到人耳无法探测的高频超声波。

眼球体积过大，以至于不能在眼窝内移动。**巨大的眼球**能够尽可能多地聚集光线。

灵活的颈部可以使头部朝任何方向旋转180°以上，这弥补了眼球不能移动的缺憾。

**较长的手指**可以绕在树枝上，并且紧紧抓住树枝。

眼镜猴体型和老鼠类似，**较长的后肢**使其能够在超强深度知觉的引导下，完成3米的精准跳跃。

# 普通翠鸟

与众不同的蓝色普通翠鸟的确名副其实。这种鸟不能像某些海鸟一样在水下追逐猎物。就企鹅而言，它们的骨骼更为密集，紧密的羽毛构成天然泳衣，所以可以潜入水下觅食。然而，翠鸟必须先在水面上方的栖息地瞄准鱼类等猎物。

翠鸟具有百余种，但澳大利亚笑翠鸟等绝大多数种类习惯在陆地上捕食。翠鸟很有可能是从热带森林环境进化而来的，那里的翠鸟种类最多，它们用匕首般的喙部从地上抓走小动物。其中只有约25%的翠鸟（包括欧亚大陆常见的翠鸟）专门潜水捕鱼。

潜水翠鸟必须准确、快速地行动，其猎食天性非常强烈，到了冬天，它们会打碎薄冰觅食。中空的骨头和防水的羽毛增大了翠鸟的浮力，使之不能长期在水中停留，所以它们要在下水之前瞄准猎物。翠鸟在河边的最佳地点观察，从水中挑选一条鱼。它调整攻击角度，以应对由目标发出的光线在水面产生的折射（见下图）。然后，翠鸟开始俯冲，扑向猎物，向后拉

长翅膀，形成流线型，破水前进。它的不透明眼睑（即许多脊椎动物都具有的瞬膜）会拉至眼睛处，起到保护作用。这只鸟用喙部抓住鱼，然后借助浮力和翅膀回到水面。在返回栖木之后，用尾巴持鱼，将鱼头朝树枝猛撞。然后，翠鸟将鱼翻转，先吞食其头部，这样，指向后方的鱼鳞就更容易脱落。整个过程从始至终仅仅持续几秒钟的时间。

## 蓝色闪电

就常见翠鸟的食物而言，60%是鱼类，40%是水生无脊椎动物。翠鸟通常从水面上1～2米的地方猛地俯冲到1米的深度。

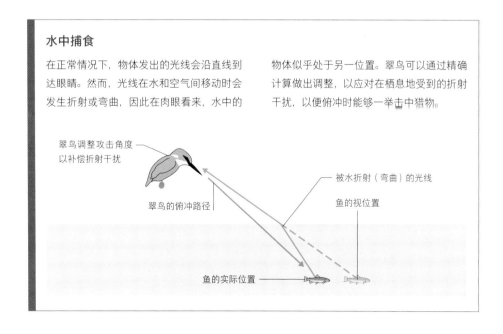

### 水中捕食

在正常情况下，物体发出的光线会沿直线到达眼睛。然而，光线在水和空气间移动时会发生折射或弯曲，因此在肉眼看来，水中的物体似乎处于另一位置。翠鸟可以通过精确计算做出调整，以应对在栖息地受到的折射干扰，以便俯冲时能够一举击中猎物。

翠鸟调整攻击角度以补偿折射干扰

翠鸟的俯冲路径

被水折射（弯曲）的光线

鱼的视位置

鱼的实际位置

**恐吓战术**

多音天蚕的雄性（下图）和雌性物种的翅膀图案中均带有亮点，与捕猎猫头鹰的眼睛相像，有助于天蚕吓走青蛙和鸟类等掠食者。

# 感知气味

动物通常通过气味来探测食物，但气味也能传递有关附近其他动物的精确信息。例如，被捕食物种可能通过检测捕食者所特有的物质来对其进行定位。交配信号等许多社交信号都是通过信息素这种化学气味的形式发出的，这种气味能够吸引敏感的动物，即使有时它们相距甚远。

鞭节是触角**最长的部分**，其形态变异性极大，便于适应感觉感受器。

**触角底部**灵活，含有传感器，当鞭节随气流移动时会触发这些传感器。

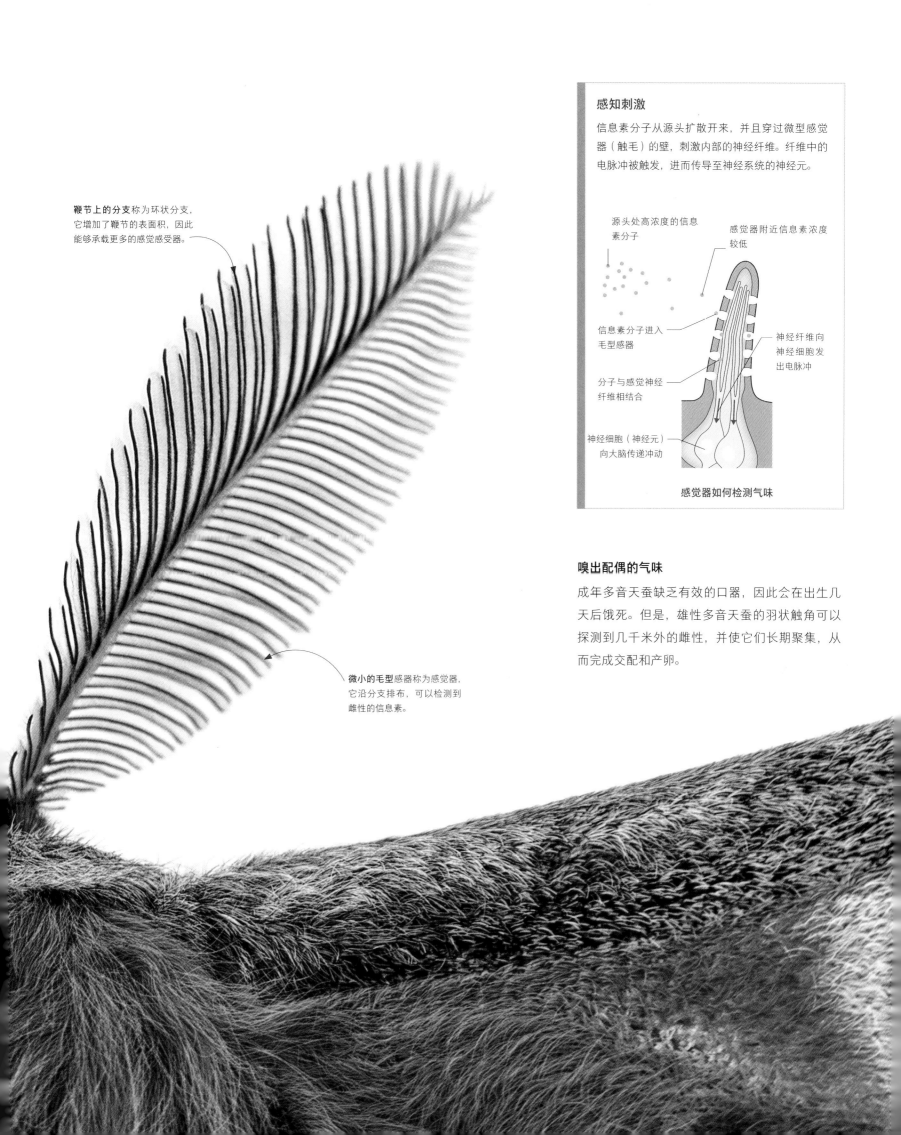

**鞭节上的分支**称为环状分支，它增加了鞭节的表面积，因此能够承载更多的感觉感受器。

微小的**毛型**感器称为感觉器，它沿分支排布，可以检测到雌性的信息素。

## 感知刺激

信息素分子从源头扩散开来，并且穿过微型感觉器（触毛）的壁，刺激内部的神经纤维。纤维中的电脉冲被触发，进而传导至神经系统的神经元。

源头处高浓度的信息素分子

感觉器附近信息素浓度较低

信息素分子进入毛型感器

分子与感觉神经纤维相结合

神经纤维向神经细胞发出电脉冲

神经细胞（神经元）向大脑传递冲动

**感觉器如何检测气味**

## 嗅出配偶的气味

成年多音天蚕缺乏有效的口器，因此会在出生几天后饿死。但是，雄性多音天蚕的羽状触角可以探测到几千米外的雌性，并使它们长期聚集，从而完成交配和产卵。

鸮鹦鹉的羽毛具有强烈的麝香气味，此气味随性别、年龄和季节差异而有所不同。

鸮鹦鹉眼睛比其他鹦鹉的眼睛更靠前些，帮助鸟儿在昏暗月光下判断距离。

和大多数鹦鹉一样，鼻孔凸起，位于一种叫作蜡膜的皮肤之上。

宽大的翅膀缺乏支撑身体重量的肌肉力量，所以不能飞行。

感觉性嘴裂刚毛位于喙的基部，有助于在夜间感知周围环境。

位于鸮鹦鹉尾巴底部的尾脂腺产生防水油，这些油可能是甜美体味的来源。

**对海鲜的嗅觉**

信天翁及其亲缘海鸥、海燕具有独特的管状鼻孔，因而常被称为"管鼻游泳者"。它们的嗅觉对于浮游生物的化学产物 —— 二甲基硫特别敏感。通过追踪这种气味，鸟类可以追捕其猎物，包括吃浮游生物的鱼、鱿鱼和磷虾。

**害羞的信天翁**

**麝香鹦鹉**

有发现称，新西兰大型夜行鹦鹉 —— 鸮鹦鹉的大脑内部具有一个大型嗅叶（大脑中处理气味信息的区域），这是在意料之内的。这种鸟的羽毛能够散发一种甜美的麝香味道，这表明嗅觉的增强可能在社交生活中发挥着重要的作用。

# 鸟的气味

大多数鸟类似乎更常使用视觉或听觉，而非嗅觉。但是，嗅觉在其生活中仍然至关重要。许多物种有赖于嗅觉，比如，信天翁逆风飞翔、跨越海洋时，能够嗅到水下猎物的气味；而土耳其秃鹫则能从很远的地方闻到地面上的腐肉气味。目前认为，大多数鸟类能够产生自己独特的气味特征，帮助个体识别彼此或者确定巢穴位置。

**瑞鹤**（1112年）

在这幅丝绸手卷中，20只鹤在蔚蓝的天空中翱翔，
以纪念皇宫屋顶鹤群聚集的祥瑞之兆。徽宗皇帝
（1082—1135年）是一位艺术家和诗人，他以本名
赵佶创作了此幅奇作，来纪念这一事件。

# 鸣禽

在富含创造力的"中国义艺复兴"时期，北宋艺术家创作出一系列绘画和诗歌作品，他们文思敏捷、抒情畅快。其后400年间，世界各地的作品都无法与之匹敌。专家认为，12世纪的风景画、动物画，特别是鸟类画无疑是中国艺术史上的巅峰之作。

这项伟业的核心人物当属赵佶。他无心继承皇位，童年时沉迷于艺术，对国家事务漠不关心。他被封为徽宗皇帝，但在北宋灭亡并被女真兵力击败后，沦为潦倒的囚犯，结束了26年的悲惨统治。在徽宗当政的岁月里，他曾赞助若干一流艺术家，将他们带进宫廷。其本人在绘画、书法、诗歌、音乐和建筑方面亦很有天赋。

结合诗歌、书法和绘画的艺术主要体现在丝绸手卷上，根据手卷的设计，需要从右到左分部展开和阅读。一些垂直卷轴会挂在墙上进行短暂展示，但大多数是用于个人私下观赏，而非公开展览。传统的主题是风景以及写实的亲密动物和鸟类画像。鸟类的主题与占卜的传统密不可分。鸳鸯象征着幸福和忠诚，因为它们终生交配，而且据说会在失去配偶时憔悴至死；鸽子象征着爱和忠诚；猫头鹰是一种不祥

之兆；鹤象征着长寿和智慧。1112年，20只鹤穿过阳光普照的云层降落在皇宫上空，被视为祥瑞之兆。赵佶用一幅画和一首气势磅礴的诗对此进行了描绘。

19世纪末20世纪初的艺术家开始尝试将传统山水、花卉、鱼类、鸟类绘画与西方风格结合，在他们的作品中可以看出宋代的遗风。高剑父、高奇峰兄弟先在日本学习了日本画，之后又与陈树人共同开创了中国广东地区的岭南画派。到了20世纪20年代，岭南风格变得与众不同，具有留白和色彩鲜艳的特征，至今仍是一种流行的新旧融合形式。

**啄木鸟（1927年）**

高奇峰的啄木鸟融合了中国传统花鸟画与西方风格和日本白色提亮技巧。卷轴上的干燥笔触是他所创流派的典型手法。

仙禽告瑞忽来仪。

——赵佶，写于诗中，《瑞鹤》，1112年

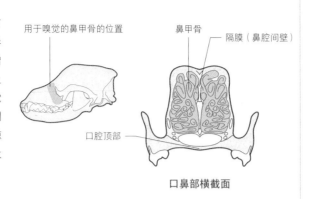

## 鼻甲骨

大多数哺乳动物的口鼻部后方含有复杂的通道，通道的超薄卷轴状骨壁即为鼻甲骨，鼻甲骨增加了嗅觉上皮的表面积。嗅觉上皮是一层与神经末梢相连的感觉细胞，即使浓度较低，也能探测到各种各样的气味分子。除了鲸鱼、海豚和多数灵长类动物，大多数哺乳动物都有灵敏的嗅觉。

用于嗅觉的鼻甲骨的位置

鼻甲骨

隔膜（鼻腔间壁）

口腔顶部

**口鼻部横截面**

# 哺乳动物的气味

　　陆栖脊椎动物的鼻子从其鱼类祖先的简单鼻孔进化为更加复杂的气味探测通道。它们与口腔后部相连，因此即使闭着嘴也可以呼吸。哺乳动物鼻腔较大，会在空气到达嗅上皮之前对其进行加热和湿润（参见第176页方框）。内层感觉细胞检测食物来源的气味以及信息素。信息素是一种传递信号的化学物质，在哺乳动物的社交生活中发挥着不可或缺的作用。

**鼻尖**是一种由软骨支撑的坚硬鼻盘，用于推进结实的土壤，挖掘埋藏的食物。

肉质触须环绕着每个鼻孔。

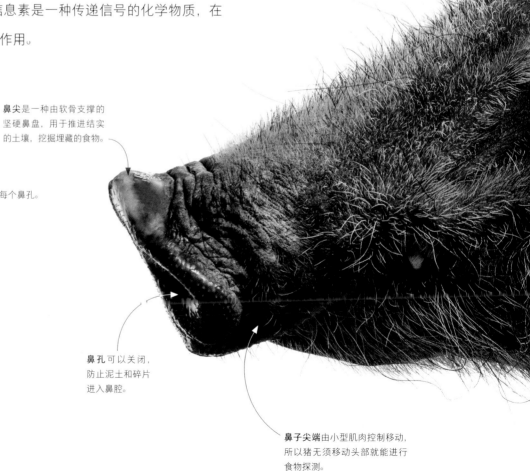

**鼻孔**可以关闭，防止泥土和碎片进入鼻腔。

**鼻子尖端**由小型肌肉控制移动，所以猪无须移动头部就能进行食物探测。

## 水中的嗅觉

星鼻鼹通过吹出气泡并吸回以检测食物的气味，从而在积水地面上寻觅无脊椎动物。其鼻子触须上有25000个触觉感受器，也有助于感知猎物。

**觅食的鼻子**

猪扁平的鼻子由坚硬的软骨盘支撑，顶端鼻孔较大，非常适合在地里觅食。杂食性红河猪即使在漆黑的夜晚也能顺利嗅出根部、鳞茎、果实或腐肉等不同物质。

眶前腺产生一种用于标记区域的气味。

**高低不等的耳朵**

许多猫头鹰的耳朵位置是不对称的。就仓鸮而言，其皮肤左侧的耳孔更高；但就鬼鸮而言，其头骨本身并不对称，右耳高于左耳。猎物发出的声波到达高处耳朵的时间晚于低处耳朵；鸟类利用此时差来确定目标的方向和位置。

右侧较高的耳孔

眼窝

左侧较低的耳孔

**鬼鸮头骨**

翅膀**毛茸茸的表面**减轻了翅膀运动的声音。

**用听觉捕猎**

仓鸮具有极其敏感的耳朵，能够在完全黑暗的环境中捕捉小型哺乳动物。其面部呈心形，可以反射并放大猎物的声音，有助于探测目标，甚至是隐藏在草地或雪地里的目标。

**锋利的爪子**用于抓捕猎物。

**飞羽周围**具有梳状或毛状边缘，可以减少飞行阻力，从而悄无声息地接近猎物。

# 动物如何听到声音

　　动物通过探测振动或声波来听声音。脊椎动物的耳朵里有对声音敏感的细胞，在声波经过时，细胞的纤毛（即微型毛发）会发生偏转，从而触发神经信号，随即被大脑转化为声音。鸟类等陆地脊椎动物具有鼓膜（参见第178页），将空气中的声波放大传播至内耳，动物可利用内耳辨别响度和音调。

**隐藏的耳朵**

与哺乳动物的外耳耳廓不同（参见第178—179页），仓鸮有一个面部羽毛圆盘，可以将声波引至隐藏耳孔处。面盘比耳廓的流线型更为明显，拥有空气动力学优势。鸟类的耳膜与内耳之间由一根骨头相连，而哺乳动物有三根。

捕捉猎物时，**巨大的眼睛能**够收集尽可能多的光线。

**较短的扇形耳廓羽毛**遮住了左侧耳孔。

面部两侧具有坚硬而浓密的羽毛，分布在拦截声波的凹盘中。

**大耳杂食动物**

鬃毛狼原产于南美潘帕斯，善于利用巨大的耳朵在茂盛的草丛中聆听猎物的叫声。然而，鬃毛狼在捕猎时成功率只有20%，因此水果占了其食物近半的比例。

头部侧面的**耳孔**为大脑提供立体声，有助于判断猎物的位置。

腿部较长，有助于在潘帕斯茂盛的草丛中发现猎物。

# 哺乳动物的耳朵

与其他许多动物相比，哺乳动物对听觉的依赖性更高。它们不仅利用听觉防范危险，夜间尤甚；还会靠听觉寻找猎物。哺乳动物身上已经进化出一些特征，使听觉得到改善。在哺乳动物的头部，耳朵进化出了三块骨头（即小骨），它们可以放大声音的振动。外部具有两个肉质耳廓，它们如同天然的小号，把声音直接传到耳内的放大系统。

敏锐的**嗅觉**加上超强的听觉和视觉，使这种动物能够在夜间高效捕猎。

**哺乳动物的听觉**

哺乳动物耳朵的"工作部件"位于头部深处。声波（参见第180页）被引至耳道，使膜鼓发生振动。然后，此振动通过一连串小型骨头（即小骨）传递到内耳。在这里，充满液体的螺旋管（即耳蜗）中的细胞会检测到振动，并向大脑发送神经脉冲。

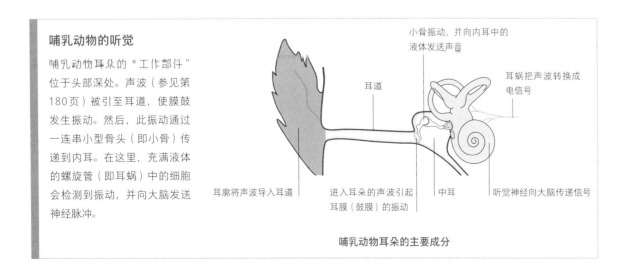

小骨振动，并向内耳中的液体发送声音

耳道

耳蜗把声波转换成电信号

耳廓将声波导入耳道

进入耳朵的声波引起耳膜（鼓膜）的振动

中耳

听觉神经向大脑传递信号

**哺乳动物耳朵的主要成分**

**聆听猎物**

耳廓狐是最小的犬科动物。然而，和类似
大小的食肉动物相比，耳廓狐的外耳（即
耳廓）所占的头部比例是最大的。它栖息
在撒哈拉沙漠的开阔沙地上，能够听到猎
物在地下挖洞的声音。

外耳的**内表面**布满
白色毛发，用以发
散太阳热量。

**外耳**由坚硬的橡胶软骨支撑，
软骨中含有弹性纤维，使其
灵活柔软。

**耳廓**可以在耳朵（或耳廓）
肌肉的控制下旋转，有助于
动物收集不同方向的声波。

## 天然的声纳

微型蝙蝠用喉部发出声脉冲，而一些大型果蝠用舌头发出声脉冲。蝙蝠每发出一次声脉冲，都会分开内耳耳骨，以防耳聋；它们在几秒钟后便会复位，重新接收回声。脉冲波长如飞蛾大小，若超过此长度，声音就难以清晰反射。高频（短波）声音可以确保对较小目标的精确反射、精准判别与分辨。

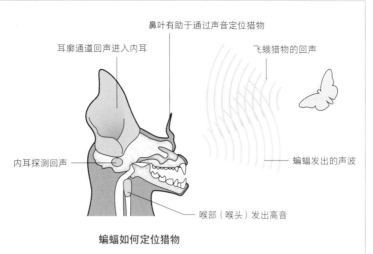

鼻叶有助于通过声音定位猎物

耳廓通道回声进入内耳

飞蛾猎物的回声

内耳探测回声

蝙蝠发出的声波

喉部（喉头）发出高音

**蝙蝠如何定位猎物**

## 回声定位仪

在所有蝙蝠中，微型蝙蝠拥有最出色的回声定位能力。千余种微型蝙蝠已经完成了各种面部构造的进化，包括聚焦声脉冲的鼻叶和接收回声的大耳朵。那些通过鼻孔出声的动物往往具有高度发育的鼻叶。然而，大多数微型蝙蝠实际上是通过嘴部发出叫声的，因此，它们不具有精致的鼻叶或面部装饰。

# 聆听回声

夜间或浑水环境会导致视觉模糊，此时一些动物就会求助于一种被称为回声定位的天然声纳。通过聆听动物发出声音的回声，它们可以形成周围环境的图像。蝙蝠利用回声定位越过障碍物并精确定位飞行昆虫，而且能够通过目标物发出的高频叫声的回声判定其大小、形状、位置、距离，甚至纹理。

## 声音控制器、声音探测器

菊头蝠、假吸血蝠和叶鼻蝠等微型蝙蝠体内含有聚焦回声定位脉冲的鼻叶。一些蝙蝠可以随时改变大型耳廓的形状，以确定猎物的回声来源。

**耳廓**可以旋转，用以聚焦回音。

**耳廓皱纹和皱褶**能够辅助过滤回声。

**耳屏**是一种肉质突出，可以帮助蝙蝠确定猎物的垂直位置。

**鼻叶与上唇**是融合的。

白喉圆耳蝠

波莫纳叶鼻蝠

加利福尼亚叶鼻蝠

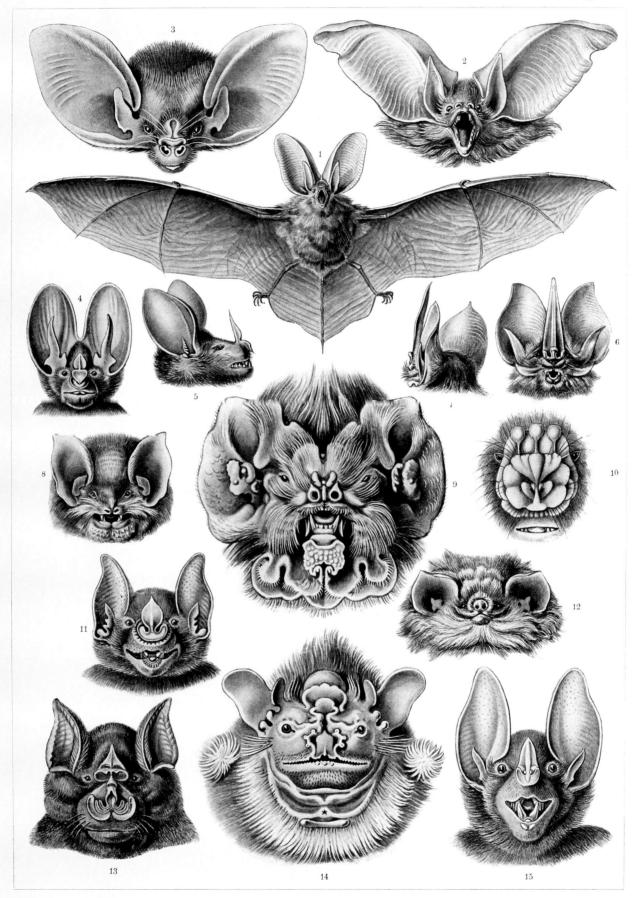

Chiroptera. — Fledertiere.

# 真海豚

众所周知，海豚聪慧非凡，通过其复杂行为便可见一斑。就大脑在整个身体中的占比而言，海豚仅次于人类。真海豚不仅能够娴熟地瞄准猎物，还会合作出击，以尽可能多地捕获猎物。

真海豚在全球的温暖海域中活动，海水深度一般不超过180米。和其他鲸目动物一样，海豚对水中生活的适应能力和呼吸空气的哺乳动物一样强。海豚的整个身体构造符合水动力学。它由尾叶推动（参见第274—275页），由前脚蹼控制，鼻孔演化成头顶的一个气孔。

海豚的大脑是一个强大的信息处理器。声音在水中的传播比在大气中更加顺畅，海豚通过回声定位来确定猎物位置。它们通过前额处的油性"瓜状物"在气孔下方发出咔嚓声，并通过下颚的油性通道将回音传至内耳。其大脑中与听觉信息相关的区域较大，以便处理接收到的数据。与其他更依赖嗅觉的哺乳动物相比，海豚大脑内部与嗅觉相关的区域相对较小。

但是，海豚的大脑不仅仅用于对输入的感觉信息进行解码。这种哺乳动物的新皮质高度发达，大脑组织的折叠表层具有最高级的认知技能，这就解释了为什么海豚如此擅长储存记忆、做出合理决定以及创新行为方式。真海豚种群善于交流，因此，它们能够合作捕鱼，在繁密的鱼群中聚集，从而降低捕食难度。

## 合作的头脑
长吻真海豚在大陆架周围水域中游动，在这里，一个豆荚迫使沙丁鱼形成球状鱼群。短吻真海豚（D. delphis）生活在更远处的近海水域。

**五颜六色的伪装**
此幅19世纪的插图描绘了真海豚身上的有色斑点，真海豚是鲜艳的鲸目类动物之一。这些斑点可能利于在视觉上分解海豚轮廓，使其躲避更大型捕食者的搜寻。

# 口和颚

mouths
and jaws

**口:** 许多动物用于进食、发声的开口。

**颚:** 一种铰接结构,形成动物用于咀嚼的口部的

框架,并且能够操控食物。

以藻类和无脊椎动物为食，
提取其中的类胡萝卜素色素，
导致身体呈粉红色。

**鸟喙的过滤**

对于悬浮物含量高的食物，采取过滤式进食是
行之有效的。火烈鸟以碱性湖泊中的小动物和
藻类为生。大火烈鸟的喙可以过滤0.5—6毫米
大小的生物体。

与其他涉水鸟类相比，
火烈鸟**腿部极长**，涉水
更深。

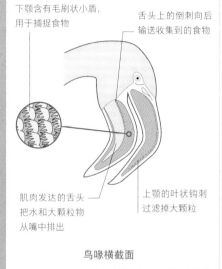

火烈鸟的过滤泵

这些鸟通过舌头的运动完成进食。舌头向后运动，在半闭的喙中通过狭窄间隙吸入含有藻类和小动物的营养丰富的水。舌头向前运动，将废水排出。

下颚含有毛刷状小盾，用于捕捉食物

舌头上的倒刺向后输送收集到的食物

肌肉发达的舌头把水和大颗粒物从嘴中排出

上颚的叶状钩刺过滤掉大颗粒

鸟喙横截面

超长颈部帮助鸟儿在泥水深处觅食。

当喙部稍微打开进食时，**弯曲的鸟喙**有助于保留一个狭窄间隙。

**下颌骨**，即下颚，比上颌骨更深，便于容纳肉质舌头。

# 过滤式进食

许多动物从悬浮在水中的微小食物颗粒里获取营养，并且进化出了行之有效的吸食方法。最小的无脊椎动物用黏液捕捉小颗粒；而更为大型强壮的动物体内则含有捕捉食物的细孔过滤器，可以对富含食物的水进行过滤。无论是蓝鲸和鲸鲨等巨型动物，还是鲭鱼等小型动物以及涉水火烈鸟，都采用这种过滤方法进食。

当鱼张大嘴巴游动时，**鳃耙**收集浮游生物，进而将其吞咽。

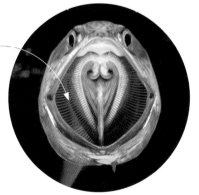

**海洋中的过滤器**
印度鲭鱼等许多远洋鱼类在其鳃盖（即鳃耙）处含有骨质延伸，能够在鱼类游动时过滤水中的浮游生物。

# 圣诞树蠕虫

这些树状动物伪装成微型"森林"生活在珊瑚礁上，有助于保护自身。圣诞树蠕虫看起来更像植物而非动物，但是，它们带羽毛的螺旋体实际上是经过修饰的鳃部触须，蠕虫依靠这些触须完成进食和呼吸。

这些非凡生物的生命起源于撒播产卵形成的胚胎。雌雄蠕虫将卵子和精子同时释放到水中，二者结合产生自由漂浮的幼虫。数小时或数周之后，幼虫在坚硬的珊瑚上定居，并蜕变为栖息在黏液管中的生物。这些黏液管是碳酸盐管的初始形态，圣诞树蠕虫将在碳酸盐管中度过长达30年的时间。

幼年蠕虫摄取富含钙的颗粒，并通过一个特殊腺体将其加工成碳酸钙，然后将碳酸钙排出，形成一个20厘米长的管道，延伸至珊瑚坚硬的外部框架。圣诞树蠕虫唯一可见的部分是口前叶，呈两棵螺旋"树"状，其他部分则都留在管内。如果蠕虫察觉到危险，也会把"树"缩回管子（见下面的方框）。

每个圣诞树蠕虫螺旋体都由5—12个螺环组成，这些螺环含有细小的触须（即辐棘），这些触须又被丝状羽支所覆盖，羽支本身带有微小的毛状纤毛。纤毛搏动产生的电流能够吸引浮游生物，蠕虫便以此为食。

每棵"树"的底部均有两个复眼，每个复眼含有多达1000个小眼面。科学家尚未确定复眼能看到什么，但实验表明，如果食肉鱼靠近，即使没有投下阴影，圣诞树蠕虫也会将"树"缩回。

### 送给珊瑚礁的礼物

这种蠕虫进食时，通过每条触须下的凹槽使食物流到"树"底部的嘴巴。蠕虫进食时产生的水流也为珊瑚带来营养，并有助于驱散有害废物。

---

**注意**

这种普通环节动物的头部经过一系列特殊变形，成就了蠕虫管道制造者、定栖的过滤进食者的身份。龙介虫科蠕虫的口部周围具有高度专业化的触须，形成保护盖；而其他部位的触须则发育成羽毛状结构，既可用作食物收集器官，又可作为呼吸用的鳃。圣诞树蠕虫的头部末端（即口前叶）高1—2厘米，宽3.8厘米，蠕虫3厘米的身体被管子保护。如果发现有危险，也会将口前叶缩进管中。

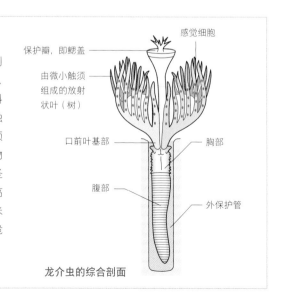

感觉细胞
保护瓣，即鳃盖
由微小触须组成的放射状叶（树）
口前叶基部
胸部
腹部
外保护管

**龙介虫的综合剖面**

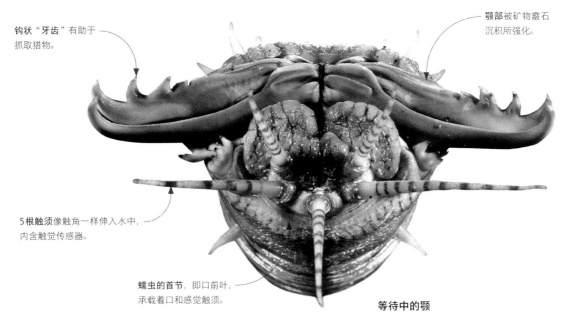

钩状"牙齿"有助于
抓取猎物。

颚部被矿物霰石
沉积所强化。

5根触须像触角一样伸入水中，
内含触觉传感器。

蠕虫的首节，即口前叶，
承载着口和感觉触须。

**等待中的颚**

和多种捕食性蠕虫一样，礁蠕虫的武器是
靠肌肉触发的，此肌肉在口中控制咽部
（喉部）移动。

# 无脊椎动物的颚

在颚骨进化之前，动物进食时会将塞进嘴中的食物整个吞下，
水母和海葵现在仍然如此。肌肉驱动的颚可以完成切片、研磨或锉
削，扩展了早期虫状动物的食物来源，使动物能够将大量固体食物
（如树叶或肉）分解成易于吞咽和消化的碎片。尖锐的颚也是有力
的防御武器和工具，可以用来捕捉和吞噬猎物。如今，无论是蚂蚁、
巨乌贼，还是食肉蠕虫，各种各样的无脊椎动物都有赖于大小、形
状和复杂程度各异的颚部。

## 吸血的颚

许多颚的工作原理同剪刀类似，闭合时，旋转
颚片合起，但水蛭的颚部更像是手术刀。水蛭
将吸盘附着在寄主皮肤之后，它的三个下巴分
开，在皮肤上留下一个Y形的伤口。唾液腺在
锋利的颚片上产生分泌物，唾液中的抗凝血剂
使血液不断从伤口流出，而水蛭咽部（喉部）
强大的肌肉则促进吸收液体食物。

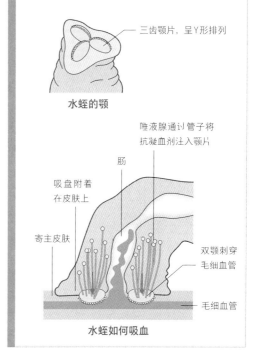

三齿颚片，呈Y形排列

**水蛭的颚**

唾液腺通过管子将
抗凝血剂注入颚片

肠

吸盘附着
在皮肤上

寄主皮肤

双颚刺穿
毛细血管

毛细血管

**水蛭如何吸血**

## 液压的颚

体内液体的压力将礁蠕虫的喉咙向外推，
使锯齿状的颚和感觉触须在口周围张开。
任何在附近游动的鱼都会刺激触须并释放
压力，因此当喉咙缩回时，双颚会紧紧咬
住鱼的身体。

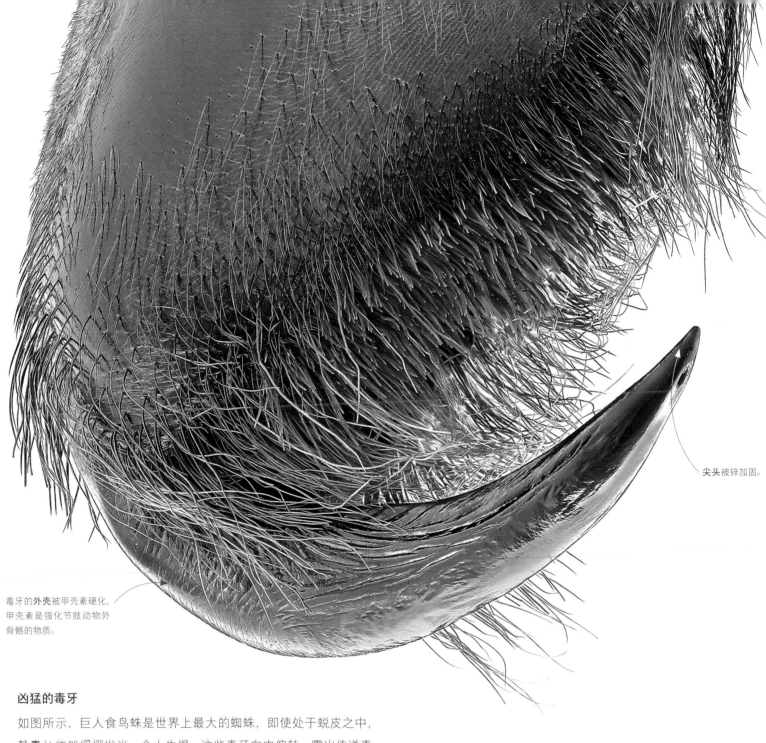

尖头被锌加固。

毒牙的**外壳**被甲壳素硬化，甲壳素是强化节肢动物外骨骼的物质。

**凶猛的毒牙**

如图所示，巨人食鸟蛛是世界上最大的蜘蛛，即使处于蜕皮之中，其**毒**牙依然熠熠发光，令人生惧。这些毒牙向内偏转，露出传送毒液的小孔。尽管这种蜘蛛个头极大，但不会对人类构成生命威胁。

# 注射毒液

在陆地上几乎所有地方，蜘蛛都是无脊椎掠食动物的主力。对于数十亿的昆虫以及一些蜥蜴和鸟类而言，蜘蛛无疑是它们的天敌。除了几百种无毒蜘蛛，约五万种蜘蛛基本都利用毒牙朝猎物注射毒液使其死亡。蜘蛛不能摄取固体食物，所以，当毒液麻痹猎物使之停止挣扎后，蜘蛛会向其体内喷射消化酶，从而使它们液化。只有黑寡妇、巴西狼蛛和澳大利亚漏斗蜘蛛等少数蜘蛛的毒液对人体是有害的。

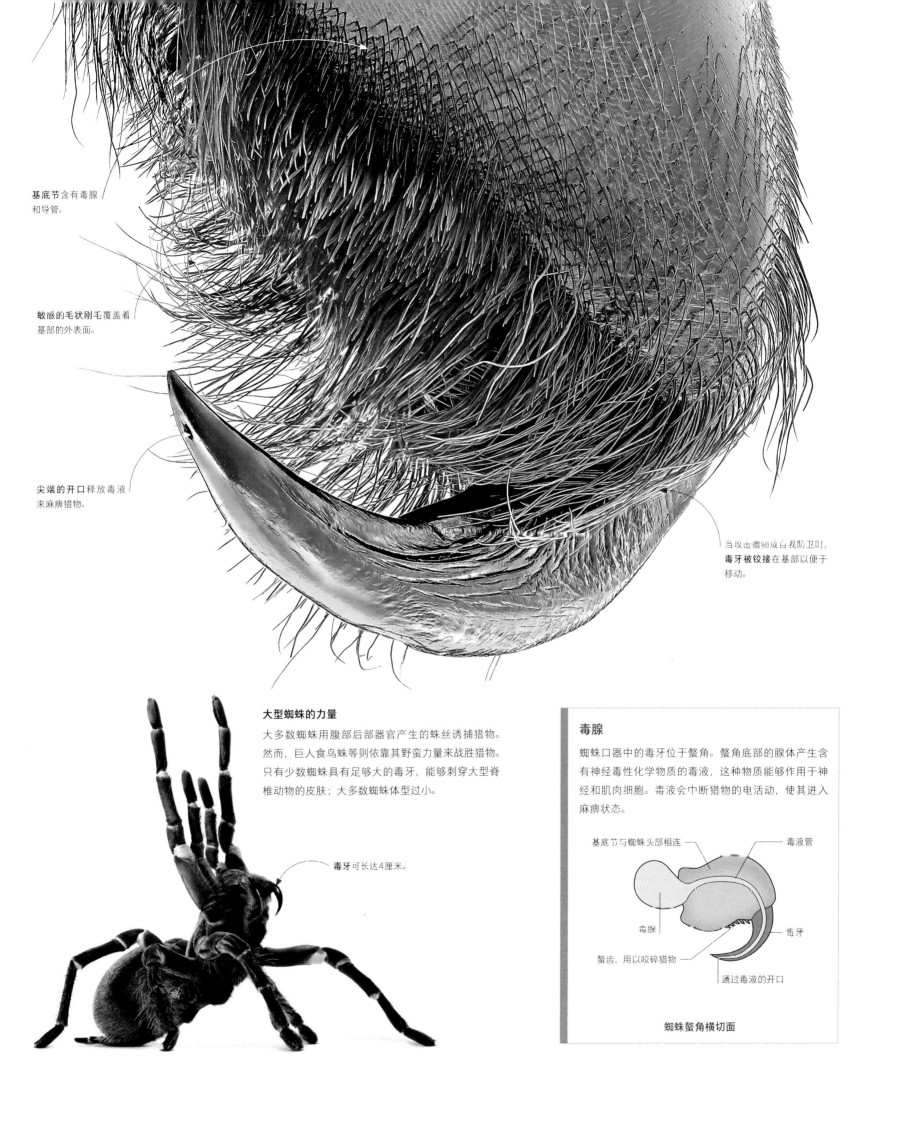

基底节含有毒腺
和导管。

敏感的毛状刚毛覆盖着
基部的外表面。

尖端的开口释放毒液
来麻痹猎物。

当攻击猎物或自我防卫时，
**毒牙被铰接**在基部以便于
移动。

## 大型蜘蛛的力量

大多数蜘蛛用腹部后部器官产生的蛛丝诱捕猎物。
然而，巨人食鸟蛛等则依靠其野蛮力量来战胜猎物。
只有少数蜘蛛具有足够大的毒牙，能够刺穿大型脊
椎动物的皮肤；大多数蜘蛛体型过小。

**毒牙**可长达4厘米。

## 毒腺

蜘蛛口器中的毒牙位于螯角。螯角底部的腺体产生含
有神经毒性化学物质的毒液，这种物质能够作用于神
经和肌肉细胞。毒液会中断猎物的电活动，使其进入
麻痹状态。

基底节与蜘蛛头部相连 ——

—— 毒液管

毒腺

螯齿，用以咬碎猎物

—— 毒牙

通过毒液的开口

**蜘蛛螯角横切面**

角状牙环绕着嘴部开口。

**无颌的生活**

就脊椎动物而言，只有七鳃鳗和八目鳗类鱼没有颌。欧洲七鳃鳗用吸盘般的口器粘住岩石；只有缺乏吸盘的幼鱼才需要进食。许多其他种类的七鳃鳗成年后转为寄生生活，它们依靠口器附着在鱼身上，以宿主的血液和组织为食。

**从鳃弓到颌**

关于胚胎发育和化石证据的研究表明，脊椎动物的颌是从鱼的鳃弓进化而来的。鳃弓是头部侧面鳃孔之间的骨架支柱。很可能是最前面的鳃弓演变成了颌的上下颌骨。

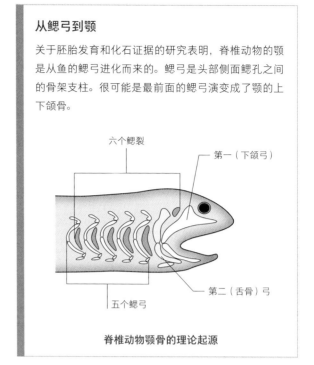

六个鳃裂

第一（下颌弓）

第二（舌骨）弓

五个鳃弓

**脊椎动物颌骨的理论起源**

# 脊椎动物的颚

　　5亿年前，第一条在史前海洋中游动的鱼长着无颌的口器，可能从海底沉积物中获取食物，直到颌的进化使脊椎动物得以多样化。开合颌可将富氧的水运至鳃部，这可能是最早一批有颌鱼中颌骨的首要功能。由于颌也能撕咬，它们的进化不可避免地改变了脊椎动物的进食方式。用于撕咬的下巴不仅便于食草脊椎动物咀嚼植物，还有助于食肉动物捕杀猎物。

**颌骨**

和所有哺乳动物一样，侏儒河马的下颌是由一块叫作齿骨的骨头构成的。在哺乳动物的爬行祖先身上，颌部是用不同的骨头连接的，但在进化过程中，这些骨头演化成微小的中耳听骨，用以改善哺乳动物的听力。

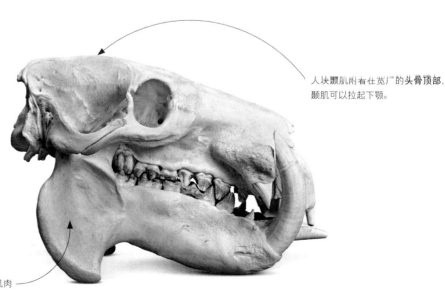

大块颞肌附着在觉广的头骨顶部，颞肌可以拉起下颌。

齿骨可以抵抗下颌闭合肌肉带来的强大力量冲击。

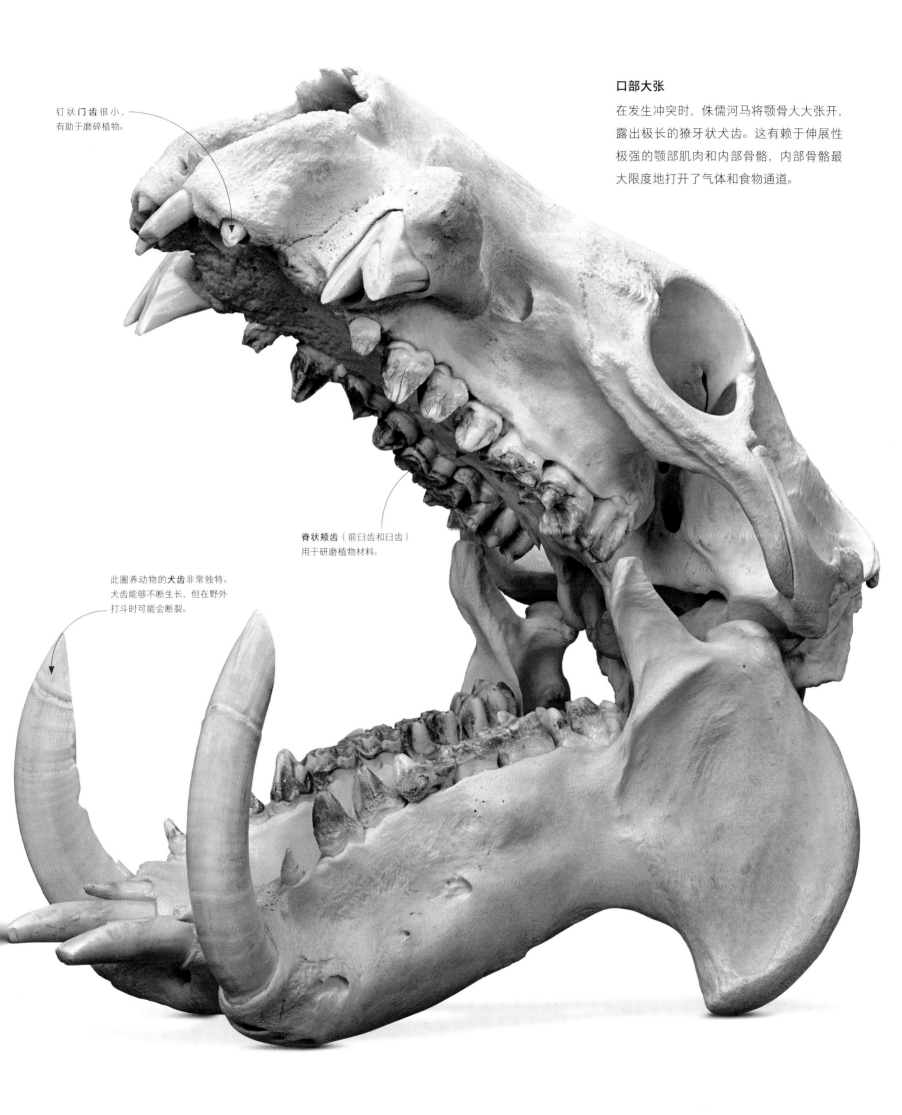

钉状**门齿**很小，
有助于磨碎植物。

**口部大张**

在发生冲突时，侏儒河马将颚骨大大张开，
露出极长的獠牙状犬齿。这有赖于伸展性
极强的颚部肌肉和内部骨骼，内部骨骼最
大限度地打开了气体和食物通道。

**脊状颊齿**（前臼齿和臼齿）
用于研磨植物材料。

此圈养动物的**犬齿**非常独特。
犬齿能够不断生长，但在野外
打斗时可能会断裂。

与其他涉水鸟类相比，此鸟与众不同的大眼睛更加朝前，有助于判断距离。

上部鸟喙被中心龙骨加固。

颈部具有强有力的肌肉，支撑着巨大鸟喙的重量，在鸟携着沉重猎物的时候尤其如此。

宽大的喵缘能够杀死大型猎物。

钩状喙尖有利于鸟类捉活蹦乱跳的鱼。

**令人生畏的一幕**

在东非的沼泽地里，人型鲸头鹳可达1.2米高。它猛冲穿过植被，并且用其超大鸟喙捕捉大型猎物，比如长达75厘米的肺鱼。

翼展可达2.3米。

较深的鸟喙可以储存足够的水，以便在炎热天气里给鸟蛋浇水或给幼鸟降温。

# 鸟喙

鸟类的爬行祖先具有令人生畏的咬齿，在进化过程中，鸟类丧失了此特征，取而代之的是全能的角质喙。一些鸟喙被用作锋利的武器，另一些则作为粉碎种子或搜寻花蜜的精巧的工具（参见第198—199页）。鸟类颚骨灵活，因此可以通过降低下颚或者提升上颚将嘴张开来控制食物。

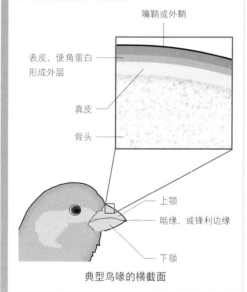

**鸟喙的结构**

鸟喙的骨性核心具有坚硬的角质外层，即嘴鞘。嘴鞘由角蛋白构成，爪子和指甲处的组织中也含此种物质。此外层分布着血管和神经，使鸟喙的触觉非常敏感。

嘴鞘或外鞘

表皮，使角蛋白形成外层

真皮

骨头

上颚

咬缘，或锋利边缘

下颚

典型鸟喙的横截面

**可怕的涉水鸟**

鲸头鹳，亦被称为靴嘴鹳，是一种涉水鸟类。但是，根据DNA信息，它的近缘是鹈鹕。鲸头鹳虽然没有颊袋，但和鹈鹕一样，它们的上颚都呈钩状，且都被龙骨加固。

# 鸟喙的形状

　　鸟喙的进化情况与其栖息地的食物是对应的，因此，各种各样的喙部形状能够反映出鸟的食物以及进食方法。尽管许多鸟类都是杂食性的，根据季节不同，时而食用活的猎物，时而食用植物。但是，大多数鸟类都具有特定的食物来源，比如种子、花蜜或无脊椎动物。

## 食用果实、籽和坚果

**圆锥形**有助于鸟喙伸出并碾碎雪松、松树和桦树籽。

黑头蜡嘴雀

**坚硬的**喙可以打破坚果壳，碾碎种子，剥下果实。

蓝黄金刚鹦鹉

**长喙**有助于鸟儿够到附近树枝上的果实。

花冠皱盔犀鸟

## 吸食花蜜

**长喙**既能吸食花蜜，又能捕捉昆虫。

黄簇吸蜜鸟

**喙部向下弯曲**，便于鸟将长舌头深入花朵。

黑胸太阳鸟

**细长的、稍微弯折的形状**有助于接近管状的花。

蓝顶妍蜂鸟

## 探测泥浆和土壤

**上翘**的喙扫过泥滩，以搜寻无脊椎动物。

**喙尖上有鼻孔**，用以探测土壤中的猎物。

**薄喙**探测泥浆中的水生甲壳动物和无脊椎动物。

美洲反嘴鹬　　　　　北岛褐几维鸟　　　　　赤羽朱鹮

**与食物搭配的鸟喙**

鸟喙的形状和大小能精确透露出鸟类的饮食结构。
例如，雀鸟等具有短而厚的锥形喙，意味着它是食
籽的；而鹰和其他猛禽等食肉鸟通常具有弯曲、锋利
的喙尖，可以将肉撕成易于吞咽的小块。

## 撕肉和吞咽

大幅弯曲的钩状尖端用于撕裂鱼类、
小型哺乳动物和其他鸟类的肉。

虎头海雕

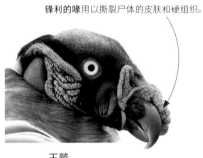

锋利的喙用以撕裂尸体的皮肤和硬组织。

王鹫

楔形喙探测尸体以寻找肉，
也用于捕捉小型猎物。

秃鹳

## 捕食昆虫

长在大嘴上的短喙，用来吸食昆虫。

欧夜鹰

细长的镊子形状有助于
从地上抓起蠕虫和昆虫。

欧亚鸲

坚硬的喙部向下弯曲，
用以在捕食空中的蜜蜂。

绿喉蜂虎

## 捕食鱼类

上喙的龙骨支撑起捕状的鱼的重量。

白鹈鹕

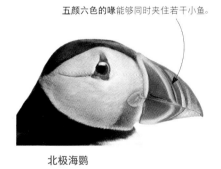

五颜六色的喙能够同时夹住若干小鱼。

北极海鹦

流线型设计，便于轻松进入水中。

大鱼狗

PLATE LXVI

口和颚

Ivory-billed Woodpecker, PICUS PRINCIPALIS, Linn. Male,1.Female, 2.3.

Drawn from Nature and Published by John J. Audubon F.R.S.E.L.S.

Engraved, Printed & Coloured by R.Havell.

**达尔文捕蝇鸟**

约翰·古尔德广泛研究了查尔斯·达尔文于航行中带回的现存标本。在《小猎犬号航行的动物学》(*The Zoology of the Voyage of HMS Beagle*，1838年)中，古尔德描绘了一只来自加拉帕戈斯群岛的黄灰相间的雌性达尔文捕蝇鸟。

# 鸟类学家的技艺

世界上的鸟类数量庞杂、外形丰富，且鸣叫和飞行方式多样，这对19世纪的博物学家来说，无疑是一大诱人的挑战。19世纪是一个对鸟类进行记录、素描和分类的时代，新的印刷技术亦催生了有关鸟类艺术的标志性作品。

爱好者们周游世界，带回了自然历史发现和鸟类标本，其中许多被标本剥制师、鸟类学家约翰·古尔德（1804—1881年）所收藏。作为伦敦动物学会的第一位馆长和守护者，古尔德接连出版了一系列享誉世界的鸟类书籍。平版印刷这种新的印刷方法，包括在石灰石块上画图，促进了鲜艳的手工着色印刷品的生产。古尔德在塔斯马尼亚和澳大利亚进行为期2年的探险之前，曾在欧洲为其主要作品《欧洲鸟类》(*The Birds of Europe*，1832—1837年)制作鸟类目录和素描图。他的妻子伊丽莎白（Elizabeth）是一位画家，两人合作完成了一部关于澳洲鸟类的作品，共7卷，其中涉及328个新物种。

这些鸟类书籍色彩鲜艳，鸟儿栩栩如生。大多数鸟类在被描绘之前即被杀死、解剖或填充。在美国，博物学家、猎人约翰·詹姆斯·奥杜邦（John James Audubon）以鸟类栖息地为背景，刻画了新鲜的鸟类尸体，以创造出炫目的现实主义图像。被美国科学家拒绝后，奥杜邦向英国贵族府邸和大学图书馆寻求资助，用凹版腐蚀制版法复制了美洲的所有鸟类以示纪念。历时近12年，投资11.5万美元，200本《美洲鸟类》(*The Birds of America*)得以问世。

**虎皮鹦鹉**

英国鸟类学家约翰·古尔德为其图画作品《澳洲鸟类》(*The Birds of Australia*，1840—1848年)制作了681幅细节精致、色彩极佳的石版画。1840年，他把两只虎皮鹦鹉带到英国，之后它们成为备受欢迎的宠物。

**象牙喙啄木鸟**

约翰·詹姆斯·奥杜邦致力于为美洲所有鸟类制作同等比例的肖像画，这种绘画需在100厘米×67厘米的"双象纸"(double elephant paper)上完成。象牙喙啄木鸟现已灭绝，《美洲鸟类》(1827—1828年)描绘的435个鸟类里就有它的身影。

> 我每天都会聆听鸟儿的歌声，观察其特殊习性，尽我所能对它们加以描绘。
>
> ——约翰·詹姆斯·奥杜邦，
> 《奥杜邦及其日记》(*Audubon and His Journals*)，1899年

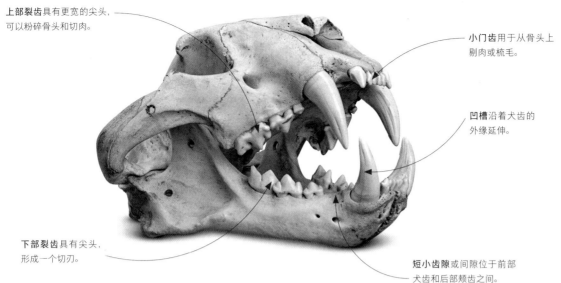

上部裂齿具有更宽的尖头，可以粉碎骨头和切肉。

小门齿用于从骨头上剔肉或梳毛。

凹槽沿着犬齿的外缘延伸。

下部裂齿具有尖头，形成一个切刃。

短小齿隙或间隙位于前部犬齿和后部颊齿之间。

**虎的头骨**
和其他食肉动物一样，虎类无比坚硬的颌骨上长着一种叫作裂齿的深根颊齿，可像剪刀一样把肉切成片。长长的犬齿能够刺伤皮肤，用以抓获挣扎中的猎物。

# 食肉动物的牙齿

海蜇、虎甲或鳄鱼等所有吃肉的动物都被称为食肉动物，但是，在对食肉生活习性的适应方面，食肉目哺乳动物是最为引人注目的。包括猫、狗、黄鼠狼和熊在内的食肉动物都有赖于强有力的咬颚，颚上的牙齿可以刺伤、杀死并肢解猎物。和大多数其他哺乳动物一样，其改良版牙齿确保了口部在加工食物时可以同时进行多项操作。

## 不同的牙齿

大多数鱼类、两栖动物和爬行动物牙齿的形状极为相似。鳄鱼的牙齿大小均匀，呈圆锥形，这种一致性被称为同型齿。但相反，哺乳动物具有不同的牙齿，即异型齿，这使得它们能够以不同方式处理食物。通常情况下，凿形门齿位于前部，用以啃咬和切碎食物；其后是尖锐的锥形犬齿；脊状颊齿（前臼齿和臼齿）位于后部，用以碾碎和研磨食物。

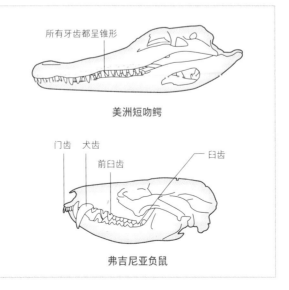

所有牙齿都呈锥形

**美洲短吻鳄**

门齿　犬齿

前臼齿

臼齿

**弗吉尼亚负鼠**

## 杀手的牙齿

尽管令人生惧，但猎豹的犬齿远远小于其他猫科动物；较小的犬齿根部给鼻腔留下更多空间，以便在高速追逐猎物时通过鼻孔"喘气"。匕首状犬牙用以钳住猎物喉咙使其窒息，很显然，猎豹属于食肉动物。

**张冠李戴**

19世纪60年代，这种黑白相间的动物传到西方，至此，亚洲之外的地方才对大熊猫有所认知。即使在那时，仍有科学家认为大熊猫是浣熊的大型近缘物种。

# 大熊猫

圆脸、喜食素以及黑白相间的皮毛，这些都令大熊猫乍看起来更像是浣熊而非熊。根据DNA测试，这种哺乳动物属于熊科是毋庸置疑的，但是，其解剖学结构和饮食习惯一直吸引着科学家的兴趣。

大熊猫是世界上极其脆弱的哺乳动物之一，据估计，在野外仅剩1500—2000只。成年大熊猫长达1.2—1.8米，体重可达136千克。虽然动作缓慢，但它们能够游泳和涉水。此外，它们还是敏捷的攀岩者，通过使用增大的腕骨（即假拇指）来控制竹子。大熊猫在五六岁时成熟，以往孤僻的雄性和雌性会在交配季节一起度过几天或几周的时间，这通常发生在3月至5月。3—6个月之后，幼崽出生，之后的2年都与母亲待在一起。

## 山地住客

虽然曾在低地地区发现过大熊猫，但是，人类入侵已将此动物的活动范围限制在更高处。大熊猫现在只栖息于中国中部的几片茂密山林中。

这种动物的饮食一直成谜。一只熊猫每天花16个小时吃掉9—18千克的食物，然后休息若干小时。其遗传特征以及犬齿和短消化道表明，大熊猫是一种食肉动物，但它99%的食物摄入都是营养含量较低的竹子，它拥有超强的颌骨肌肉和宽大平坦的磨牙，可以磨碎这种坚硬的植物材料。大多数食肉动物缺乏消化青草所需的肠道细菌，但是，大熊猫具有足够的肠道细菌来分解所吃的一些纤维素。它们只从每餐中吸收17%—20%的能量，以满足生存所需。这种饮食习性意味着大熊猫不能积累脂肪储备，从而也就不能在冬天深度睡眠（即冬眠）。

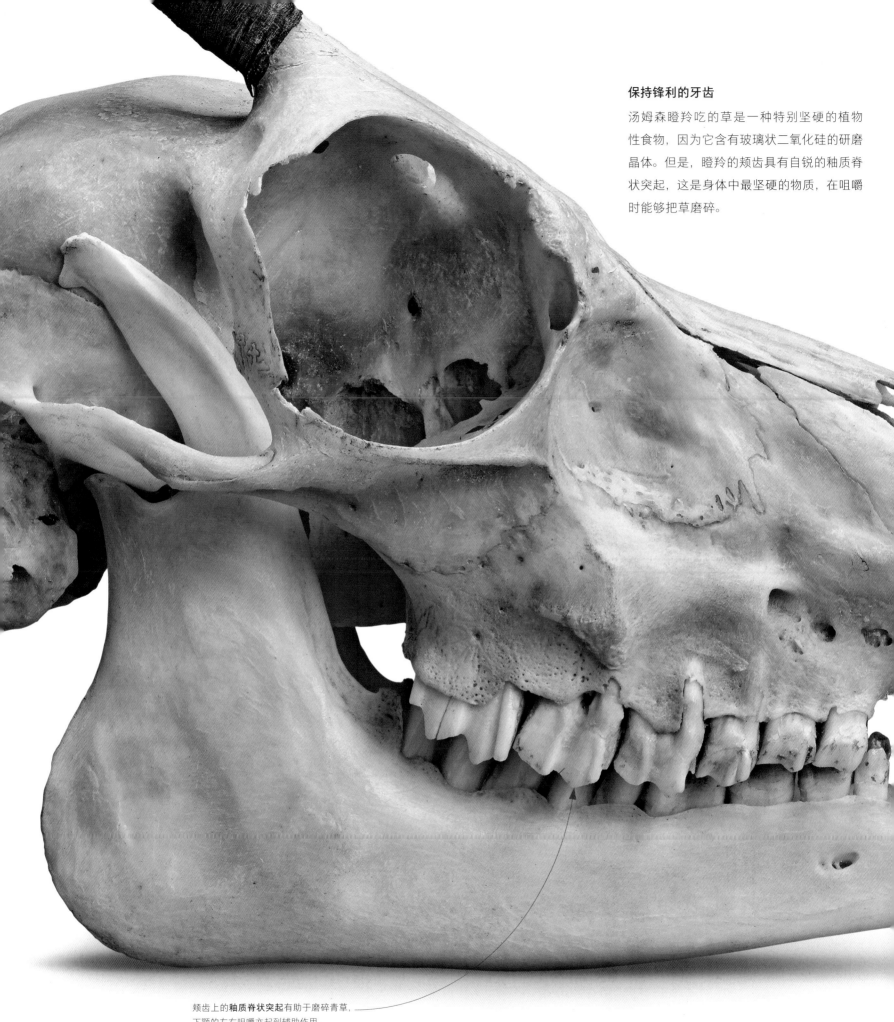

**保持锋利的牙齿**

汤姆森瞪羚吃的草是一种特别坚硬的植物性食物，因为它含有玻璃状二氧化硅的研磨晶体。但是，瞪羚的颊齿具有自锐的釉质脊状突起，这是身体中最坚硬的物质，在咀嚼时能够把草磨碎。

颊齿上的**釉质脊状突起**有助于磨碎青草，下颚的左右咀嚼亦起到辅助作用。

狭长的头骨有助于瞪羚在杂乱草丛中够到多汁的叶子。

## 食草动物的头骨

和其他食草动物一样，汤姆森瞪羚也长着一排用于研磨的颊齿。那些食用低矮灌木柔软叶子的精食动物通常具有一排较短的颊齿。

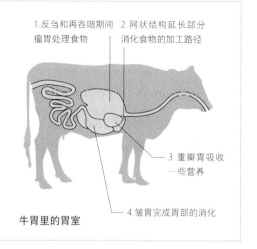

### 利用微生物

食草动物肠道内的微生物能够产生纤维素酶，纤维素酶将植物纤维消化成糖和脂肪酸。在马、犀牛、兔子等许多以植物为食的哺乳动物中，这些微生物位于肠的扩展部分，但是，对于包括牛、羚羊在内的反刍动物而言，这些微生物寄居在多室的胃中。

1. 反刍和再吞咽期间瘤胃处理食物
2. 网状结构延长部分消化食物的加工路径
3. 重瓣胃吸收一些营养
4. 皱胃完成胃部的消化

**牛胃里的胃室**

# 食用植物

依赖植物提供营养的动物会面临一个问题：植物中含有纤维状纤维素，而纤维状纤维素是植物细胞壁的组成部分，很难消化。食草动物不仅需要切割、咀嚼坚硬的叶子，还需要从得到的果肉中提取营养物质。食草动物不仅配备着特殊的牙齿，而且其消化系统中还具有活性微生物。这些微生物提供了必要的酶，能够将植物纤维消化成可被身体吸收的糖。

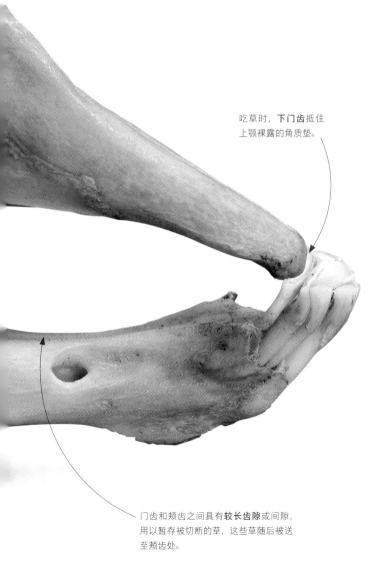

吃草时，**下门齿**抵住上颚裸露的角质垫。

门齿和颊齿之间具有**较长齿隙**或间隙，用以暂存被切断的草，这些草随后被送至颊齿处。

**罂粟籽**是一种坚硬的蒴果，田鼠等小型啮齿动物可以通过其特殊的啮齿食用罂粟籽。

## 食用种子

一些食草动物喜食更容易消化的种子和果实。许多种子富含碳水化合物、油脂和蛋白质，是啮齿目等高代谢小型哺乳动物的不二之选。

# 灵活的脸部

　　进食是所有动物口部和颚部的主要任务。但是哺乳动物，尤其是高级灵长目动物的面部由数百块细小的肌肉所控制，非常灵活，也可用来传达重要信号，以组织社会群体。对于严重依赖视觉和视觉展示的动物来说，脸部已然成为一种传达情绪和意图的方式。

## 表情丰富的面孔

黑猩猩生活在复杂的社会群体中，用面部表情来表达感受和情绪。搞笑的面孔表示开心，露牙笑表示恐惧，噘嘴则意味着它们渴望得到安慰，这些都会影响其他成员的反应。它们甚至可能引发移情促进共鸣，有助于加强群体联系。

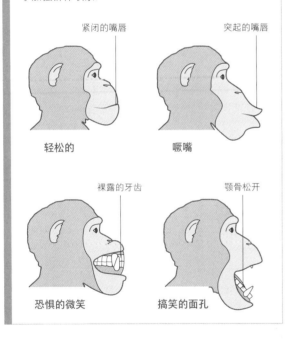

紧闭的嘴唇　　　　　突起的嘴唇

轻松的　　　　　　　噘嘴

裸露的牙齿　　　　　颚骨松开

恐惧的微笑　　　　　搞笑的面孔

## 看看我

婆罗洲猩猩从树上采集水果，用灵活的嘴唇将果肉与果皮和种子分开。尽管与非洲猿相比，猩猩通常形单影只，但其实它们是群居动物，都有很强的面部表达能力。

像其他类人猿一样，面部几乎没有毛发，使面部表情更加清晰。

眼睛前视，有助于判断距离，也能增强情绪的视觉表达效果。

这只**年轻猩猩**的脸呈粉红色，但是，随着年龄的增长，色素逐渐积累，皮肤会变成深棕色。

当嘴巴上方和下方的肌肉群将嘴唇向后拉时，会产生**异常突起的嘴唇**，发出吱吱的声音。

# 腿、臂、触手和尾巴

**腿**：用于移动和支撑的承受重量的肢体。

**臂**：脊椎动物的前肢，通常用于抓取。章鱼的
爪也是臂。

**触手**：灵活的附属物，用于运动、抓握、感觉
或进食。

**尾巴**：位于动物最后面的细长、灵活的附肢。

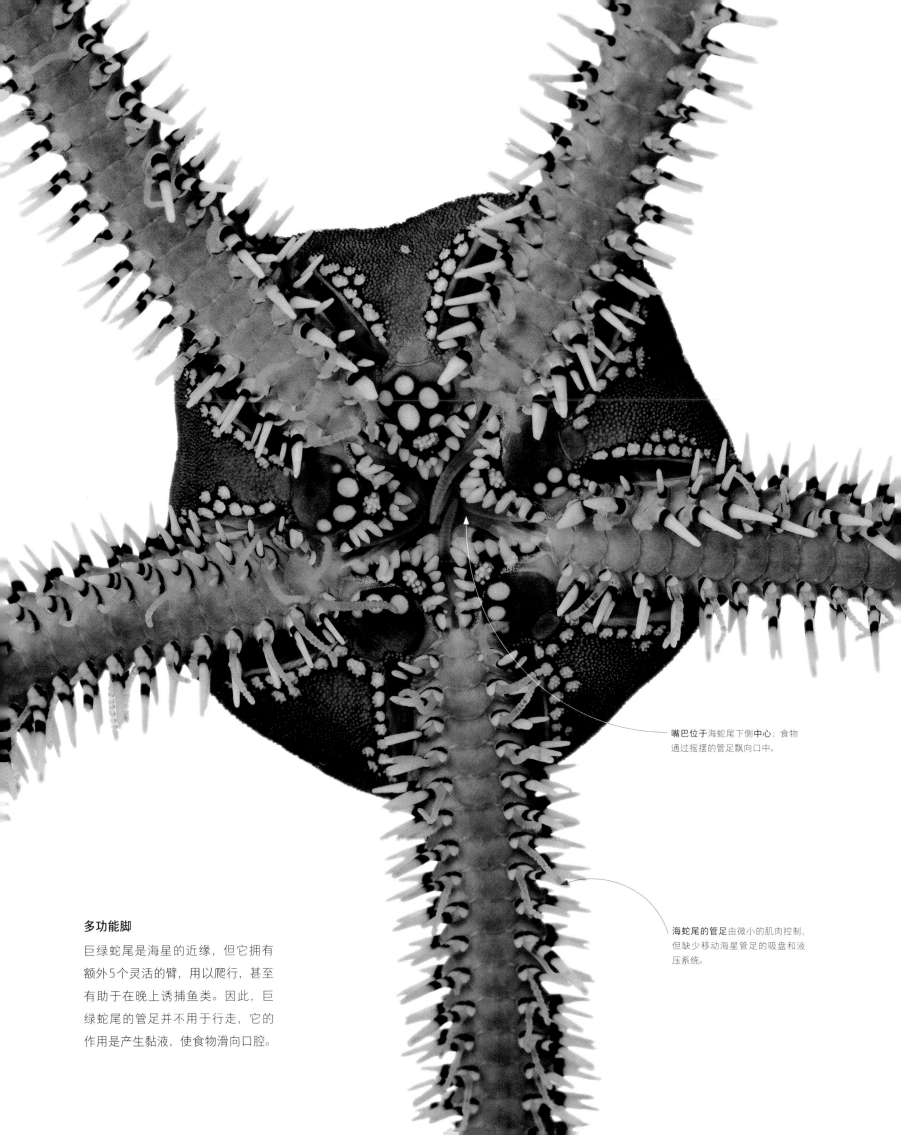

嘴巴位于海蛇尾下侧中心；食物
通过摇摆的管足飘向口中。

海蛇尾的管足由微小的肌肉控制，
但缺少移动海星管足的吸盘和液
压系统。

**多功能脚**

巨绿蛇尾是海星的近缘，但它拥有
额外5个灵活的臂，用以爬行，甚至
有助于在晚上诱捕鱼类。因此，巨
绿蛇尾的管足并不用于行走，它的
作用是产生黏液，使食物滑向口腔。

# 管足

海星和海蛇尾具有类似于海葵的径向对称性，但是，海葵被固定在海床上，靠漂浮的食物为生；海星和海蛇尾则可以自由移动，以捕食动植物。通过底部数百个肉质突出（即管足）的协同作用，海星得以沿着海底滑行。此外，海蛇尾可以扭动，甚至会用其灵活的长臂抓住潜在猎物，在此过程中，管足主要用于探测和感知。

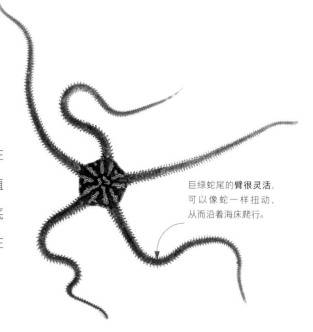

巨绿蛇尾的**臂很灵活**，可以像蛇一样扭动，从而沿着海床爬行。

**巨绿蛇尾**

一旦灵活的臂盘旋下来捕捉鱼，**带斑纹的刺状突起**会在猎物周围形成一个笼子。

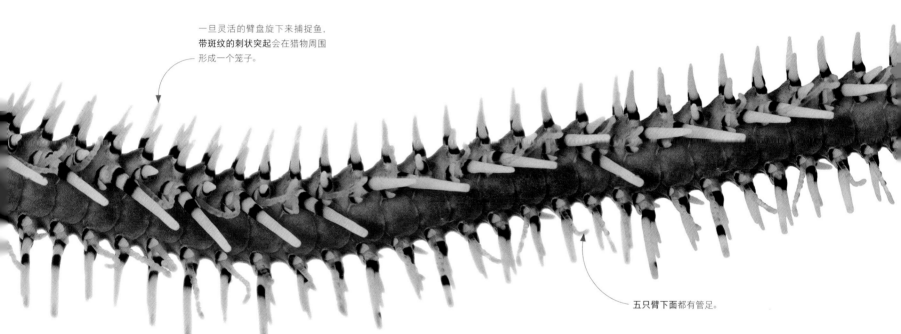

五只**臂**下面都有管足。

### 海星水力学

海星每个管足上方都有一个称为壶腹的海水囊，壶腹内含这类动物所特有的水利槽系统。当壶腹肌肉收缩时，它们将海水压入管足。管足伸出并靠吸盘粘在海床上，进而管足肌肉收缩，将动物拉向前方。

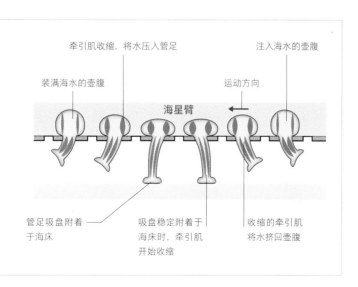

牵引肌收缩，将水压入管足

注入海水的壶腹

装满海水的壶腹

运动方向

海星臂

管足吸盘附着于海床

吸盘稳定附着于海床时，牵引肌开始收缩

收缩的牵引肌将水挤回壶腹

**带吸盘的脚**

海星管足上带有吸盘，便于它们行走。这些吸盘非常强大，力量足以拉开贻贝壳。

# 分节的腿

外骨骼的进化（参见第68—69页）意味着动物拥有了坚质框架结构，这促使身体发育出分节的腿和其他附肢。尽管这些突出物的外壳坚硬，但它们具有多个灵活的节点。关节与腿内成对的肌肉相连，所以附肢可以弯曲或伸直。

**颚肢**是一种改良的附肢，用于将食物送入口腔。

位于头胸部（身体的中部节段）的**附肢**被加固，因此它们可以作为行走或游动的腿。

**腹肢**是一种桨状附肢，位于腹部以下，用于游泳；雌性腹肢也可存放卵。

### 大获成功

白须龙虾的腿有分节，使它能以一种快速和可控的方式移动。腿部分节的无脊椎动物或节肢动物分布广泛，包括龙虾等水下甲壳类动物，以及陆地上的昆虫、蜘蛛、千足虫和蜈蚣。

**尾扇**由腹部肌肉带动，尾扇翻转促使龙虾向后移动，便于其迅速逃跑。

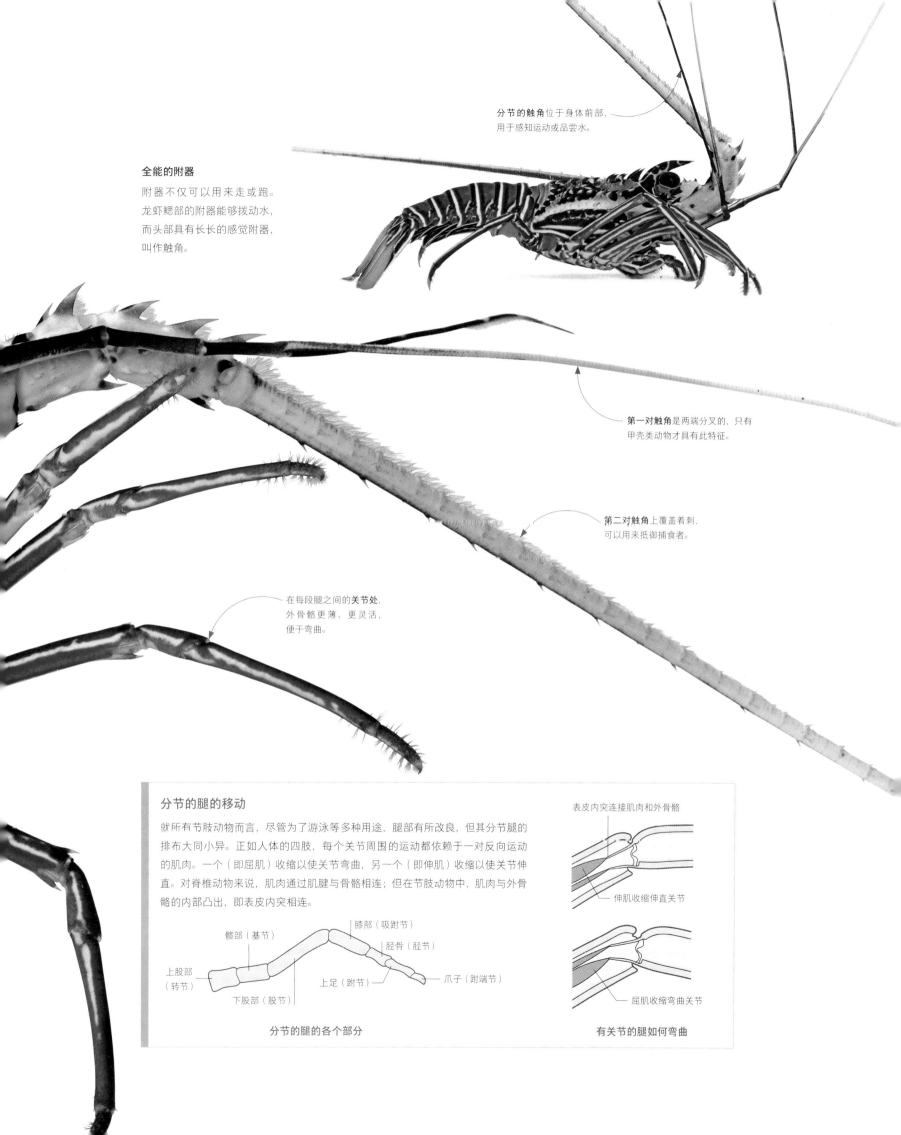

**分节的触角**位于身体前部,用于感知运动或品尝水。

**全能的附器**

附器不仅可以用来走或跑。龙虾鳃部的附器能够拨动水,而头部具有长长的感觉附器,叫作触角。

**第一对触角**是两端分叉的,只有甲壳类动物才具有此特征。

**第二对触角**上覆盖着刺,可以用来抵御捕食者。

在每段腿之间的**关节处**,外骨骼更薄、更灵活,便于弯曲。

**分节的腿的移动**

就所有节肢动物而言,尽管为了游泳等多种用途,腿部有所改良,但其分节腿的排布大同小异。正如人体的四肢,每个关节周围的运动都依赖于一对反向运动的肌肉。一个(即屈肌)收缩以使关节弯曲,另一个(即伸肌)收缩以使关节伸直。对脊椎动物来说,肌肉通过肌腱与骨骼相连;但在节肢动物中,肌肉与外骨骼的内部凸出,即表皮内突相连。

表皮内突连接肌肉和外骨骼

伸肌收缩伸直关节

屈肌收缩弯曲关节

髋部(基节)

膝部(吸跗节)

上股部(转节)

胫骨(胫节)

下股部(股节)

上足(跗节)

爪子(跗端节)

**分节的腿的各个部分**

**有关节的腿如何弯曲**

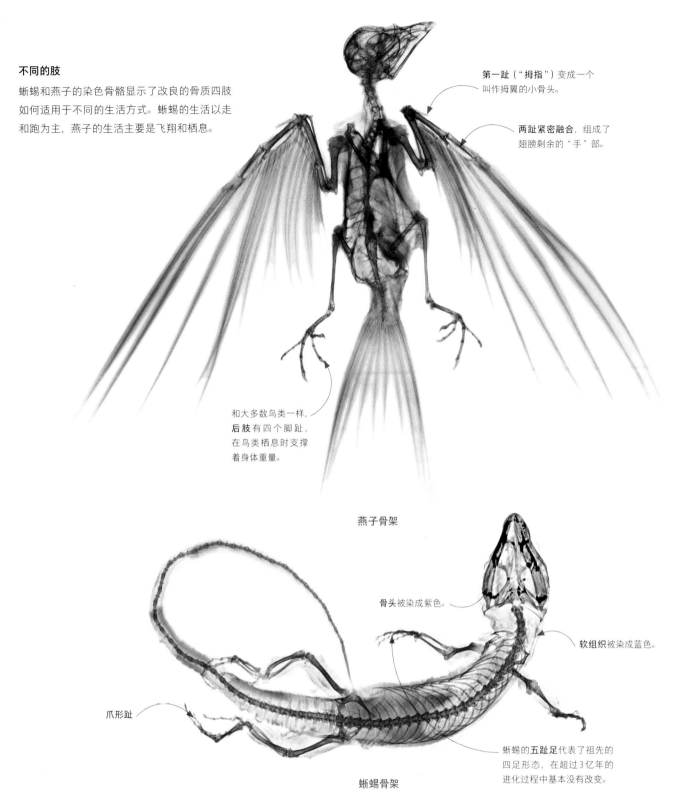

**不同的肢**

蜥蜴和燕子的染色骨骼显示了改良的骨质四肢如何适用于不同的生活方式。蜥蜴的生活以走和跑为主，燕子的生活主要是飞翔和栖息。

第一趾（"拇指"）变成一个叫作拇翼的小骨头。

**两趾**紧密融合，组成了翅膀剩余的"手"部。

和大多数鸟类一样，**后肢**有四个脚趾，在鸟类栖息时支撑着身体重量。

燕子骨架

骨头被染成紫色。

软组织被染成蓝色。

爪形趾

蜥蜴的**五趾足**代表了祖先的四足形态，在超过3亿年的进化过程中基本没有改变。

蜥蜴骨架

# 脊椎动物的四肢

四肢脊椎动物，或称四足动物，是由具有肉质鳍的鱼进化而来的，后来经过改良，得以在陆地行走。四足动物继承了骨质四肢，由一根上部肢骨与两个平行的下部肢骨连接而成，经关节与脚相连，脚上不超过五趾。以这种常见的"五趾"结构为基础，四足动物进化出翅膀和鳍状肢；有些动物则完全失去四肢，比如蛇。

**空中的青蛙**

从这张华莱士飞蛙的X光图可以看出，它具有五趾脚和四趾手，这对于大多数具有肢体的两栖动物来说是非常典型的。青蛙四肢上细长的趾支撑着宽大的蹼，用来从较高树枝上跳下，甚至实现短距离滑行。

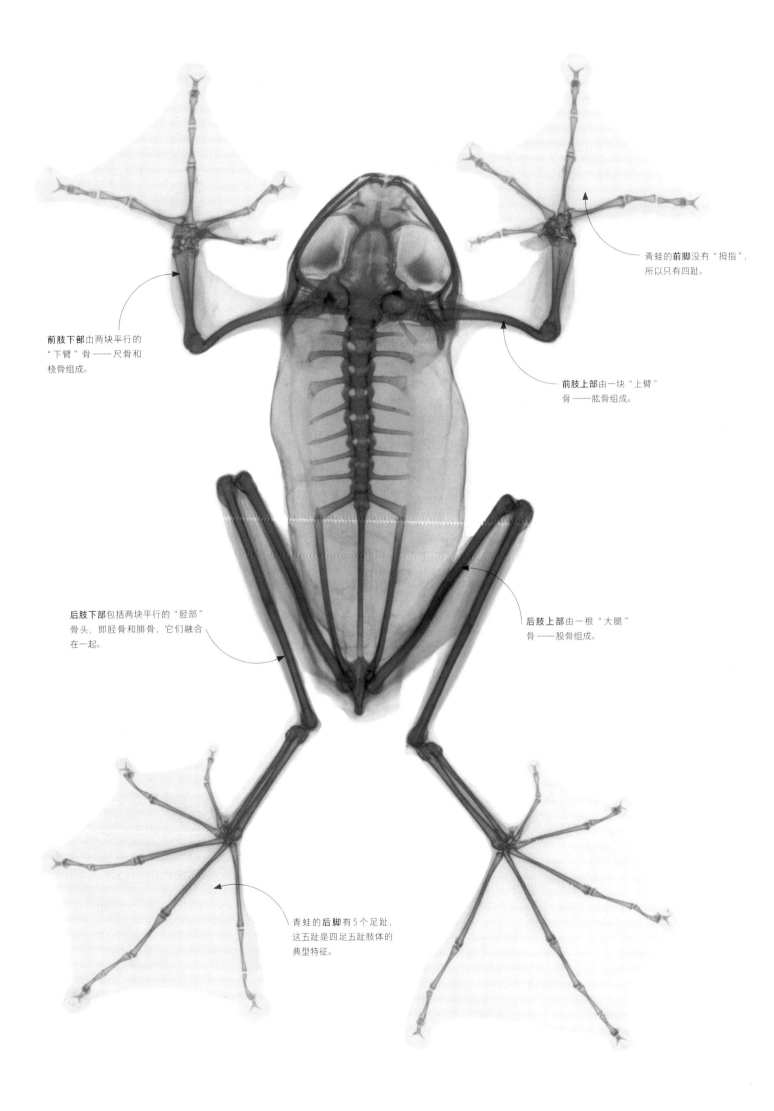

青蛙的**前脚**没有"拇指"，所以只有四趾。

**前肢下部**由两块平行的"下臂"骨——尺骨和桡骨组成。

**前肢上部**由一块"上臂"骨——肱骨组成。

**后肢下部**包括两块平行的"胫部"骨头，即胫骨和腓骨，它们融合在一起。

**后肢上部**由一根"大腿"骨——股骨组成。

青蛙的**后脚**有5个足趾，这五趾是四足五趾肢体的典型特征。

**二趾树懒**

与其他树懒一样，这只幼年霍夫曼二趾树懒
天生具有强大的肩部肌肉，加之强壮的爪子，
这些都有助于其倒挂式生活。

每只后脚有3个带爪脚趾。

每只前脚有2个带爪脚趾；
爪子短于三趾树懒的爪子。

# 脊椎动物的爪

陆栖脊椎动物趾端的弯曲爪子可以完成各种各样的任务，包括梳理毛发、提高牵引力以及用作武器。所有鸟类、大多数爬行动物和哺乳动物，甚至一些两栖动物都有爪子。构成爪子的角蛋白物质由底部的特殊细胞产生，一些动物的角中也含有同种硬蛋白。爪子在中央血管的滋养下不断生长，只有磨损才能防止它们长得过长。

后脚含有3个较短的爪子，
可以用来推动动物在地面
上前进。

### 保护性爪子

就哺乳动物而言，只有猫类以及相关的灵猫亚科动物能够将爪子缩回，从而保护它们的尖端。当脚趾肌肉收缩将脚爪张开时，爪子随之伸出，可作武器使用。

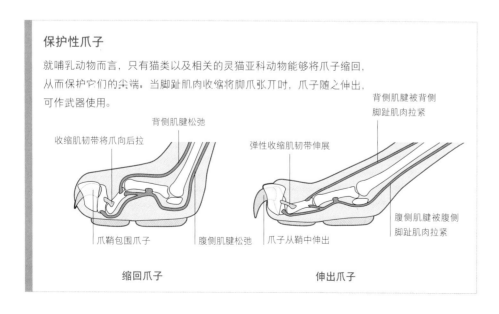

收缩肌韧带将爪向后拉

背侧肌腱松弛

爪鞘包围爪子

腹侧肌腱松弛

**缩回爪子**

弹性收缩肌韧带伸展

背侧肌腱被背侧
脚趾肌肉拉紧

爪子从鞘中伸出

腹侧肌腱被腹侧
脚趾肌肉拉紧

**伸出爪子**

### 钩子般的爪子

和美洲中南部的其他树懒一样，棕喉三趾树懒难以抓住树枝攀爬，因为其手指部分是融合在一起的。相反，它们利用增大版爪子作为钩子，把自己吊起来挂在树上。在地面上，爪子是障碍物，树懒被迫通过前臂爬行。

颈部有八九块椎骨（大多数哺乳动物有7块），可以实现330°旋转，帮助树懒更好地挂在树枝上。

年幼的树懒在被哺育的时候，会用爪子抓住母亲的皮毛，时间长达好几个月。

前爪偶尔梳理被毛。

**安全悬挂**
一只雌性树懒带着宝宝缓慢移动时，借助爪子悬于树枝。爪子钩住树枝，有助于其不费吹灰之力地实现悬挂。爪子能够牢牢固定树懒，因而树懒死后仍可保持悬挂状态。

长且其韧的皮毛上带有纹道，在野外，树懒的毛发沾满了藻类，有助于其在森林栖息地进行伪装。

三趾树懒的前肢远远长于后肢。因此，与二趾树懒近缘相比，三趾树懒在攀爬时活动范围更大。

树懒毛发生长时，其尖端远离四肢，这对哺乳动物来说极不寻常，有助于它们倒挂时驱散雨水。

每只前脚上的3只爪子都具有8厘米长的较大弧度。

# 虎

虎是猫科动物中最大的一种，也是一种完美的食肉动物，其解剖学构造的几乎每一方面都有助于捕捉、捕杀和吞食猎物。老虎形单影只，大多夜间出动，它们依靠精细的感官、速度和原始力量伏击或跟踪动物，这些动物包括猪、小鹿，乃至亚洲水牛，体型不等。

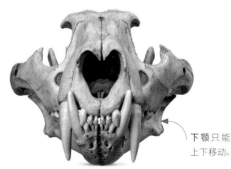

下颚只能
上下移动。

**有力的咬动**

虎的头骨短而宽，十分强壮，下颚丧失咀嚼能力，专门用以撕咬。

并非所有老虎都有巨大的体型，其大小差别悬殊。西伯利亚虎的体重是印度尼西亚热带森林老虎的五倍，在热带森林，庞大的体型会阻碍运动，且易导致体温过高。但是，凭借灵活的脊柱与发达的四肢肌肉，所有老虎都表现出巨大的运动才能。一只大型成年虎可以站立起跳至10米远的距离，而大大的、面向前方的眼睛有助于形成立体视觉，使它能够准确地判断距离。老虎的前肢和肩膀巨大，爪子伸缩自如，所以不会因磨损而变钝。爪子可用以攀爬、通过抓痕标记领地，在战斗中，也可以用来捕捉、抓住和击倒猎物。

一旦猎物被击倒，老虎就会用下颚和牙齿像钳子一样夹在大型猎物的气管上，或是咬断小型动物的脖子致其死亡。

虽然老虎体型巨大，但是它们善于隐匿。图案突出的毛皮能够在强光或斑驳光线之下、在森林、草原，甚至岩石地面为老虎提供极为有效的伪装。老虎分布广泛，繁衍生息的栖息地复杂多样，说明此物种适应性极强。这看上去有悖于其日益缩小的活动范围和濒危状态，其实，这完全是人为活动的恶果。上述提及的9个亚种中，3种已经灭绝。

**原始力量**

老虎通常从背后攻击，利用体重优势，可在几秒钟内压倒猎物。老虎一餐可以吃掉如图大小的鹿；然而，如果猎物较大，老虎会花几天时间储存并吃掉它们。

腿部通过关节与身体侧面相连，所以壁虎能够紧贴于垂直表面。

趾盘是延展的趾尖，可容纳尽可能多的刚毛。

# 有黏性的脚

虽然有爪的脚趾和抓握的脚对攀岩来说至关重要，但是，就小型动物而言，原子和分子之间微小的吸引力聚集后，即使是最光滑的表面也能产生足够强的抓附力。壁虎的脚趾甲上覆盖着数百万个微小毛发，即刚毛。它们都粘在一个表面，并且能够共同作用产生足够的力量来承受蜥蜴300克的重量，甚至是倒置的蜥蜴也不在话下。

**爬墙者**

许多种类的壁虎利用其攀爬能力，附着在光滑的树叶或岩石表面；但对一些壁虎来说，贴在建筑物墙壁和天花板上同样可以捕捉昆虫和其他无脊椎动物。大壁虎最初生活在雨林，现已经适应了与人类共存的生活，在热带地区的家中随处可见此类壁虎。

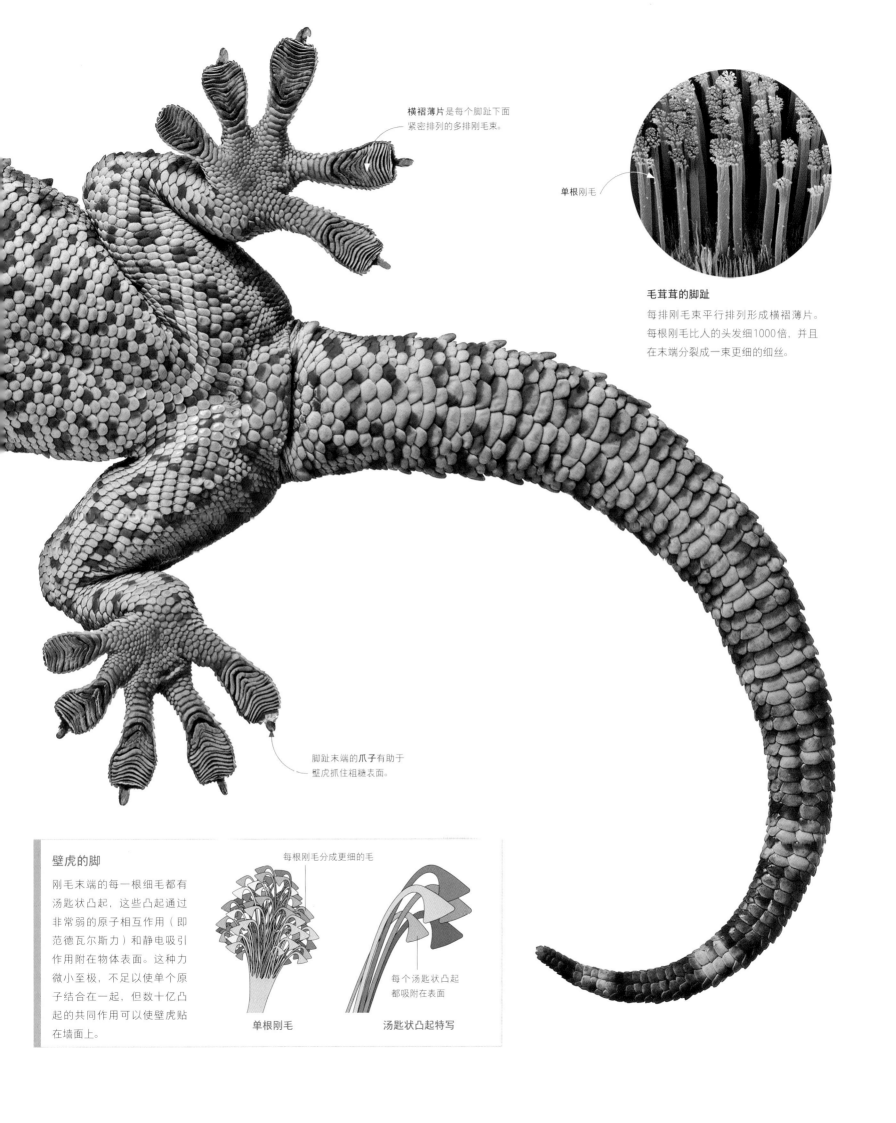

横褶薄片是每个脚趾下面
紧密排列的多排刚毛束。

单根刚毛

**毛茸茸的脚趾**

每排刚毛束平行排列形成横褶薄片。
每根刚毛比人的头发细1000倍，并且
在末端分裂成一束更细的细丝。

脚趾末端的**爪子**有助于
壁虎抓住粗糙表面。

## 壁虎的脚

刚毛末端的每一根细毛都有
汤匙状凸起，这些凸起通过
非常弱的原子相互作用（即
范德瓦尔斯力）和静电吸引
作用附在物体表面。这种力
微小至极，不足以使单个原
子结合在一起，但数十亿凸
起的共同作用可以使壁虎贴
在墙面上。

每根刚毛分成更细的毛

每个汤匙状凸起
都吸附在表面

单根刚毛

汤匙状凸起特写

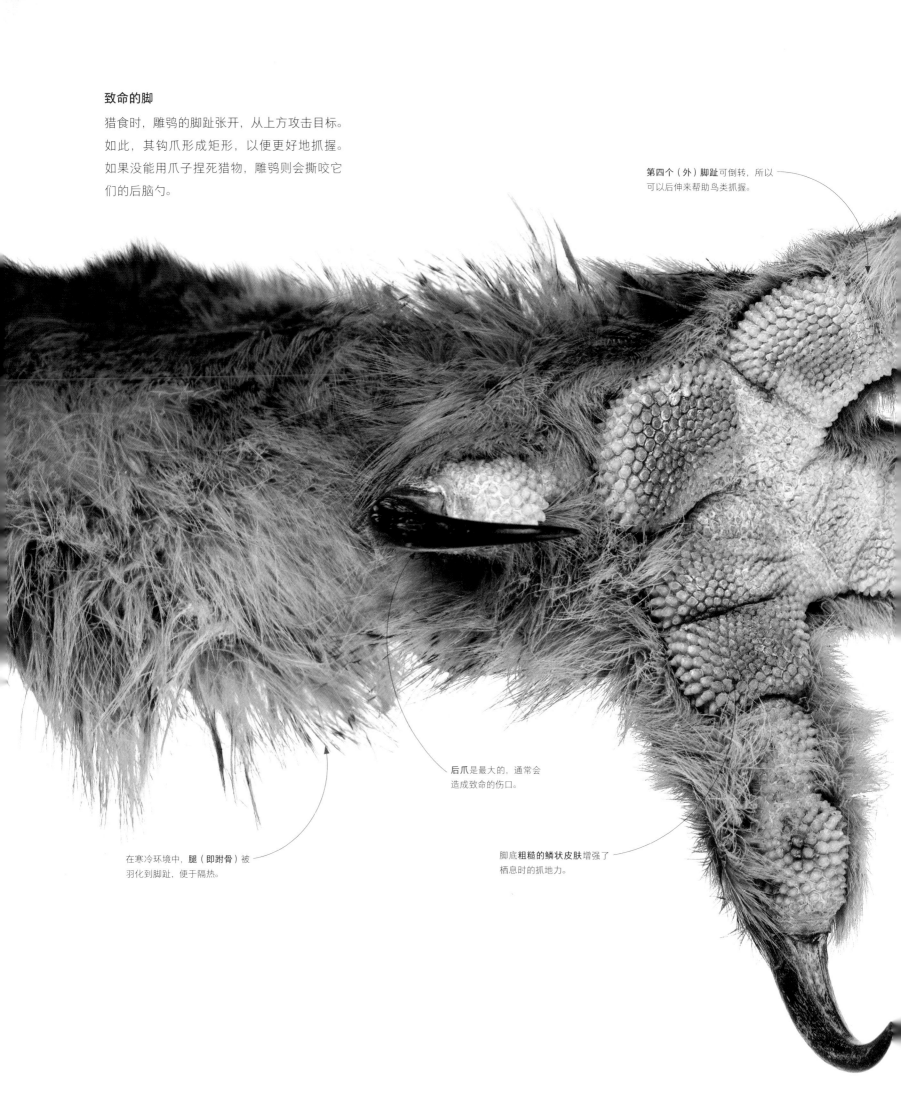

**致命的脚**

猎食时，雕鸮的脚趾张开，从上方攻击目标。
如此，其钩爪形成矩形，以便更好地抓握。
如果没能用爪子捏死猎物，雕鸮则会撕咬它
们的后脑勺。

第四个（外）**脚趾**可倒转，所以
可以后伸来帮助鸟类抓握。

**后爪**是最大的，通常会
造成致命的伤口。

在寒冷环境中，**腿（即跗骨）**被
羽化到脚趾，便于隔热。

脚底粗糙的**鳞状皮肤**增强了
栖息时的抓地力。

弯曲的爪子具有锋利的尖端，
能深入猎物体内。

双腿伸展，呈典型的俯冲姿势，
准备抓获猎物。

第三个脚趾略长于其他脚趾。

## 捕食者中的佼佼者

雕鸮是世界上大型的猫头鹰之一，其体重可达4.2千克。它能杀死体型如小鹿般的猎物，甚至还可与狐狸、秃鹰等其他食肉动物周旋。

## 捕鱼的脚

像猫头鹰一样，鱼鹰的脚包括两只向前的脚趾和两只向后的脚趾，用于举起较重的猎物。此外，鱼鹰脚趾下侧还具有长而弯曲的爪子和刺状皮肤，以确保在将光滑的猎物提离水面时，能够将其牢牢抓住。

鱼鹰

# 猛禽的脚

肉食鸟类，或称猛禽，拥有强大的武器——喙和爪。两者就像匕首一样刺穿肉体，展现出令人惊异的肌肉力量，但致命一击通常是带爪的脚部完成的。猛禽如钳子般紧握猎物，用爪子刺穿重要器官，以确保真正杀死猎物，然后开始进食。

**悬挂锁定**

印度果蝠等蝙蝠也依赖于特别粗糙的肌腱，当爪子抓住栖木时，肌腱可以锁定位置，让它们几乎不费力气就能挂起来。与鸟类不同，蝙蝠的脚没有对生趾。

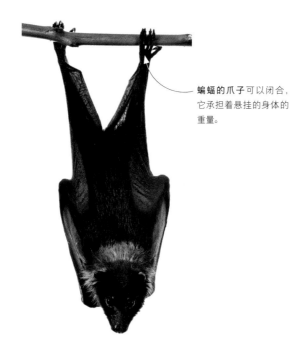

蝙蝠的爪子可以闭合，它承担着悬挂的身体的重量。

# 攀爬和栖息

当四足脊椎动物向飞行进化时，它们的前肢演化为翅膀，留下后肢用以在着陆时支撑身体。如今，蝙蝠的翅膀上仍然有爪子，可以帮助抓握；而鸟类则完全依靠其双腿进行奔跑和攀爬。这两种"专业飞行员"都有脚，能够支撑其全部重量，同时它们可以紧抓栖木而不感到疲劳，即使在睡着时也是如此。因此，蝙蝠和鸟类都生活在完全远离地面的高处。

**锁定肌腱**

当鸟栖息时，大腿肌肉收缩以弯曲双腿，拉动伸向趾尖的屈肌腱。肌腱张力的增加，使鸟的脚趾抓住栖木。肌腱穿过鞘层，鞘层和肌腱具有相应的褶皱表面，在鸟的重力作用下相互锁定。

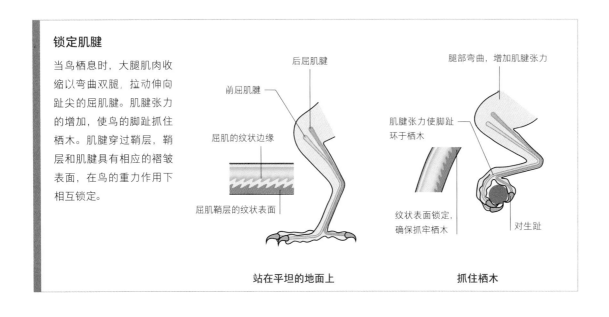

后屈肌腱

前屈肌腱

屈肌的纹状边缘

屈肌鞘层的纹状表面

腿部弯曲，增加肌腱张力

肌腱张力使脚趾环于栖木

纹状表面锁定，确保抓牢栖木

对生趾

站在平坦的地面上

抓住栖木

啄木鸟的喙具有强化基部，从树中寻找昆虫时起到减震的作用。

拇指状的对生趾有助于栖息和抓握。

五子雀的大小和形状使它能够倒挂，并且在树叶中寻找种子和坚果。

两趾向前、两趾向后的脚趾排列方式有助于啄木鸟在垂直树干上栖息。

尾羽由倒钩加固，有助于在鸟栖息时支撑身体重量。

短而强壮的腿和长爪有助于抓住垂直树干。

**抓握在树上**

在树上生活不仅需要良好的抓地力，而且需要完美的平衡力，抓握垂直树干之时尤为如此。红胸吸汁啄木鸟可以张开脚趾，两个向前，两个向后，利用尾巴作为支撑。白胸鸸体型小得多，非常灵活，它可以头朝下沿树干向下移动。

此**栖木**上的鸟趾分布方式非常标准，三趾向前，一趾向后。

**偶蹄类哺乳动物**

麝香鹿是小型的有蹄类哺乳动物之一，有些麝香鹿体型仅稍大于兔子。和其他偶蹄类哺乳动物一样，四肢都由第三个和第四个有蹄脚趾支撑。

**蹄是分开的**，分成两趾，不像马蹄那样是完整的。

和其他有蹄类动物一样，**较长的腿部**基本只含有骨和肌腱。

# 哺乳动物的蹄

许多能够快速奔跑的哺乳动物的脚部都经过了进化。它们用趾尖行走，脚趾末端是平底蹄子，而非其祖先身上的弯曲爪子。脚趾数量亦有缩减，鹿、羚羊和其他偶蹄类哺乳动物靠两只脚趾集中承担身体重量，而马、犀牛、貘的脚趾数量则为奇数。带蹄的脚、细长轻盈的四肢，以及在身体质心附近较高处的结实肌肉，这些都有助于双腿迈出更大的步幅，在躲避捕食者时最大限度地提高速度。

---

**足部形态**

人类、熊等跖行哺乳动物用平坦的脚掌支撑身体重量；而那些快速奔跑的动物的脚骨被抬高，以增加腿的长度。狗等趾行哺乳动物脚趾末端的骨头平行贴地；但蹄类哺乳动物的整个脚趾抬起，趾尖点地，这有利于最大限度地拉长步幅。

**图例**

▫ 股骨（大腿）　▫ 跖骨（下足）
▫ 胫腓骨（小腿）
▫ 跗骨（上足）　▪ 指骨（脚趾）

跖行类（熊）　　趾行类（狗）　　蹄类（马）

**奇蹄类哺乳动物**

马科动物，比如图中这些普氏野马，具有奇蹄类的脚。犀牛（每只脚各有三趾）、貘（前脚四趾，后脚三趾）都具有奇蹄类特征，由脚的中央（第三）趾集中承担身体重量。鹿和羚羊独立进化成偶蹄状态。

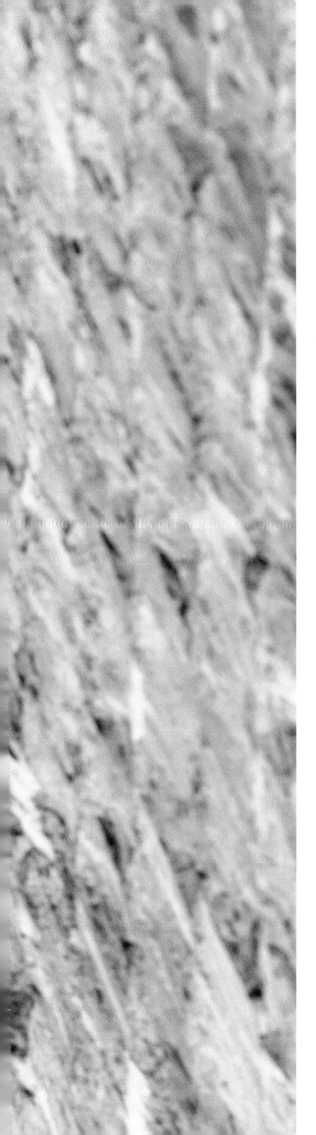

# 羱羊

在险峻的岩石表面保持平衡较难，但对山羊、绵羊和野山羊来说，这是一种生活方式。冒险显然是值得的，因为这样可以确保它们远离捕食者。这对于动物来说大有裨益，否则，它们会在开放的栖息地暴露无遗。

约1100万年前，在亚洲的某个地方，一群步履稳健的有蹄动物进化成了专业的"攀岩者"。它们发育出短而结实的胫骨。如今，扭角羚、岩羚羊、山羊、绵羊和野山羊占了欧亚大陆和北美部分山区所有带角有蹄哺乳动物的三分之一以上。

中欧的羱羊是攀岩者中的佼佼者，它们生活在海拔3200米远高于林木线的地方，还可以在坡度60°的坝壁上栖息。这些动物用厚厚的蹄产生附着摩擦力（参见本页方框），其膝盖后面长有胼胝，在尖锐的岩石中起到保护作用。它们的栖息地没有大型捕食者，在冬季，陡峭的岩石斜坡和沟壑两侧是没被大雪覆盖的。母羊在那里分娩，幼羊很快就学会了在山坡上站稳脚跟；等到春天，母羊则把它们带至草地，以便吃草。要想通过陡峭的岩石表面，需要较轻的身体和较短的腿，因此，雄性羱羊在十一岁时会移至平坦的地面生活，永远不会返回斜坡。

山区生活难度极大，许多野山羊死于雪崩。它们还面临着传染性眼疾的风险，这种眼疾会导致失明，在死亡的野山羊中，有三分之一因此毙命。但是，野山羊数量处于上涨趋势，当食物充足时，高达95%的野山羊幼崽能活到成年。

### 敏捷的幼年羱羊

一只幼年雄性羱羊正在意大利北部一座人工水坝的斜坡上攀爬，并被建筑物石造部分发出的盐分所吸引。羱羊沿着曲折的路线爬坡，在下坡时选取了一条更为平滑的路线。

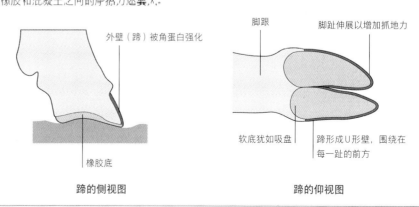

**抓紧的蹄子**

具有两趾的蹄子是羱羊在陡峭岩石表面攀爬的关键。其脚趾可以张开且抓住地面。每个脚趾下面的橡胶底犹如一个吸盘，在野山羊的脚和地面之间产生牵引力，这种力比橡胶和混凝土之间的摩擦力还要大。

外壁（蹄）被角蛋白强化

橡胶底

脚跟

脚趾伸展以增加抓地力

软底犹如吸盘

蹄形成U形壁，围绕在每一趾的前方

蹄的侧视图　　　　蹄的仰视图

螫针用于自卫或杀死大型猎物。

螫攻击小型猎物，或将较大的猎物固定住，然后使用螫针。

帝王蝎

指节是蟹钳处可移动的手指。

掌节是蟹钳的固定部分，由一个充满肌肉的宽掌组成。

# 节肢动物的螫

　　有些节肢动物的口器可像钳子一样进行抓咬，而对于螃蟹、小龙虾和蝎子等动物来说，它们的四肢末端发育着另一种形式的螫。这些螫被称作钳爪，除了夹住爪状手指的螫部肌肉之外，其他调动钳爪的肌肉与移动行走肢体的肌肉均属同一类型。最小的螫能够灵巧操纵食物，而最大的螫则可当作令人生惧的防御武器。

## 螫的运动

像许多可移动的动物器官一样，螫包含一对对抗性肌肉群，一组用于收缩闭合可移动的手指，另一组将其打开。肌肉牵拉外骨骼的延伸部分，即表皮内突。巨大的屈肌赋予螫巨大的力量，爬树椰子蟹的巨大钳子十分强壮，可以撬开椰子进食。

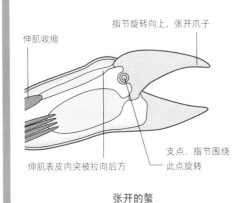

伸肌收缩

指节旋转向上，张开爪子

伸肌表皮内突被拉向后方

支点，指节围绕此点旋转

张开的螫

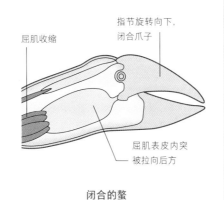

屈肌收缩

指节旋转向下，闭合爪子

屈肌表皮内突被拉向后方

闭合的螫

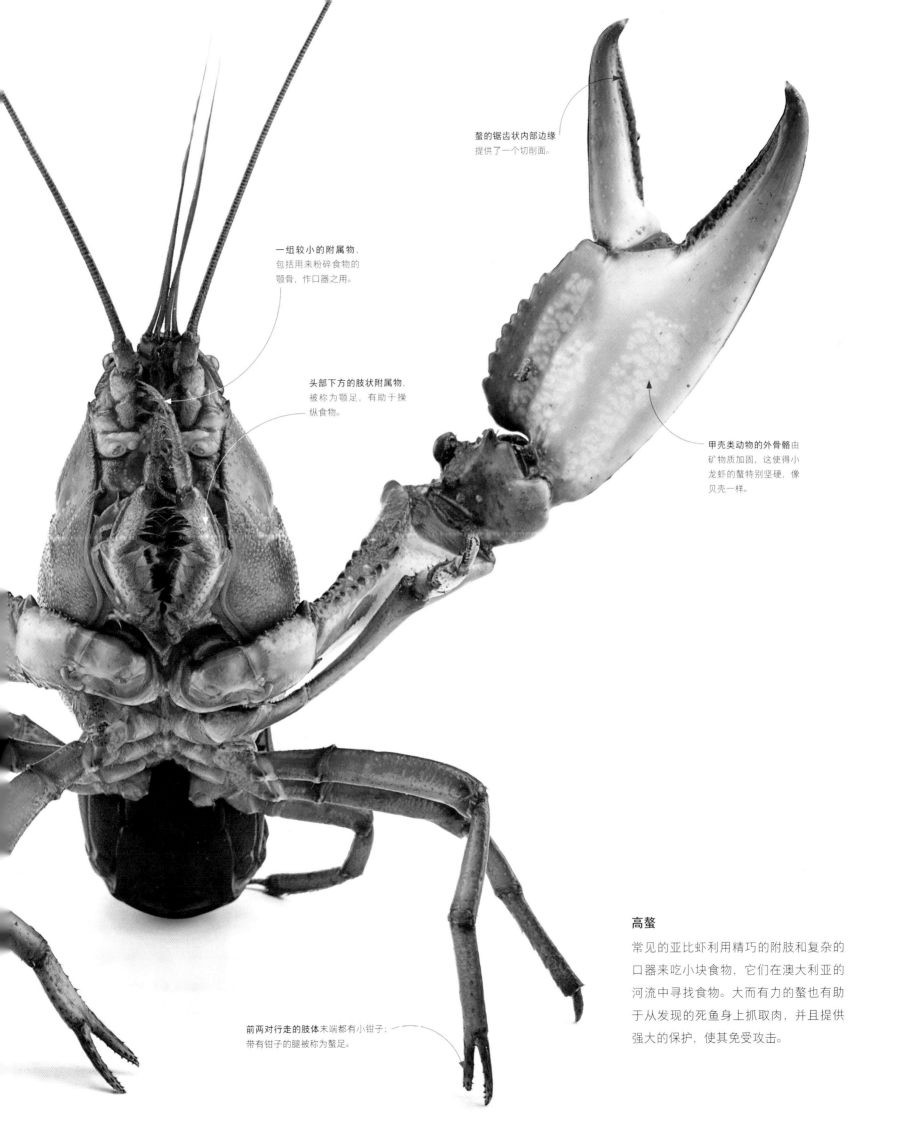

螯的锯齿状内部边缘
提供了一个切削面。

一组较小的附属物，
包括用来粉碎食物的
颚骨，作口器之用。

头部下方的肢状附属物，
被称为颚足，有助于操
纵食物。

甲壳类动物的外骨骼由
矿物质加固，这使得小
龙虾的螯特别坚硬，像
贝壳一样。

前两对行走的肢体末端都有小钳子；
带有钳子的腿被称为螯足。

**高螯**

常见的亚比虾利用精巧的附肢和复杂的
口器来吃小块食物，它们在澳大利亚的
河流中寻找食物。大而有力的螯也有助
于从发现的死鱼身上抓取肉，并且提供
强大的保护，使其免受攻击。

**小龙虾和两只虾**（约1840年）

歌川广重（又名安藤广重），在四十多岁时环游日本，
被乡村的壮丽景色所吸引，创作出一系列风景木刻画
和自然写真，激发了西方艺术家的灵感。这只小龙虾
咔嗒作响的腿和随性的触角在纸上活灵活现，当时，
日本木刻的技术、颜色和质地正处于巅峰时期。

# 浮世绘艺术家

　　浮世的木刻版画叫作浮世绘，可能有人会认为，浮世绘是对海洋和河流生命的自然研究，其实不然。日本的"浮世"指的是17世纪末富裕商人经常光顾的剧院和妓院，当时，描绘城市生活、色情、民间故事和风景画的版画可谓风靡一时。19世纪末，日本国内旅游业的发展使国民对国家风光的了解更加全面，著名艺术家也相应作出一系列壮丽的风景画，以及关于鸟、鱼和其他动物生活的精妙肖像。

　　在高产期，成千上万的印刷品问世，它们价格固定且低廉，所有人都能购买。出版商与设计师或艺术家、模板雕刻师和印刷工合作，对版本实现垄断。把艺术家画作的复制品面朝下放在一块纹理细密的樱桃木上，然后由雕刻师在纸上进行雕刻，将设计图案复制到木块上。从18世纪中叶开始，单色和简单双色的印花被华丽的全彩"织锦式"印花所取代，后者的每种颜色都会使用单独的色块。复制版本采用手工印刷，因此几乎不会磨损木块，有利于生产出成千上万的印刷品。

　　自古以来，根据神道教教义，每一座山、每一条溪流和每一棵树都蕴含神灵。在民间传统中，动物是具有象征性的。例如，兔子象征着繁荣，而鹤象征着长寿。19世纪艺术家歌川广重的浮世绘不再以艺伎、歌舞伎演员和城市生活为主题，转而追求表达对自然世界的理想化看法，这与回归传统价值观的国家要务不谋而合。歌川广重笔下的静谧风景和对鸟、鱼、动物的微妙渲染在西方也极受欢迎，激发了印象派艺术家如文森特·凡高、克劳德·莫奈（Claude Monet）、保罗·塞尚（Paul Cezanne）和詹姆斯·惠斯勒（James Whistler）的灵感。

　　艺术家、版画制作人葛饰北斋的作品在日本和西方也同样风靡。回顾其创作的大量毛笔画、海洋、风景画、富士山景色，以及花卉、鸟类和动物研究，他写道："73岁，我开始掌握鸟类和动物、昆虫和鱼类的结构……如果我继续努力，到86岁，我肯定会理解得更加透彻，到90岁，我将深入了解其本质。"

> （广重）能把大自然的美活灵活现地带回观者脑海之中。
>
> ——中井宗太郎，1925年

与其他猿类相比,
**肩部的球关节位**
置更靠后,有助
于身体的旋转。

通过锁骨与肩胛骨的
牢固连接来稳定肩部。

与其他灵长目动物相比,
**膝关节的结构使腿部能伸**
得更直。

身体躯干较短且直立,
有助于悬挂或坐于树枝。

**相对较大的脚趾**
有助于牢固抓住
树枝。

### 和母亲挂在一起

一只幼年长臂猿用手紧紧抓住母亲的毛发,
有朝一日,这将有助于它在雨林栖息地的
树枝上娴熟地进行体操表演。但可能要经
过2年,幼年长臂猿才能做到这一点。

**直立行走**

长臂猿在适应树栖生活时对膝盖进行了改良，这些也有助于其行走于地面时，比其他非人类灵长目动物更快地迈步。

**超长的臂膀**能够增加长臂猿的伸展范围，使其在树上穿行的速度最大化。

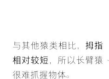

与其他猿类相比，**拇指相对较短**，所以长臂猿很难抓握物体。

# 树上穿行

随着长臂猿等攀登灵长目动物逐渐适应了树梢生活，它们强有力的肌肉大多转移到手臂部位。与其他灵长目动物相比，长臂猿的手臂极长，与体型相称。它们用手臂把自己上拉，从树枝垂下，依次换手在树上荡来荡去。这种手臂摆动推进称为臂跃行动，是一种穿梭树冠的快速有效的方式。长臂猿和蜘蛛猿习惯于臂跃行动。

**手指极长**，挂在树枝上时能形成可靠的钩子。

## 臂跃行动

长臂猿腕关节灵活，有助于摆动手臂时旋转身体。长臂猿总是保持至少一只手挂于树枝，从而悠闲地摆动；但通过完全自由地摆动，长臂猿可以增加每次抓握的距离，在树上更快地移动。

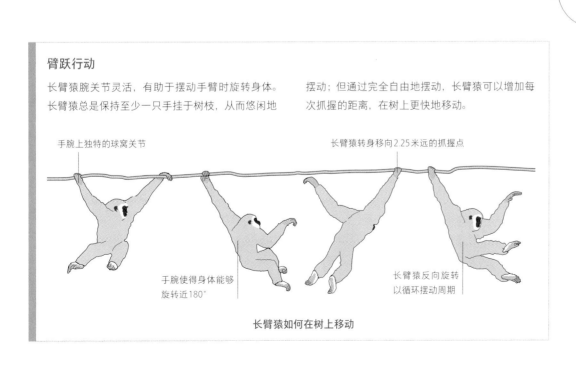

手腕上独特的球窝关节

长臂猿转身移向2.25米远的抓握点

手腕使得身体能够旋转近180°

长臂猿反向旋转以循环摆动周期

**长臂猿如何在树上移动**

## 手部灵活性

对生拇指，即拇指与其他手指的位置相对，有助于灵长目动物抓握。类人猿利用力性抓握进行攀爬。它们可以精确握紧物体，但是，较短的拇指必须夹靠在食指一侧。只有拇指较长的人类才能不费吹灰之力地将指尖和拇指尖捏合起来。

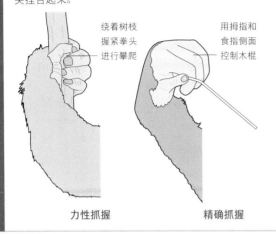

绕着树枝握紧拳头进行攀爬

用拇指和食指侧面控制木棍

**力性抓握**　　　　　　　　**精确抓握**

## 万能工具

大猩猩的手是力量和非凡敏感性的结合，比如图中这只倭黑猩猩。正如黑猩猩近缘和人类，大多数倭黑猩猩都惯用右手，但是，它们也可以同时使用双手。

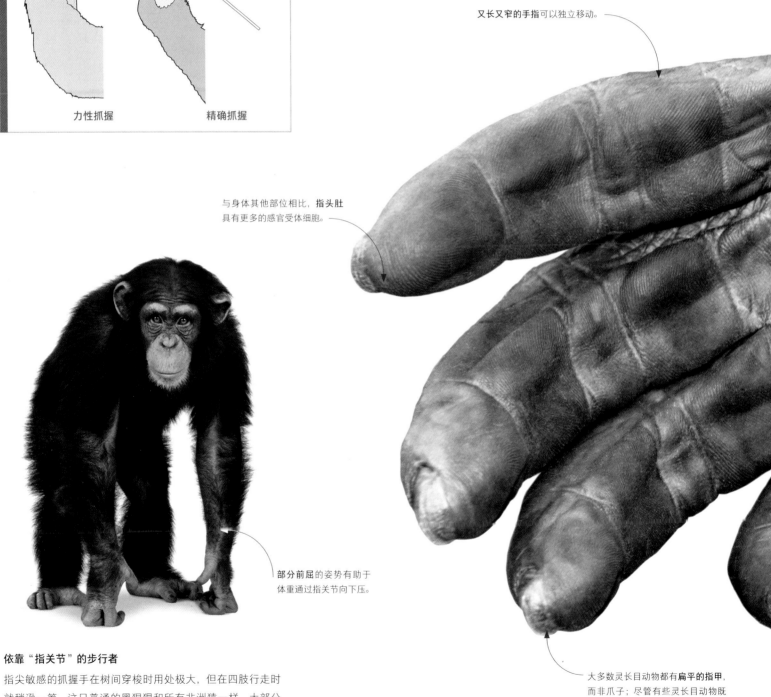

**又长又窄的手指**可以独立移动。

与身体其他部位相比，**指头肚**具有更多的感官受体细胞。

**部分前屈**的姿势有助于体重通过指关节向下压。

大多数灵长目动物都有**扁平的指甲**，而非爪子；尽管有些灵长目动物既有爪子又有指甲。

### 依靠"指关节"的步行者

指尖敏感的抓握手在树间穿梭时用处极大，但在四肢行走时就稍逊一筹。这只普通的黑猩猩和所有非洲猿一样，大部分时间都在地上，可以用指关节支撑体重。这不仅可以保护掌心敏感的皮肤，而且可以在各地移动时携带物品。

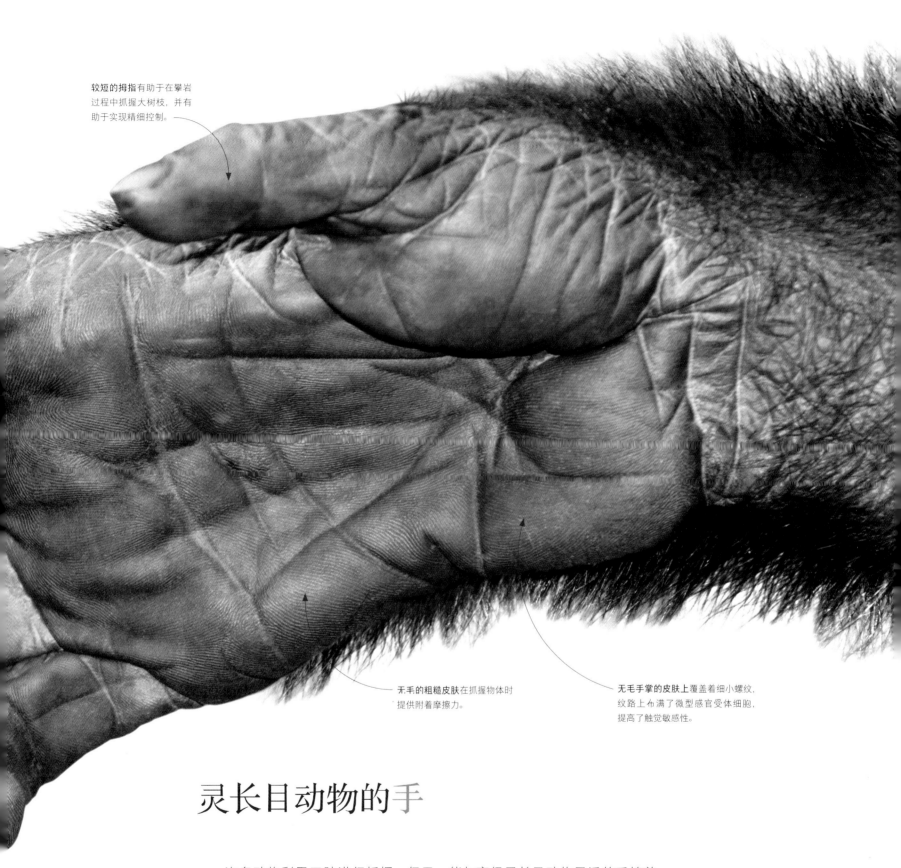

较短的拇指有助于在攀岩过程中抓握大树枝，并有助于实现精细控制。

无毛的粗糙皮肤在抓握物体时提供附着摩擦力。

无毛手掌的皮肤上覆盖着细小螺纹，纹路上布满了微型感官受体细胞，提高了触觉敏感性。

# 灵长目动物的手

许多动物利用四肢进行抓握，但无一能与高级灵长目动物灵活的手媲美。猿和猴子的手经过进化，手指能够实现最大程度的移动，此外，其指尖具有高度敏感的指头肚，能够分辨出无数接触点。这一点加上卓越的脑力，使得灵长目动物成为操控周围物体的专家。

# 猩猩

　　猩猩是仅存的猩猩属物种，生活在亚洲日益减少的雨林之中，其身体在适应过程中不断进化，非常适合树中爬行。它们智商极高，能够使用工具、制造避雨棚，并用草药自我治疗。

　　亚洲大猩猩是地球上最大、最重的树栖哺乳动物，也是极度濒危的物种之一。"猩猩"这个词的意思是"森林中的人"，三个种类差异显著，它们分别是：婆罗洲猩猩、苏门答腊猩猩，以及更为稀有的达班努里猩猩，这种猩猩只生活在苏门答腊北部的巴唐打鲁林区。三者外形相似，毛发蓬松，不同物种的毛发颜色从橙到红不尽相同，躯干相对较短但较大，手臂极长而有力。

　　成年雄性猩猩体重超过90千克，雌性体重在30—50千克。它们的身体已经适应了在森林中穿过高度灵活的树枝来确定路线。与更为轻盈的灵长目动物不同，猩猩依靠动作和身体技能（如行走、攀爬和摆动）的结合来穿越更大的间隔。猩猩一生中大部分时间都在雨林树冠中进食、觅食、休息和移动，尤其是苏门答腊猩猩，它们为了躲避老虎等掠食者很少来到地面。猩猩以水果为食，辅以树叶、无叶植物和昆虫，偶尔还有蛋或小型哺乳动物。成熟猩猩喜独居，但是雌性猩猩每四五年繁殖一次，那些尚未独立的后代（通常是一只幼兽）会和母亲一起生活长达11年的时间。

## 寻求新的高度

猩猩具有抓握的手和脚，手臂肌肉的力量是人类的7倍，是当之无愧的攀岩高手。这只婆罗洲猩猩正在爬上一棵30米长的绞杀榕藤蔓，以寻找食物。

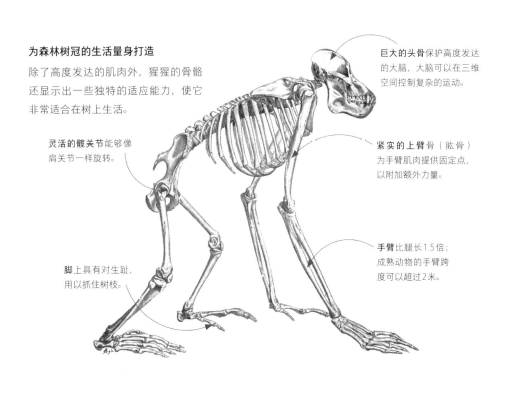

**为森林树冠的生活量身打造**
除了高度发达的肌肉外，猩猩的骨骼还显示出一些独特的适应能力，使它非常适合在树上生活。

**灵活的髋关节**能够像肩关节一样旋转。

**巨大的头骨**保护高度发达的大脑，大脑可以在三维空间控制复杂的运动。

**紧实的上臂骨**（肱骨）为手臂肌肉提供固定点，以附加额外力量。

**脚**上具有对生趾，用以抓住树枝。

**手臂**比腿长1.5倍；成熟动物的手臂跨度可以超过2米。

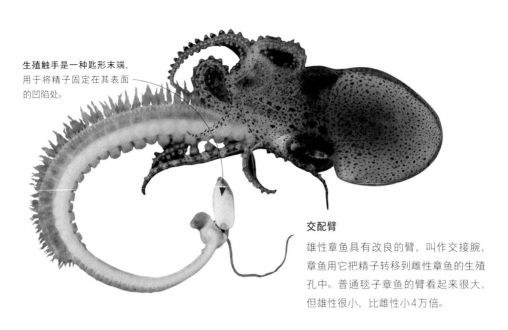

生殖触手是一种匙形末端，用于将精子固定在其表面的凹陷处。

**交配臂**

雄性章鱼具有改良的臂，叫作交接腕，章鱼用它把精子转移到雌性章鱼的生殖孔中。普通毯子章鱼的臂看起来很大，但雄性很小，比雌性小4万倍。

# 章鱼臂

章鱼和鱿鱼等软体动物摒弃了蛞蝓和蜗牛等近缘缓慢爬行的生活方式，成为敏捷的猎手。它们具有较大的头部与眼睛，嘴巴周围有一圈肌肉发达的臂。章鱼有8条带吸盘的臂，通过一张皮肤网连接，形成一种高效的捕食机制。

### 肌肉发达的臂

章鱼的臂几乎由肌肉组成，作肌肉性静水骨骼之用。肌肉之间互相挤压，而非依靠骨骼。纵向、水平和垂直的肌肉将臂移向不同的方向，在舌头、象鼻等其他肌肉性静水骨骼中也是如此。

| 表皮 | 静脉 |
|---|---|
| 真皮 | 垂直肌肉 |
| 水平肌肉 | 纵向肌肉 |
| | 动脉 |
| 吸盘肌肉 | 神经索 |
| | 吸盘 |

**章鱼臂和吸盘的横截面**

吸盘含有挤压肌肉和味觉传感器。

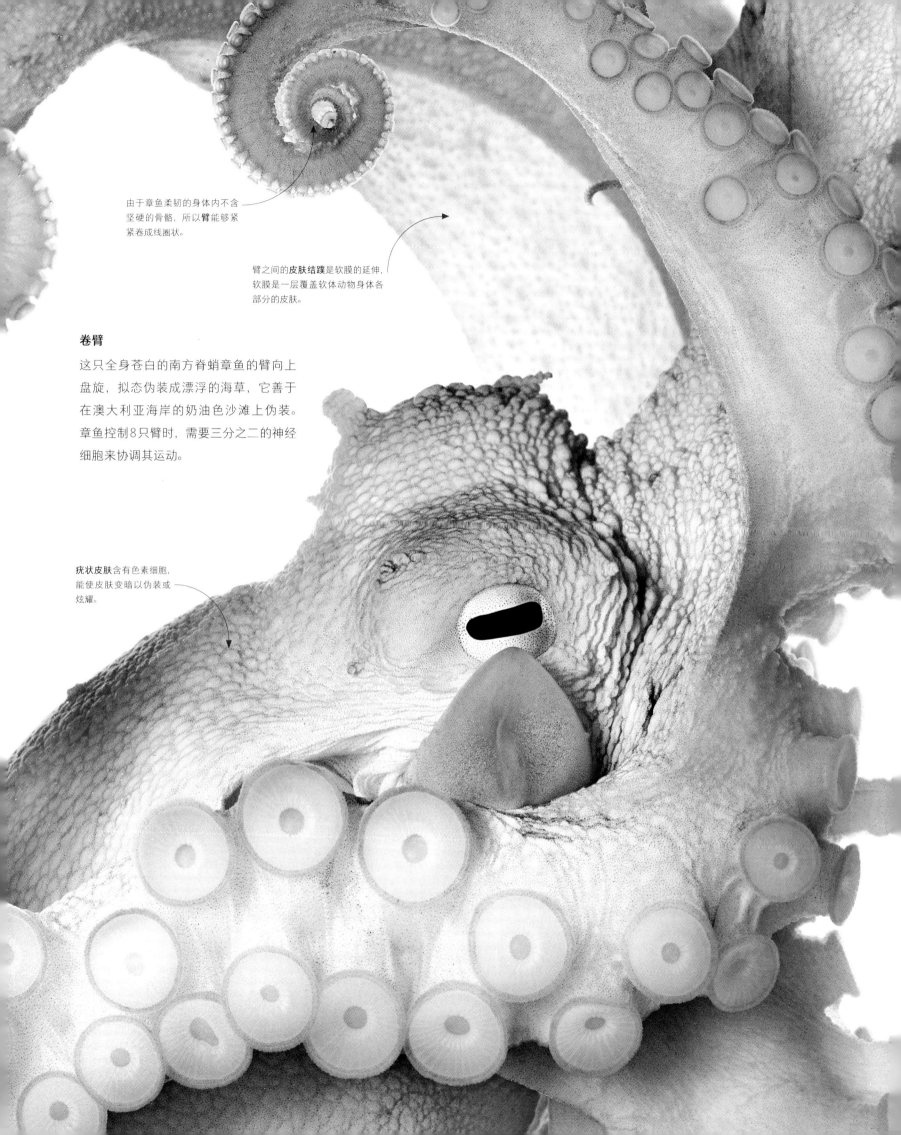

由于章鱼柔韧的身体内不含坚硬的骨骼，所以**臂**能够紧紧卷成线圈状。

臂之间的**皮肤结蹼**是软膜的延伸，软膜是一层覆盖软体动物身体各部分的皮肤。

**卷臂**

这只全身苍白的南方脊蛸章鱼的臂向上盘旋，拟态伪装成漂浮的海草，它善于在澳大利亚海岸的奶油色沙滩上伪装。章鱼控制8只臂时，需要三分之二的神经细胞来协调其运动。

**疣状皮肤**含有色素细胞，能使皮肤变暗以伪装或炫耀。

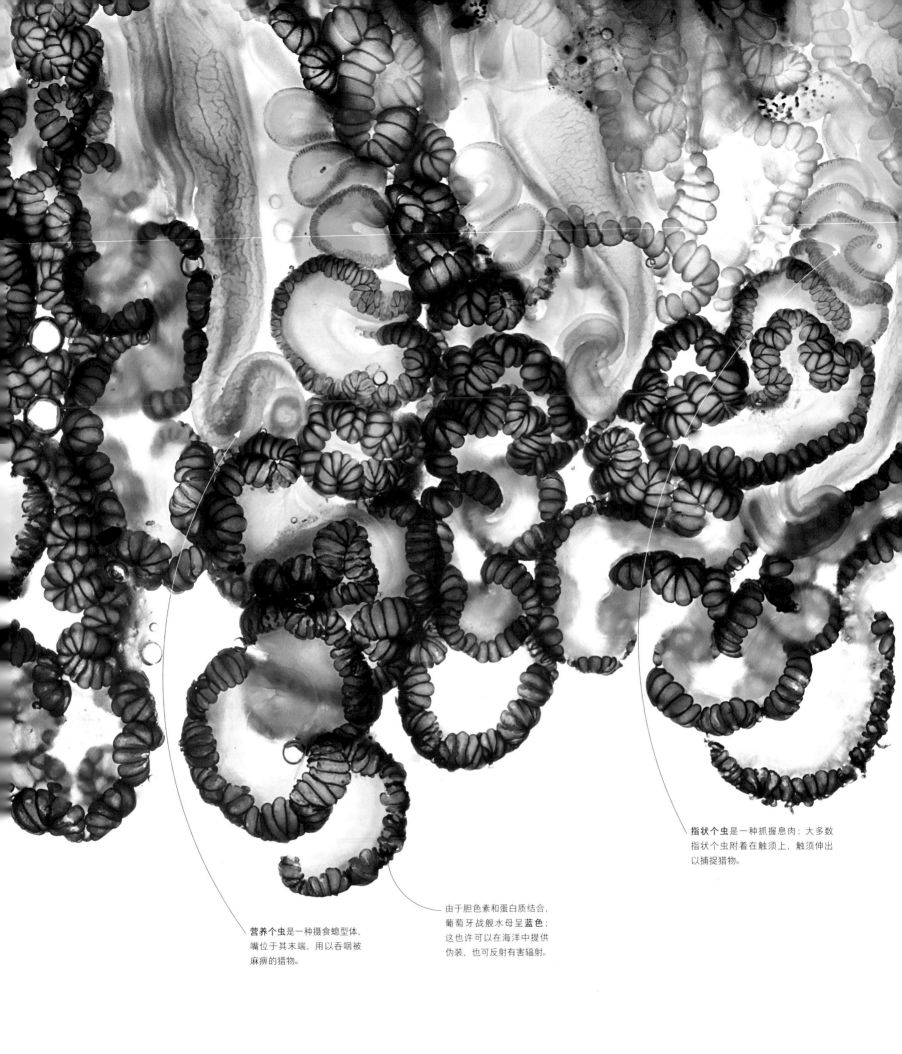

指状个虫是一种抓握息肉；大多数指状个虫附着在触须上，触须伸出以捕捉猎物。

营养个虫是一种摄食螅型体，嘴位于其末端，用以吞咽被麻痹的猎物。

由于胆色素和蛋白质结合，葡萄牙战舰水母呈蓝色；这也许可以在海洋中提供伪装，也可反射有害辐射。

## 致命一击

葡萄牙战舰水母是一种管水母目动物。管水母目动物不是单一的动物，而是由相互连接的个体（即息肉，参见第32—33页）组成的漂浮群体。葡萄牙战舰水母的息肉各司其职，能够完成各种任务，例如进食或繁殖；有些息肉携带刺人的触须，能够追踪30米及以上的距离，捕捉它们触到的所有小型动物。

触手**卷曲处**刺细胞密集，能够麻痹小鱼和其他海洋动物。

# 刺人的触手

水母及其近缘，如葡萄牙战舰水母等，都是捕食者，但是，它们不会通过极速追逐或肌肉力量来战胜猎物，而是依靠麻痹性毒液将对方制服。其触手皮肤上布满了特殊的刺细胞，每个细胞都有一个精密的构造，能够将微小的毒液叉射入猎物体内。

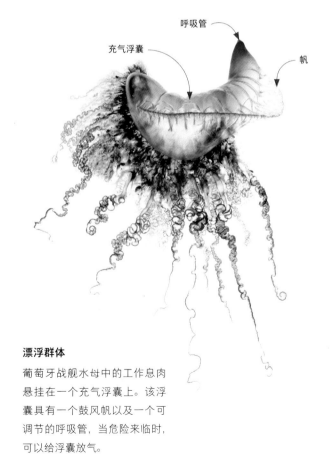

呼吸管
充气浮囊
帆

**漂浮群体**

葡萄牙战舰水母中的工作息肉悬挂在一个充气浮囊上。该浮囊具有一个鼓风帆以及一个可调节的呼吸管，当危险来临时，可以给浮囊放气。

### 排出毒液

刺细胞中含有一个盘绕的倒置管，就像把橡胶手套的手指翻过来一样，浸在毒液之中。一旦接触猎物触发刺细胞，刺细胞盖就会打开，管子就会弹出。尖刺穿破猎物皮肤，便于毒液流入伤口。

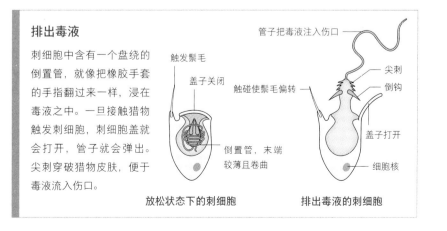

管子把毒液注入伤口
触发鬃毛
盖子关闭
触碰使鬃毛偏转
尖刺
倒钩
盖子打开
倒置管，末端较薄且卷曲
细胞核

放松状态下的刺细胞    排出毒液的刺细胞

# 卷尾

身体的"捕握"部位是用来抓握的。颚、手和脚通常可作抓握之用，而许多动物也会用尾巴。一个完全的卷尾具有支撑整个身体重量的力量和灵活度。蜘蛛猿用尾巴作为第五肢悬于树枝，而海马用尾巴附着于水草，防止被水流冲走（参见第262—263页）。许多动物的尾巴虽然捕握能力稍逊一筹，但仍有助于攀登或支撑。

**灵敏的尾巴**

褐头蛛猴的尾巴尖端有一块裸露的皮肤，上面的脊状突起类似于灵长目动物敏感的手指肚（参见第238页）。褐头蛛猴用尾巴抓住树枝摆动、进食或饮水。

较大的楔形头上具有宽大的颚，用以食用树叶、水果和花。

**用以攀爬的尾巴**

石龙子是最大的蜥蜴科，占所有爬行动物的十分之一以上。许多石龙子是地栖动物，但是，就所罗门蜥这种最大的石龙子而言，其尾巴进化得极其灵活，有助于在树上攀爬且不会掉落。

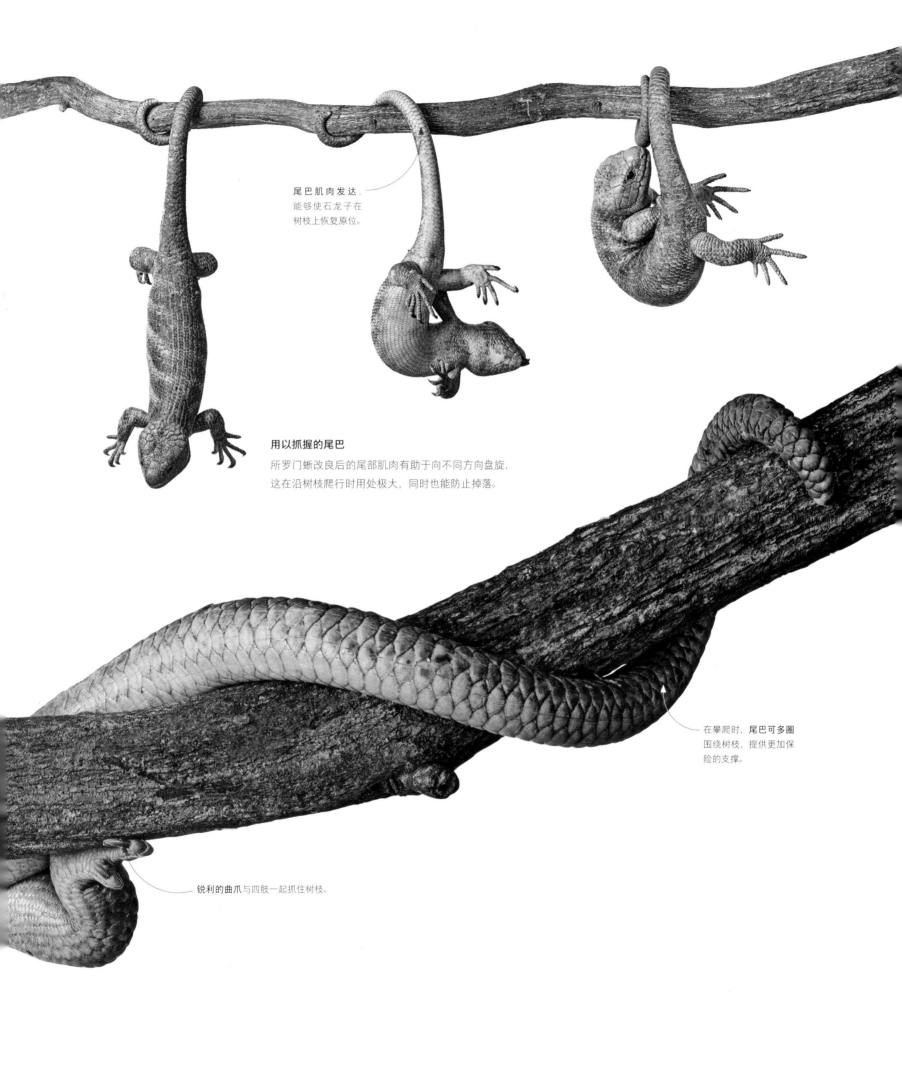

尾巴肌肉发达，
能够使石龙子在
树枝上恢复原位。

**用以抓握的尾巴**
所罗门蜥蜴改良后的尾部肌肉有助于向不同方向盘旋，
这在沿树枝爬行时用处极大，同时也能防止掉落。

在攀爬时，尾巴可多圈
围绕树枝，提供更加保
险的支撑。

锐利的曲爪与四肢一起抓住树枝。

# 针尾维达鸟

引人注目的针尾维达鸟类似雀，形态十分优美。嘈杂的歌声、壮观的展翅飞行、令人印象深刻的表演、带状尾羽都是雄性维达鸟的特征，然而，上述种种行为会受到单调、不显眼、眼光挑剔的雌性维达鸟所驱使。

针尾维达鸟广泛分布于撒哈拉以南的非洲地区，葡萄牙、波多黎各、加利福尼亚和新加坡也有非本地种群。雄鸟和雌鸟都很小，身体长约12—13厘米。虽然雌性看起来并不起眼，但它们对雄性发挥着重要作用。有趣的是，在进化过程中，雌性维达鸟更加青睐长着黑白分明的羽毛、猩红色的喙和较长尾羽的雄性。失控性选择的过程导致"较长尾羽"这一特征达到一种荒谬的比例：其尾巴大约20厘米，长度几乎是身体的两倍。

亮眼的颜色和显眼的尾巴被认为更加性感，因为它们能够准确反映出向上的活力、良好的营养状况以及低寄生虫负载量。随着时间的推移，性感成为最重要的考量，

几代雌性维达鸟的选择驱使雄鸟的尾巴越来越长，甚至带来生存劣势。羽毛需要能量来生长和维持，这使飞行更加困难，而且增加了被捕获的可能性。但从生物学上讲，长尾带来了势不可挡的众多繁殖机会。原则上，短尾雄鸟的寿命可能更长，但平均而言，其后代更少。然而，尾巴不能无限增长，自然选择会淘汰尾巴最长的雄鸟，不管它们具有多大的吸引力。

### 求爱展示

这张多次曝光的照片捕捉到了一只雄性小鸟，它有节奏地拍打翅膀来强调自己的尾翼，同时它上下摆动，试图停留在雌性栖息地前方的位置。

成年梅花雀和针尾维达鸟差不多大，雏鸟亦然。

### 养父母

雌性针尾维达鸟是一种巢寄生鸟，这意味着它在其他鸟类的巢穴中产卵，通常产在普通梅花雀的巢穴，梅花雀把维达鸟幼鸟和自己的后代一起养大。

腿、臂、触手、尾巴

# 鳍、鳍状肢和扁跗节

鳍：一种较薄的膜状附属物，用于推进、操纵和平衡。

鳍状肢：一种宽而扁平的肢，如海豹、鲸鱼和企鹅具有鳍状肢，特别适合游泳。

扁跗节：水生动物的鳍或蹼。

**游泳健将**

体型和力量足以完成逆流游泳的动物，比如这对求爱的加勒比海礁鱿鱼，构成了海洋中的自游生物种群。

身体两侧上下伏动的鳍和呼吸管喷射流推动着动物在水中前进。

# 自游生物和浮游生物

能对抗洋流的强壮的游动生物被称为自游生物；其他随洋流漂动的生物构成浮游生物。最小的动物很有可能是浮游生物：它们在有黏性的水中前行，相当于人类在糖浆中移动，所以是洋流而非肌肉力量把它们从一处带到另一处。一些浮游生物是鱼类和螃蟹等动物的幼虫，而另一些则终生都是浮游生物。

### 浮游生物

桡足类（右）多为短于1毫米的甲壳类动物，它们是浮游动物的组成部分，从海洋到池塘等水生栖息地都有浮游动物的身影。许多桡足类动物依赖于细长的触角状附属物，这些附属物向后抽动，所以它们看起来像是在水中跳动。这些快速动作使桡足类能够轻易克服水的黏性，成为体型类似动物中最快、最强壮的物种。

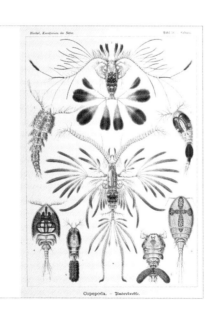

### 浮游蜗蝓

海天使、海蝶和其他开阔海域的蜗蝓用肉质翼状下垂物（即疣足）来推动自己前进。最大的海天使是裸海蝶，长度不超过3厘米。尽管裸海蝶不断拍打翅膀，但它受洋流支配，被归为浮游生物。

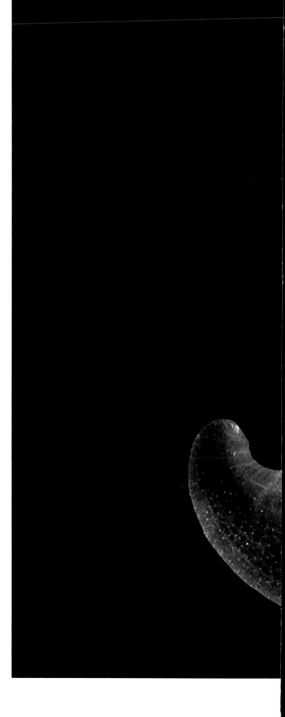

宽而钝的头部具有坚固的颚，能够紧紧夹住猎物。

多达84个充满血液的指状露鳃，有助于漂浮、移动和防御。

**漂浮的掠食者**

蓝龙能够依靠背部漂浮，在表面张力的作用下，靠近蓝色刺胞动物。蓝龙以体型更大的蓝色刺胞动物为食。露鳃顶端的深蓝色可能来自其猎物的蓝色色素。

# 蓝龙海蛞蝓

蓝龙海蛞蝓的游泳能力较弱，一生中大部分时间都在开阔海洋中倒流。这种海蛞蝓主要以剧毒的葡萄牙战舰水母为食。此种小型食肉动物的刺长约3厘米，与体型大得多的猎物相比，蓝龙海蛞蝓的刺更具威力。

蓝龙又名蓝色天使或海燕，是一种裸鳃亚目海蛞蝓。和其他海蛞蝓一样，蓝龙无异于没有壳的海生蜗牛，身体柔软，进食时使用一种叫作齿舌的齿状刮刀从猎物身上撕下大块食物。然而，与栖息在海底的底栖生物近缘不同，蓝龙是远洋生物。它生活在海洋上层，全球温带和热带海洋中均有其身影。

之所以被归为裸鳃目动物，是因为它们都具有露鳃，这种扇形突出位于蓝龙的侧面。露鳃通常生长在海蛞蝓的背上，但蓝龙海蛞蝓的露鳃从体部长出，类似于短粗的前臂和腿部残余。蓝龙可以移动这些附属物及其露鳃，因此它们可作四肢和手指之用，尽管力量微乎其微，但还是能够

有效推动海蛞蝓向猎物游动。然而，漂浮是蓝龙的主要运动方式，它通过胃部的充气囊来完成此过程。此囊加上露鳃的巨大表面积，有助于蓝龙轻易浮起，随风飘荡、随波流动。反荫蔽为蓝龙提供了一些保护：当它仰卧时，深银蓝色的腹部与水面交相呼应，避免被空中掠食者发现。如果掠食者从下面观察，蓝龙苍白的背部则伪装成天空的一部分。

**有触手的蓝龙**

葡萄牙战舰水母的触须是蓝龙最喜欢的食物。海蛞蝓会将水母的刺细胞（即刺丝囊）整个吞下，并将之集中保存在露鳃顶端特殊的囊中，以用于防御。

# 鱼是如何游动的

鱼通过起伏的身体或摆动的附属物向前游动（参见第50页、第259页）。但是，在开阔水域实现三维移动不仅仅是对推进力的挑战，鱼必须控制垂直和水平移动的方式，同时保持直立。其身体还须借助浮力，以防止下沉。鲨鱼靠油性组织获得浮力，而大多数多骨鱼靠充气鱼鳔保持浮力。

## 底部的生活

此幅16世纪的非写实插图中描绘了一条淡水鳕，这种形似鳗鱼的鱼类生活在海水底部，避免了在中层水域游动可能遇到的难题。与较短的鱼相比，多个水波穿过细长身体时产生的阻力史大。但较慢的游泳速度非常适合在潜穴和裂缝中的生活。

流线型和带有鳞片的皮肤有助于减少鱼在水中前进时的阻力。

移动成对的鳍有助于转向、在狭小空间操纵身体抑或在水中盘旋。

背鳍不易转动，有助于鱼在水中保持直立和稳定。

胸鳍助力于短促的跳跃和在海底的"盘旋"运动。

与开阔水域和中层水域的物种相比，尾巴连同躯干在游动时发挥的作用微乎其微。

## 鳍在游动中的作用

鱼身上的背鳍和臀鳍有助于防止身体绕着长轴转动。成对的胸鳍和腹鳍可以稳定身体，防止身体前倾（倾斜）和左右转动（偏航）。鱼类通过改变鱼鳍的位置改变方向。

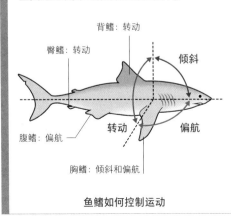

背鳍：转动
臀鳍：转动
倾斜
腹鳍：偏航
转动
偏航
胸鳍：倾斜和偏航

**鱼鳍如何控制运动**

## 游动和下沉

鲨鱼、金枪鱼、鲱鱼和其他开放水域的健壮鱼类具有肌肉发达的躯干，它们通过摆动躯干以获得推力，但是，花斑鼠鱼衔科鱼通过摆动胸鳍来推动自己前进。这是对在珊瑚礁底部生活的一种适应，在那里，短促的"跳跃"游动是最佳的前行方式。花斑鼠鱼衔科鱼的鱼鳔很小或缺失，因此它们具有负浮力，当停止向前推进时，身体会下沉。但是通过移动胸鳍，它们可以在底部前进。

当鳐鱼离开水面时，**胸鳍**继续上下摆动。

### 巨型鳐鱼

牛鼻身体呈菱形，圆滚滚的头部外凸，是较大的鳐鱼之一。它们在大陆架以上的温暖水域以及河口和海湾周围游弋。短尾牛鼻的"鳍间跨度"达到90厘米，其鞭状尾巴比大多数鳐鱼的都短。如图所示，短尾牛鼻经常大规模聚集。

### 跳跃的蝠鲼

蝠鲼等一些鳍部较大的鳐鱼从水中跃出时非常壮观。这一行为是为了驱除寄生虫还是发出社交信号，目前尚不明晰。

# 水下的翅膀

所有鱼类都需要动力来源。鳐鱼依靠巨大且突出的胸鳍产生推动力，胸鳍从头至尾沿着宽广基部与扁平身体相连。最小的鳐鱼在水中游动时依靠微波，这些波动沿着鱼鳍边缘产生涟漪，它们甚至可以在中层水域盘旋；但较大的鳐鱼则会拍动其翅膀，在海洋中"翱翔"。

### 向前推进

一些鱼类通过波动的身体部位来推动前进（如橙色部分）。鲹科鱼的身体能实现波浪式运动，游动速度远快于鳐鱼等利用鳍部激起涟漪的鱼类。其他鱼类通过摆动前行，某些身体结构是来回摆动的（如蓝色部分）。箱鲀身体坚硬，被鳞甲覆盖，通过拍动尾巴产生力量，而濑鱼则靠胸鳍划过水面。

波动的胸鳍

**奥氏江缸**

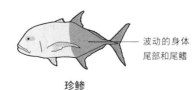

波动的身体尾部和尾鳍

**珍鲹**

摆动的尾鳍

**粒突箱鲀**

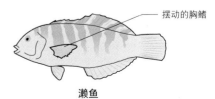

摆动的胸鳍

**濑鱼**

# 鱼鳍

当鱼在水中向前推进时，鱼鳍负责控制方向（参见第259页），它们本身也有助于推进，尾鳍使波动的鱼体更加有力。海马（参见第262—263页）等许多鱼类完全依靠鳍的运动才得以游动。最典型的鱼鳍类型有尾鳍、背鳍，以及成对的胸鳍和腹鳍。

单个背鳍防止鱼翻转，并帮助改变方向或停止前进。

成对的胸鳍有助于上升或下沉。

成对的腹鳍有助于急转弯以及突然停止。

尾鳍起稳定作用。

**装甲猎人**

俄罗斯鲟身上覆盖着一层骨质甲状鳞片，称为鳞甲。虽然俄罗斯鲟是古老的鱼类之一，但它和大多数鱼类一样都具有常见的鱼鳍。当捕食无脊椎动物、甲壳类动物和其他食物时，成对的鱼鳍有助于它灵活地扭动。

**背鳍**

大多数鱼的背鳍从背部突出。除了在游动中稳定鱼的身体，背鳍还可以保护鱼免受食肉动物的侵害，用于攻击、求爱或伪装。琵琶鱼的背鳍甚至可以作为引诱猎物的诱饵。鱼类通过附着在髻刺上的若干肌肉来控制背鳍的升降。

细长的镰刀状的鳍。

硬刺用以抵御捕食者。

后面的
镰鱼

尖刺状的
海鲂

## 尾鳍

大多数鱼利用尾鳍推进身体前进。通过鱼尾的形状，我们可以判断鱼类的生活方式以及栖息地。无分裂、圆形或笔直的尾鳍主要出现在行动缓慢的浅水鱼类身上，而月形和叉状尾鳍则是开阔或较深水域中快速移动以及长距离游动鱼类的典型特征。

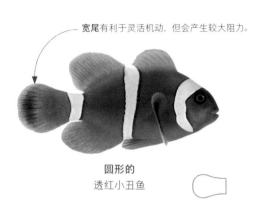

宽尾有利于灵活机动，但会产生较大阻力。

**圆形的**
透红小丑鱼

又细又硬的尾巴有助于高速游动。

**半月形**
蓝鳍金枪鱼

尾巴基部狭窄，有助于减少阻力。

**叉形**
月鱼

扁平的外形提供良好的加速度和机动性。

**尖端有凹口的**
大口黑鲈鱼

尾尖由融合的臀鳍和尾鳍组成。

**突出的**
小丑刀鱼

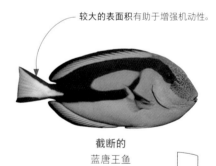

较大的表面积有助于增强机动性。

**截断的**
蓝唐王鱼

在夜间，**鳍刺**有助于将鱼封锁在缝隙之中以保护自己。

**能够锁定的**
女王鲀

较长的背鳍防止鱼翻转。

**连续的**
粉蓝倒吊

第二个背鳍由软鳍组成。

第一个背鳍具有坚硬的鳍刺。

**多个的**
黄金鲈

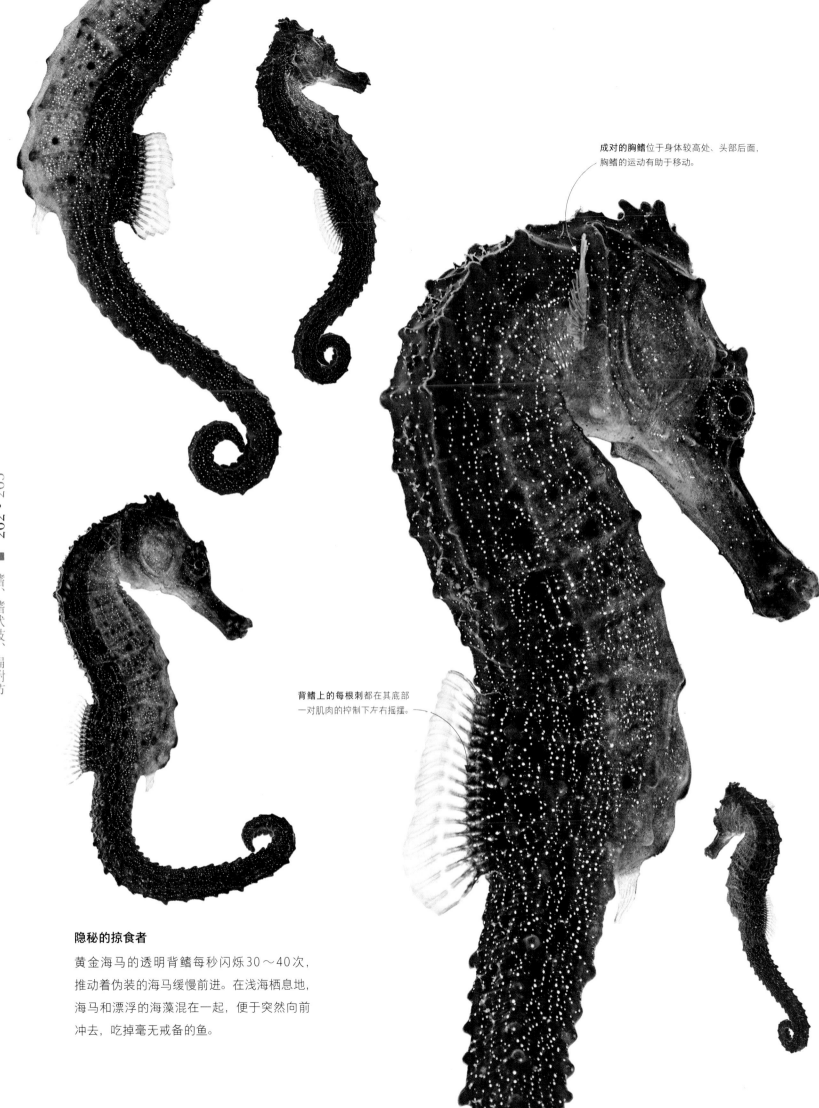

**成对的胸鳍**位于身体较高处、头部后面，胸鳍的运动有助于移动。

**背鳍上的每根刺**都在其底部一对肌肉的控制下左右摇摆。

**隐秘的掠食者**

黄金海马的透明背鳍每秒闪烁30～40次，推动着伪装的海马缓慢前进。在浅海栖息地，海马和漂浮的海藻混在一起，便于突然向前冲去，吃掉毫无戒备的鱼。

较长的管状嘴可以从远处吸食浮游生物，这有助于弥补其缓慢的游动速度。

卷尾用来抓握海草等物体，防止海马被水流冲走。

背鳍上的刺从前至后连续排列，髻刺轻拍，导致鳍波动。

# 依靠背鳍游动

当其他鱼类极速游动之时，海马在一种看似无形力量的推动下，穿梭于海岸杂草和珊瑚之间。海马的头部前倾，垂直的身体被一个由骨环组成的保护甲所包裹。只有特殊的无鳍尾巴灵活性较大，尾部是用来抓握的，对于游动作用不大。游动的推进力来自摇曳的透明背鳍，而胸鳍则用于转向。

# 四翼飞鱼

在躲避海洋捕食者方面，四翼飞鱼优势显著。它可以将自己推出水面，达到每小时72千米的飞行速度，单次滑翔400米的距离，并在滑翔过程中实现转弯和改变高度。

据估计，共有65种飞鱼栖息在热带和温带海洋，根据其"翅膀"数量分为两类。它们都有两个利于在水面滑行的加大版胸鳍、流线型身体、不对称的叉状尾巴，而且尾部下叶比上叶更大。在大西洋东部和西北部、墨西哥湾和加勒比海地区发现的四翼飞鱼等四翼物种，还具有增大的腹鳍；从空气动力学上看，第二套翅膀使四翼飞鱼比双翼近缘更有优势。

与鸟类和蝙蝠不同的是，飞鱼不是主动拍打"翅膀"，而是依靠加大版胸鳍的表面在空中滑行。四翼飞鱼及其他四翼鱼类的腹鳍经过进化，能够通过控制倾斜度来保持稳定，功能相当于飞机的水平尾翼。骨盆处翅膀与飞鱼体型大小休戚相关。飞鱼的长度在15～50厘米，而四翼飞鱼等鱼类往往长于双翼鱼种。只有四翼鱼类能够在空中改变方向。

为了飞行，四翼飞鱼以每小时36千米的速度向水面游去。当尾部拍打速度达到每秒50次时，飞鱼就会离开水面，胸鳍张开，开始滑翔。飞鱼生活在温度高于20℃—23℃的水域；专家认为，在较低的温度下，飞鱼的肌肉收缩速度过慢，将无法起飞。

### 延长飞行时间

飞鱼落入水中时，尾巴首先接触水面，一旦较大的尾叶触碰到水，它们会迅速拍打尾巴，这种行为称为滑行，滑行可以延长飞行次数。在空中时，飞鱼尾巴高举，以保持稳定。

**飞鱼壁画**
自古以来，人们就被飞鱼所吸引和启发。这幅米诺斯壁画来自地中海米洛斯岛上的费拉科庇遗址，约公元前2500年完成。

这幅壁画描绘了**双翼飞鱼**。

**带刺的鱼**

红狮子鱼身上长着18根毒刺，从四面八方向外突出。这种毒液会引起剧痛并且会毒害神经，换言之，它会干扰神经肌肉功能，从而减慢心率并导致肌肉瘫痪。

**棕色条纹**是警戒色的一个例子，它能够向捕食者发出视觉警告，说明此动物非常危险。

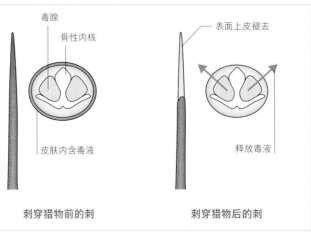

**臀鳍**前缘含有3根毒刺。

# 毒刺

　　几乎所有现存鱼类都有鳍，鳍由生长在皮肤表面的坚硬而灵活的刺所支撑，鱼鳍时而内扣，时而呈扇形散开，为成年鱼类提供结构支撑。然而，一些鱼鳍的前部被坚硬的骨性刺加强。这些刺本身就可以提供一些身体上的保护，免受捕食者的伤害，然而，鲉科等其他鱼类则更进一步，将其作为注射毒液的武器。这些毒刺会产生动物界最为致命的毒素混合物。

**输送毒液**

通过狮子鱼毒刺的横截面可以看出，在海绵质套下面具有一段坚实的骨头，骨头两侧都有深深的凹槽，可以承载一对较长的腺体。当毒刺刺穿肌肉时，皮肤向后卷，冲击力挤压腺体，将毒液释放到伤口之中。

毒腺

骨性内核

表面上皮褪去

皮肤内含毒液

释放毒液

刺穿猎物前的刺　　　　刺穿猎物后的刺

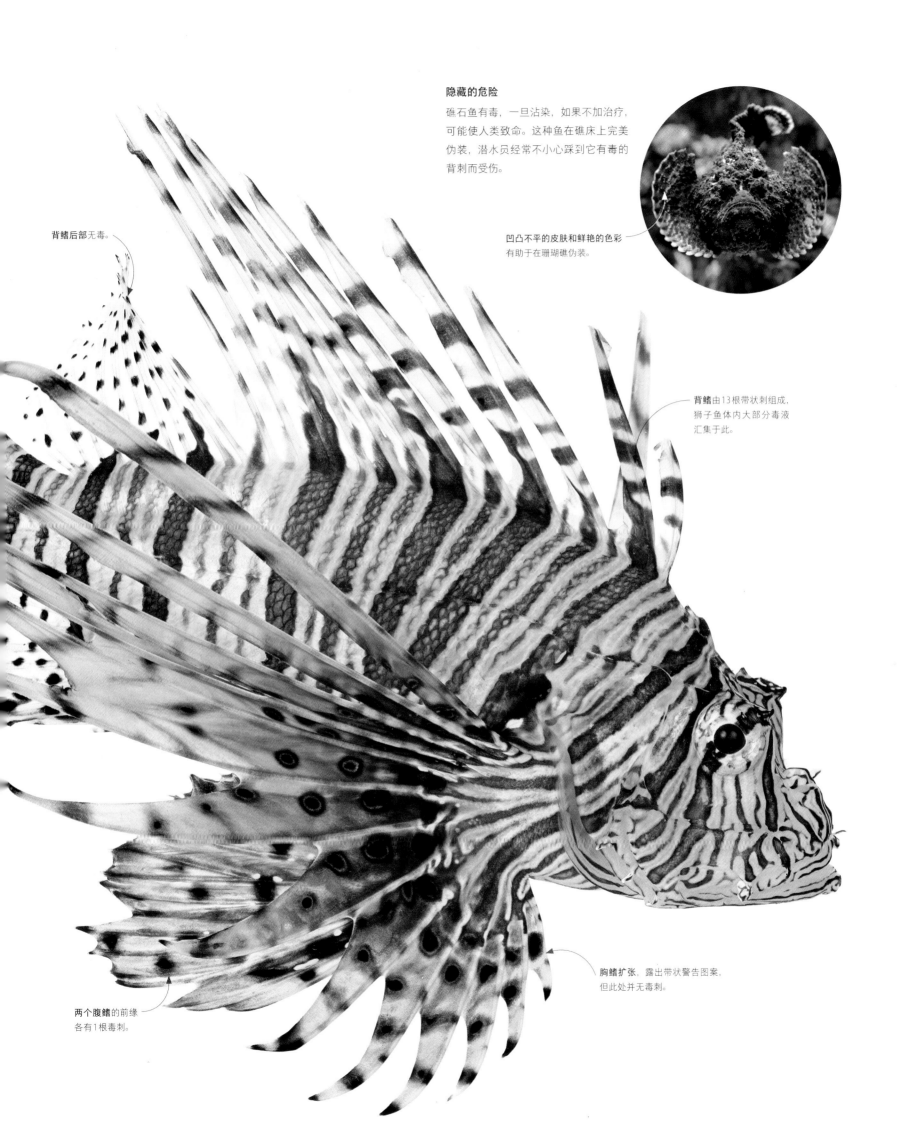

**隐藏的危险**

礁石鱼有毒，一旦沾染，如果不加治疗，可能使人类致命。这种鱼在礁床上完美伪装，潜水员经常不小心踩到它有毒的背刺而受伤。

背鳍后部无毒。

凹凸不平的皮肤和鲜艳的色彩
有助于在珊瑚礁伪装。

**背鳍**由13根带状刺组成，狮子鱼体内大部分毒液汇集于此。

胸鳍扩张，露出带状警告图案，但此处并无毒刺。

**两个腹鳍**的前缘各有1根毒刺。

罗马人珍视大象，因为大象可以工作、战斗并且具有异域色彩。这头大象是三件套作品之一，另外两幅分别是一匹马和一只熊。此幅画来源于2、3世纪突尼斯乌德纳"拉贝里之家"的马赛克地板。

# 富足的帝国

在古罗马帝国的每个角落，都留存着栩栩如生的壁画和马赛克，这表明人们易于接受大自然的恩赐。餐桌上的鱼和动物、奇异的宠物、神圣的生物、狩猎和马戏场面，种种图像无一不是对丰富多彩的自然世界的喝彩。然而，在现实中，许多罗马人的诉求却反映出对动物福祉的不屑一顾。

罗马的室内设计师是不知名的工匠和画家，他们受命用壁画和马赛克装饰墙壁和地板，这些壁画和马赛克揭示了贵族家庭的财富和地位。大型海洋生物马赛克是公共浴室和私人住宅的首选装饰。私人住宅中配有新鲜的咸水牡蛎塘和鱼塘，可以提供现成的食物来源。就最优秀的作品而言，工匠们创作的物种明细可辨，从角鲨、鳐鱼到海鲷、鲈鱼，应有尽有。一些别墅有沟渠，能把那不勒斯湾的海水引入池塘。

罗马艺术中出现的多数大象被认为是北非大象的一个小亚种，现已灭绝。画作中更大的印度象正在带着士兵参战。西西里岛的马赛克则展示了数以百计的大象在印度和非洲被捕获的过程，一同被捕的还有豹、狮子、老虎、犀牛、熊，以及其他动物和鸟类。它们被运到船上，供公众展览以及竞技场狩猎。

## 孔雀壁画
罗马人从印度进口孔雀，将其作为朱诺女神的圣物、富人的异域宠物，甚至是餐桌上的佳肴。围栏上这只色彩鲜艳的孔雀是在一幅壁画（公元前73—前63年）的复原碎片上发现的，可能来自意大利庞贝城。

## 海洋生物
1世纪，一位美食家在马赛克画中描绘了那不勒斯周围海域的富饶景象，这幅马赛克是从意大利庞贝城的废墟中复原得到的。画面中满是肥硕的鱼、贝类和鳗鱼，并以龙虾和章鱼之间的生死搏斗为构图中心，似乎是出土地"法翁之家"的菜单展示板。

一个有教养的人看到一头高贵的野兽拿着猎枪跑过，会有什么乐趣呢。

——西塞罗（Cicero），《书信集》（*Ad Familiares*），公元前62—前43年

# 在海床上行走

　　一些海洋鱼类放弃了在开阔水域游动，而是固定在海床上生活。许多鱼类的鳍也发生相应进化，用以在海底行走，而非在中层水域帮助控制身体。成对的胸鳍和腹鳍更加强壮，有助于支撑鱼体重量。胸鳍和腹鳍的末端变得更宽，因此，其功效更像是脚而非鳍。蛙鱼和深海琵琶鱼等类似近缘的鳍像肘部一样弯曲，以额外增加灵活性。

**手状鳍**

蛙鱼胸鳍的指状骨刺伸至结蹼之外，有助于提高海床上的牵引力。

**岩石中的小丑**

小丑琵琶鱼完美伪装于岩石珊瑚礁底部的海绵状物质之中，与许多开放水域的鱼类相比，琵琶鱼在速度和敏捷性方面稍逊一筹，但是，有在水下地形爬行的能力。琵琶鱼用一个旗状诱饵把小鱼引到颚部。

缓慢移动的蛙鱼具有**疣状彩色皮肤**，有助于隐藏在珊瑚、海绵和海藻之中。

**胸鳍的柔性"肘"关节**意味着脚状鳍可以弯曲，以便更好地控制行走。

## 像腿一样的鳍

几组鱼的鳍已经完成多种进化，以便于行走。腹鳍靠近身体前部以稳定鱼体，而胸鳍变得细长，更加接近腿状。弹涂鱼大部分时间都在水外，主要依靠胸鳍产生推力，并利用其吸盘状腹鳍来保持稳定。

蛙鱼的两对鳍均呈腿状，它们在行走过程中同时使用两对鱼鳍，以最大限度地增加推力，更像是一种四腿陆生动物。

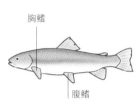

胸鳍

腹鳍

传统鱼类

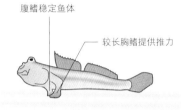

腹鳍稳定鱼体

较长胸鳍提供推力

弹涂鱼

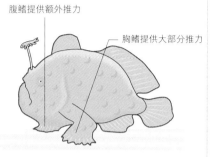

腹鳍提供额外推力

胸鳍提供大部分推力

在水下行走的蛙鱼

可移动的诱饵，位于一根细竿末端，用以吸引猎物。

较小腹鳍主要用于帮助鱼体保持直立，但也可以下推海床以获得更大推力。

# 重回水中

　　爬行动物的皮肤坚硬且防水，它们在陆地上进化，但许多已经重回祖先的水下栖息地。对于生活在海洋中的海龟来说，这种转变实际上是彻底的。它们和一种淡水江龟是现在仅有的脚部完全变成鳍状肢的爬行动物。它们只有在产卵时才会冒险来到陆地。

### 海中巡游

像所有咸水龟类一样，绿海龟通过拍打鳍来游动，鳍划动水以推动身体向前。上行运动和下行运动都能提供推进力，使得蹼状后脚像方向舵一样工作。

**棱皮龟**是所有海龟中最大的一种，因壳上覆盖着坚韧的皮肤而得名。

### 用脚筑巢

一只棱皮龟重达半吨多，它用鳍状肢把自己抬上岸，用后脚为呼吸空气的卵挖一个巢穴。

### 趋同进化

尽管只是远亲，但多种游动脊椎动物进化出的鳍状肢与鲨鱼和其他鱼类的鳍的水动力形状是相匹配的。海龟和海豚从行走的祖先进化而来，而企鹅的鳍状肢则是经过改良的翅膀。

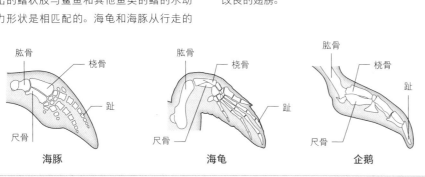

海豚　　　　　　海龟　　　　　　企鹅

肱骨　桡骨　趾　尺骨

**非凡的力量**

鲸类动物的尾翼不含骨骼元素——动物脊椎止于尾部基部。这种巨大的无骨叶片用力上下摆动搅动海水，从而向前推动鲸鱼的巨大身体。

# 尾翼

在对水中生活的适应方面，没有一种哺乳动物能与海豚和鲸鱼（统称为鲸类动物）媲美。它们鱼雷状的身体呈流线型，有助于减少阻力；前肢被改良成鳍状肢，有助于保持稳定。但正是巨大的尾翼提供了前进的推力，叶片内含结缔组织的固体块被平行排列的硬质蛋白——胶原所强化。

**水平的尾巴**

海牛和儒艮统称为海牛目，是水生哺乳动物，它们进化出与鲸类动物相似的适应能力。它们同样使用水平的、上下摆动的尾巴推进身体，这与鱼类左右移动的尾巴形成对比。儒艮具有醒目的锯齿状尾翼，与鲸目动物的尾翼类似；但海牛则进化出一种铲状尾桨。

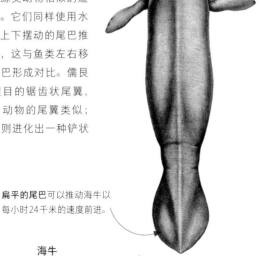

**扁平的尾巴**可以推动海牛以每小时24千米的速度前进。

海牛

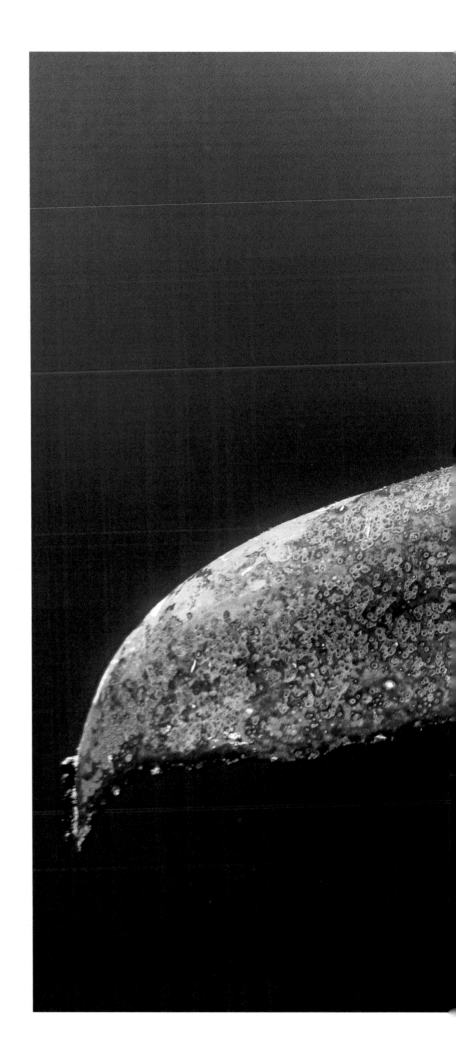

# 翅膀和翅膜

**翅膀：** 能够作为机翼产生升力的任何结构，包括鸟类、蝙蝠的两个改良前肢，昆虫胸部表皮的延伸部分，抑或猫猴、松鼠的皮瓣。

**翅膜：** 能够最大限度地增加空气阻力、减缓动物坠落的结构，包括趾和肢体之间的皮肤薄膜和褶皱。

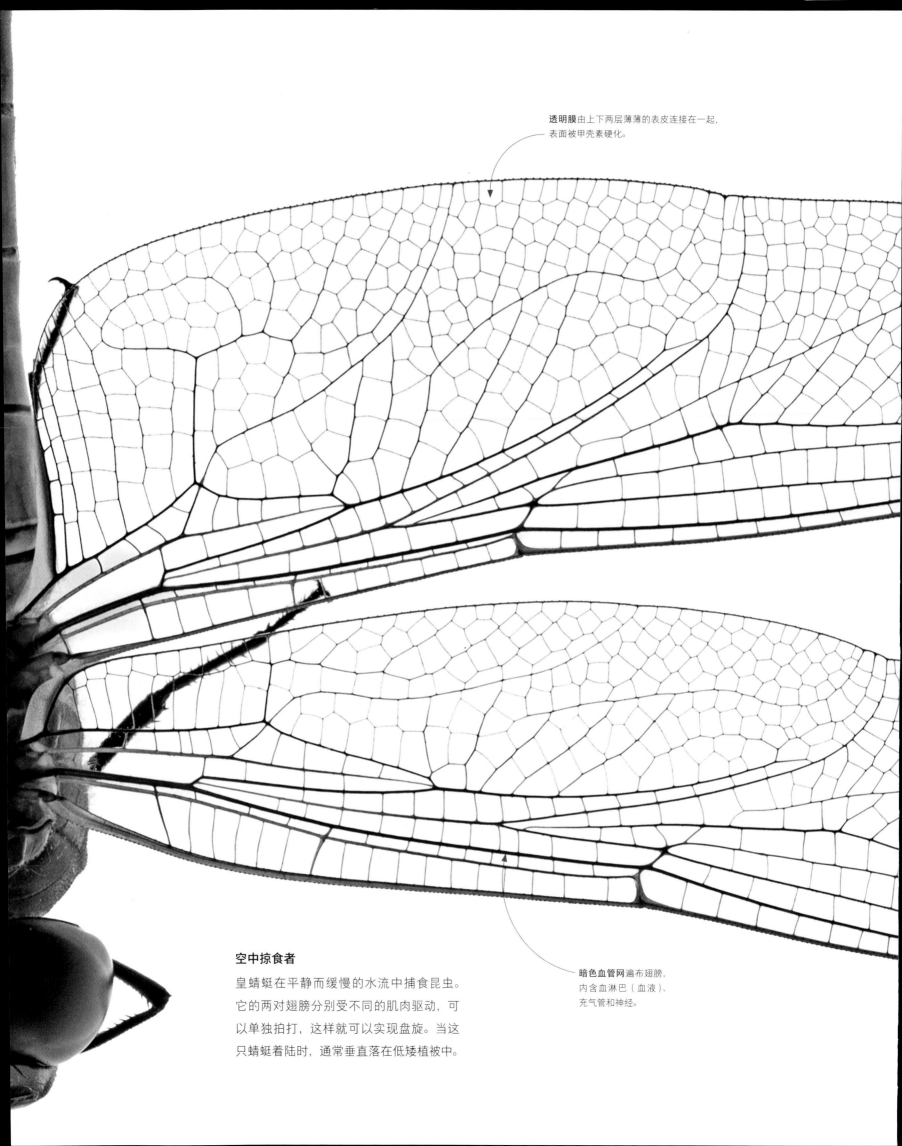

**透明膜**由上下两层薄薄的表皮连接在一起，
表面被甲壳素硬化。

**空中掠食者**

皇蜻蜓在平静而缓慢的水流中捕食昆虫。
它的两对翅膀分别受不同的肌肉驱动，可
以单独拍打，这样就可以实现盘旋。当这
只蜻蜓着陆时，通常垂直落在低矮植被中。

**暗色血管网**遍布翅膀，
内含血淋巴（血液）、
充气管和神经。

**微型空气动力学**

以这只阴沉的金龙蜻蜓为例，当昆虫拍打翅膀时，会产生微小涡流，或者旋转的空气漩涡。它们提供的升力抵消了自身的重力。

**蜻蜓**飞行时把腿紧紧夹在身体下面。

翅膀前缘的**横脉**如同角钢撑架，能够增加刚度。

# 昆虫的飞行

4亿年前，昆虫成为有史以来第一种飞上天空的动物。昆虫依靠拍打翅膀获得飞行动力，而如今，它们仍是唯一能做到这一点的无脊椎动物。昆虫的翅膀从坚硬外骨骼的悬垂物进化而来，完成了空中飞行和控制空中机动的挑战。它们的翅膀又强又轻，由强大的肌肉组合而成。

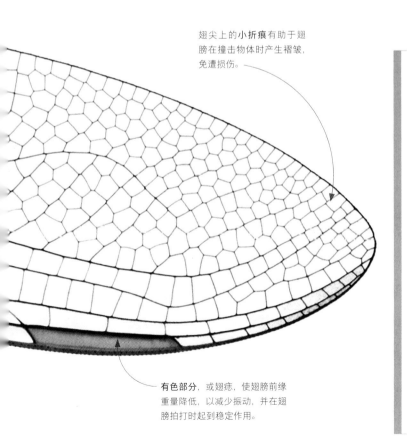

翅尖上的**小折痕**有助于翅膀在撞击物体时产生褶皱，免遭损伤。

**有色部分**，或翅痣，使翅膀前缘重量降低，以减少振动，并在翅膀拍打时起到稳定作用。

## 胸部肌肉

就第一批出现的昆虫而言，当它们移动翅膀时，一组直接相连的肌肉拉动翅膀，另一组不相连的肌肉则拉动胸腔顶部，从而使翅膀"旋转"起来。蜻蜓和蜉蝣仍然如此。后来的昆虫完全依赖于不相连的肌肉，它们使胸部变形，进而上下移动翅膀，这将苍蝇和蜜蜂的翅膀拍打速度提至每秒数百次。

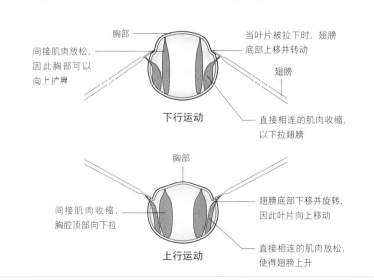

胸部

间接肌肉放松，因此胸部可以向上扩展

当叶片被拉下时，翅膀底部上移并转动

翅膀

**下行运动**

直接相连的肌肉收缩，以下拉翅膀

胸部

间接肌肉收缩，胸腔顶部向下拉

翅膀底部下移并旋转，因此叶片向上移动

**上行运动**

直接相连的肌肉放松，使得翅膀上升

**光的诡计**

普通蓝闪蝶的亮眼铁蓝色是由结构而非色素引起的。每一尺度上的微小隆起（相距不到千分之一毫米）以特殊方式反射光线，使得光线干扰抵消了蓝色以外的颜色，而蓝色被加强了。

普通蓝闪蝶

**翅膀的黑色边缘**是由于黑色素，而非光线干扰。

# 有鳞的翅膀

毋庸置疑，蝴蝶和飞蛾这类鳞翅目昆虫的翅膀和身体上覆盖着细小的鳞片，这些鳞片非常精细，以至于会像灰尘一样渐渐消磨。在显微镜下，这些重叠的鳞片类似于微型的屋顶瓦片。它们可以捕捉空气以提高升力，甚至帮助昆虫从捕食性蜘蛛的网中滑落逃脱。此外，鳞片还具有醒目的颜色，无论其为何用。

**多用途的颜色**

白昼飞蛾当属鳞翅目昆虫中色彩最为丰富的物种，它们可能会在求爱或击退掠食者时炫耀自己的图案。

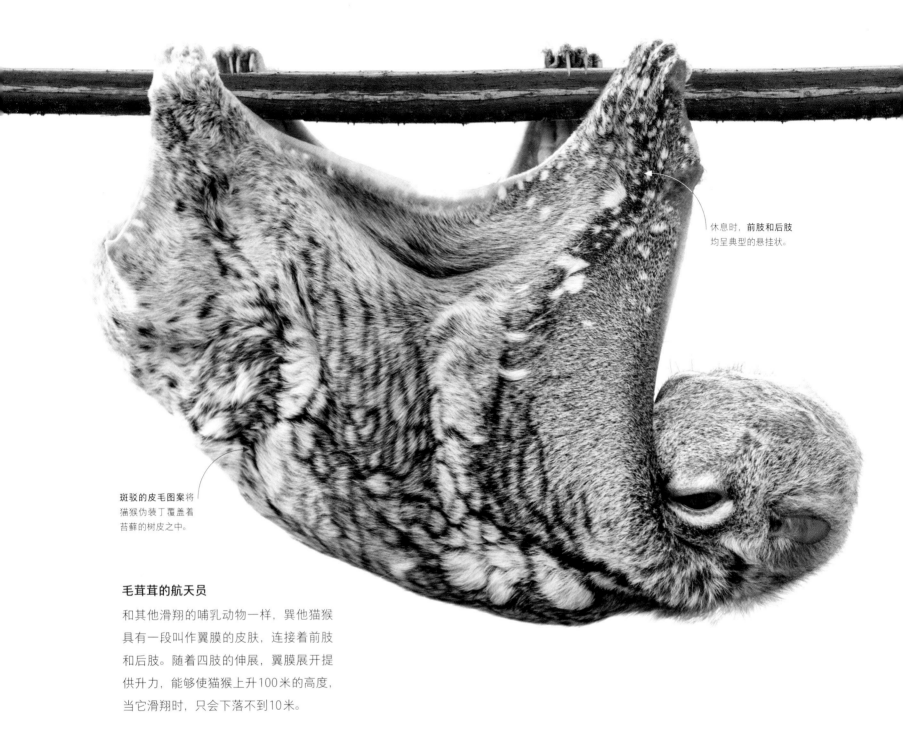

休息时，**前肢和后肢**
均呈典型的悬挂状。

斑驳的皮毛图案将
猫猴伪装丁覆盖着
苔藓的树皮之中。

**毛茸茸的航天员**

和其他滑翔的哺乳动物一样，巽他猫猴
具有一段叫作翼膜的皮肤，连接着前肢
和后肢。随着四肢的伸展，翼膜展开提
供升力，能够使猫猴上升100米的高度，
当它滑翔时，只会下落不到10米。

# 滑翔和降落

　　从鱼类到哺乳动物，脊椎动物的每一个主要类群都有一些可以在空中滑行的物种。这完全处于
意料之中，因为滑行是一种非常有效的移动方式。只要动物可以起飞，就能仅靠气动外形提供的升
力（而非肌肉驱动的推力）来穿过一段距离。滑翔使飞行中的阻力最小化，相反，降落使阻力最大
化。通过将翅膀变成降落伞，动物可以减慢冲击速度，从而实现安全着陆。

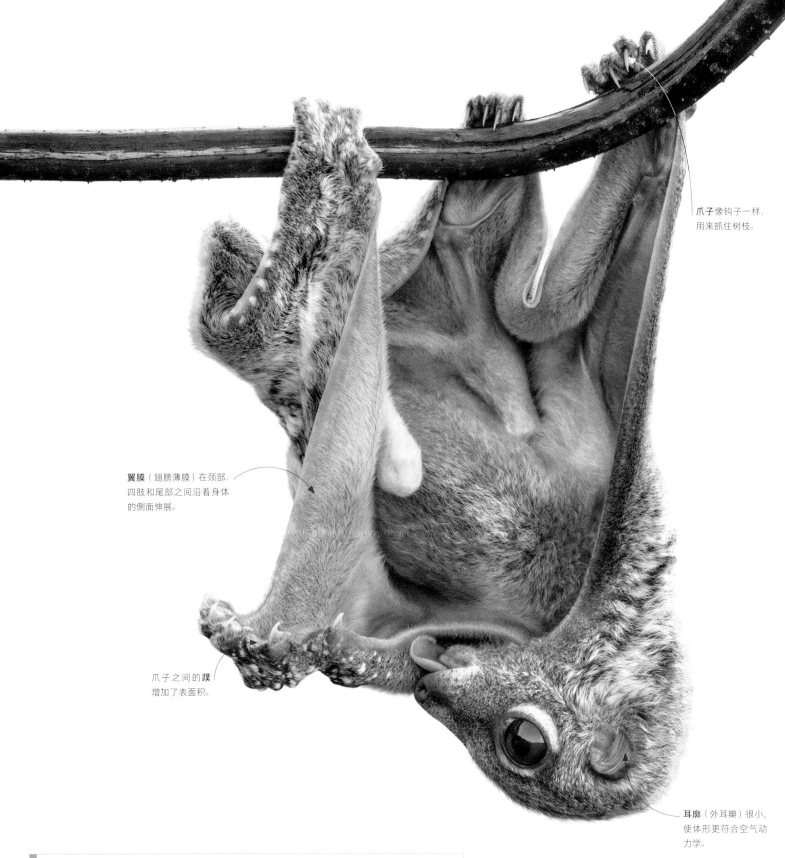

爪子像钩子一样,
用来抓住树枝。

翼膜(翅膀薄膜)在颈部、
四肢和尾部之间沿着身体
的侧面伸展。

爪子之间的蹼
增加了表面积。

耳廓(外耳瓣)很小,
使体形更符合空气动
力学。

## "飞行"的啮齿动物

有袋负鼠和松鼠等几类哺乳
动物利用翼膜滑翔是独立进
化而来的。鼯鼠的翼膜从手
腕延展到脚踝。必要时它们
可以在飞行途中改变方向。

鼯鼠

# 鸟类是如何飞行的

　　动物如果想飞行，需要克服重力的牵引，将自己升至空中，并推动身体前进。没有哪种脊椎动物像鸟类一样拥有如此多样的飞行物种。当鸟类从直立、有羽毛的恐龙进化而来时，那对受肌肉驱动的前肢变成了翅膀，既能提供升力，又能提供征服天空所需的推进力。随着手指的减少，它们的臂骨提供了翅膀的框架，而坚硬的刃状飞羽牢牢扎根于骨中，形成空气动力面。

**空中掠食者**

在正常飞行中，红隼的巡航速度约为32千米/小时。像其他猎鹰一样，红隼具有长而尖的翅膀，可以高速飞行，偶尔也可翱翔，而且在地面上寻觅小型哺乳动物之时，还能逆风盘旋。

二级飞羽将空气引到翅膀之上，产生大部分升力。

一级飞羽在向下拍打时产生大部分推力。

下行运动时翅膀向前和向下，使空气在翅膀上更快流动，产生额外升力。

翅膀在刚开始向下拍打时是完全伸展的。

胸部的大型飞行肌肉约占鸟体重的12%。

翅膀开始延展，为下一次
向下拍打做好准备。

在上升运动中，羽毛稍微分开，
让空气通过；翅膀对空气的推力
较小，但仍能产生升力。

在上升运动中，**翅膀折叠，
更加靠近身体**，从而减小
其表面积并将阻力（空气
阻力）降至最低。

**翅膀外部**向下拍打时非常僵硬，
并且会推动空气。这是由于羽毛
的重叠方式导致的，每根羽毛的
内部边缘被压在旁边另一根羽毛
之下。

## 移动的翅膀

强大的胸部肌肉连接到一块强有力的龙骨状胸
骨，通过肌肉收缩来拍打翅膀。此动作提供了向
前移动所需的推力。大多数鸟类的下行运动能够
提供推进力。升力是由翅膀形状产生的，其上表
面凸出，使得翅膀上方空气比下方空气的流动速
度更快、压力更低，从而将身体上拉。

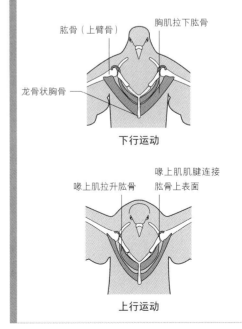

肱骨（上臂骨）　　胸肌拉下肱骨

龙骨状胸骨

**下行运动**

喙上肌拉升肱骨　　喙上肌肌腱连接
肱骨上表面

**上行运动**

# 髭兀鹰

如果在地上看到一只高高的、体重约为普通家猫两倍的5岁髭兀鹰，你一定会对它印象深刻。在空中，这只髭兀鹰更引人注目。它宛如一架超级滑翔机，在崎岖的高地上飞行数小时，寻找可供食用的骨头。

髭兀鹰（即秃鹫）生活在欧洲、亚洲和非洲的山地，通常栖息在高于1000米的悬崖上。在尼泊尔，髭兀鹰甚至可能栖息在5000多米高的地方。

髭兀鹰的饮食结构几乎全为骨头（高达85%），这在脊椎动物中是独一无二的。虽然这种主食极不寻常，基本无须竞争，但它们必须长途跋涉才能找到足够的骨头，以维持生存。一些髭兀鹰在一天之内可以飞行700千米。因此，髭兀鹰往往分布稀疏，在数百平方千米的广阔领地上盘旋巡逻。

髭兀鹰的翼展巨大，稍大一点的雌鸟翼展长达3米，这有助于它们巧妙利用上升气流，几乎不用拍打翅膀就能翱翔。它们通过从高处扫视地形或掠过地面，在悬崖上和远处的峡谷中发现山羊或野羊的尸体。

虽然其他秃鹫会大吃大喝，饱一顿饿一顿，但是，髭兀鹰饮食比较稳定，每天吞下占其体重8%左右的骨头，约465克。小骨头整个吞下，大骨头则被抬到高处，从50～80米处摔在岩石上，将其分成可驾驭的碎片。酸性胃液能够在24小时内溶解这些骨骼食物。

## 翅膀上的生活

成年髭兀鹰每天白天80%的时间都用于飞行以及在地面搜寻食物。一旦升空，它们在山风中以20—77千米/小时的速度滑行。

### 红颈猛禽

髭兀鹰习惯于浸泡在富含氧化铁的土壤或水中，把羽毛染成锈红色。在一群年龄相似的髭兀鹰中，哪只鸟的染色程度越高，意味着哪只鸟越有优势。

羽毛被氧化铁染成红色；随着年龄增长变得越来越红。

**开缝的高升力的翅膀**

宽大翅膀上主要羽毛之间的较深凹口提供了更大的升力，不仅可以让鸟类以更少的力飞得更高，而且便于降落在更狭窄的空间。这种翅膀在鹰、雕等猛禽以及秃鹫等飞鸟身上非常典型，天鹅和较大涉禽的翅膀也呈此形状。

较深的凹口减少翼尖周围的空气湍流。

金雕

翅膀很长，翅尖处依然很宽。

王鹫

总翼展达145—165厘米，以提供额外升力。

火烈鸟

翅尖处羽毛呈指状延伸。

秃鹳

**高速的翅膀**

燕子、雨燕、紫崖燕等空中猎物和猎鹰等隐秘猎手的翅膀较薄，尖端逐渐变细，飞行速度高、机动性极强。鸭和滨鸟亦然，虽然其翅膀并非严格符合空气动力形态，但在水平飞行中，它们利用快速拍打的翅膀来实现高速移动。

适合快速直飞的翅膀形状。

蓝翅鸭

尖尖的翅尖使这只猎鹰能够高速"俯冲"。

美洲隼

尖尖的翅尖减少飞行阻力。

丽色凤头燕鸥

翅膀长且弯曲，折叠时延伸到尾部以外。

烟囱刺尾雨燕

**椭圆的翅膀**

雀形目鸟（栖息鸟类，如麻雀和画眉鸟）和猎禽的椭圆形翅膀有助于快速起飞和爆发速度，在稠密的、灌木丛生的栖息地具有极佳的机动性，但能耗较高。许多雀形目鸟能够长途迁徙，而猎禽无法维持长途飞行。

典型的椭圆形增强了画眉鸟在茂密森林栖息地的机动性。

坦氏孤鸫

椭圆形翅膀在松鸦、喜鹊和乌鸦身上很常见。

绿蓝鸦

短而圆的翅膀形状有助于快速起飞。

艾草松鸡

独特的翅膀图案使鸟在飞行中引人注目。

欧亚松鸦

**高展弦比的翅膀**

就像人类走钢丝时使用的杆子一样，狭长的翅膀增加了鸟的稳定性。此外，这种翅膀形状产生的阻力较小，意味着鸟类可以用较少的能量飞行更长的时间。信天翁、海鸥、塘鹅、海燕等海鸟之所以能够长时间飞翔，得益于高展弦比的翅膀。

翅尖上黑下白。

小黑头鸥

翼展巨大，达2.1米，可以让鸟在不拍打翅膀的的情况下飞行数小时。

短尾信天翁

# 鸟的**翅膀**

　　通过翅膀的形状可以看出鸟的飞行方式，及其是否为捕食者。就蜂鸟的翅膀（参见第292—293页）而言，其可移动的羽毛能够在盘旋时起到控制作用。除了这类特殊的翅膀，大多数鸟类的翅膀可以分为四种基本形状，每种形状都与飞行速度、风格和距离息息相关。

# 帝企鹅

南极帝企鹅重46千克，高1.35米，是世界上最大的企鹅。虽然像其他企鹅一样，帝企鹅并不能飞行，但身体呈流线型，翅膀改良成鳍状肢，使这个物种具有鸟类无法比拟的潜水能力。

在放弃飞行能力的过程中，帝企鹅也失去了浮力。它们的骨头比飞鸟的密度更大，使其身体稍重于水的浮力。原本用于空中飞行的加固翅膀，现在用于在密度更大的水介质中提供推力。翅膀处唯一的灵活关节连接着肱骨（上臂）和肩膀。但是，帝企鹅翅膀肌肉的力量不亚于飞行鸟类，因此可以使劲拍打翅膀，潜入深海寻找食物。帝企鹅用脚控制方向，脚部位置过于靠后，以至于在陆地上必须垂直站立。

身体越重，潜水时所需能量越少，下潜时间越长、深度越深。因此，每次觅食都会带来更大的净能量。帝企鹅在浮冰下捕捉磷虾，但通常要在200米或更深处捕获鱼、鱿鱼等主要食物。帝企鹅一次潜水的时间通常为3—6分钟，但也有记录显示，其潜水时间可达20—30分钟，潜水深度可达565米。

夏季捕食所积累的体脂支撑着帝企鹅度过南极严酷的冬季，它们会在那时进行繁殖。在产下一个蛋后，雌企鹅跋涉穿过冰层，在海上觅食。雄企鹅将蛋放在脚上，在一层温暖的腹部皮肤下将其孵化。此时外部温度低至-62℃，在这段时间内，雄企鹅不进食。幼崽孵出后，雄企鹅会用食道分泌出营养的"奶"进行喂养。

### 用鳍状肢飞行

这些潜水帝企鹅的防水皮毛上不断冒出气泡。在水下时，帝企鹅拍动翅膀穿过如此宽的弧线，以至于在上行运动时两个翅尖几乎可以相互触碰。

---

### 潜水的翅膀

像企鹅一样，海雀（如刀嘴海雀、角嘴海雀和海鸠）利用翅膀推进来帮助潜水。企鹅短而坚硬的翅膀只在底部活动，但海雀具有更大、更灵活的翅膀，限制了潜水深度，但有助于在空中飞行。

翅膀后缘具有
巨大飞羽

翅膀后缘具有
小型覆羽

**刀嘴海雀**
潜水深度通常为15米

**小蓝企鹅**
潜水深度通常为69米

**高效的胸肌**迅速收缩，为翅膀提供能量；它们占蜂鸟身体总质量的30%，高于其他强壮的飞行鸟类。

**采蜜者**

和其他蜂鸟一样，这只雄性紫顶妍蜂鸟主要以花蜜为食，也吃昆虫和花粉。在收集这种富含能量的主食时，鸟儿需要在充满花蜜的花朵前几乎一动不动地盘旋，每秒拍打90次翅膀。

**每只小脚**只用于静态栖息。蜂鸟会沿着栖木短距离飞行，而非在栖木上行走。

# 悬停

飞行的动物之所以能够留在空中，是因为当它们向前移动时，空气流过翅膀，提供了升力（参见第284—285页）。但是当动物在同一位置盘旋时，就没有向前的运动，所以它必须借助风或者以一种保持空气流动的方式摆动翅膀。许多昆虫可以通过前后扫动柔软的翅膀来达到这一目的，如此，它们在两次划动时便都能产生升力。除了蜂鸟，大多数鸟类的翅膀都缺乏足够的灵活性来完成以上运动。

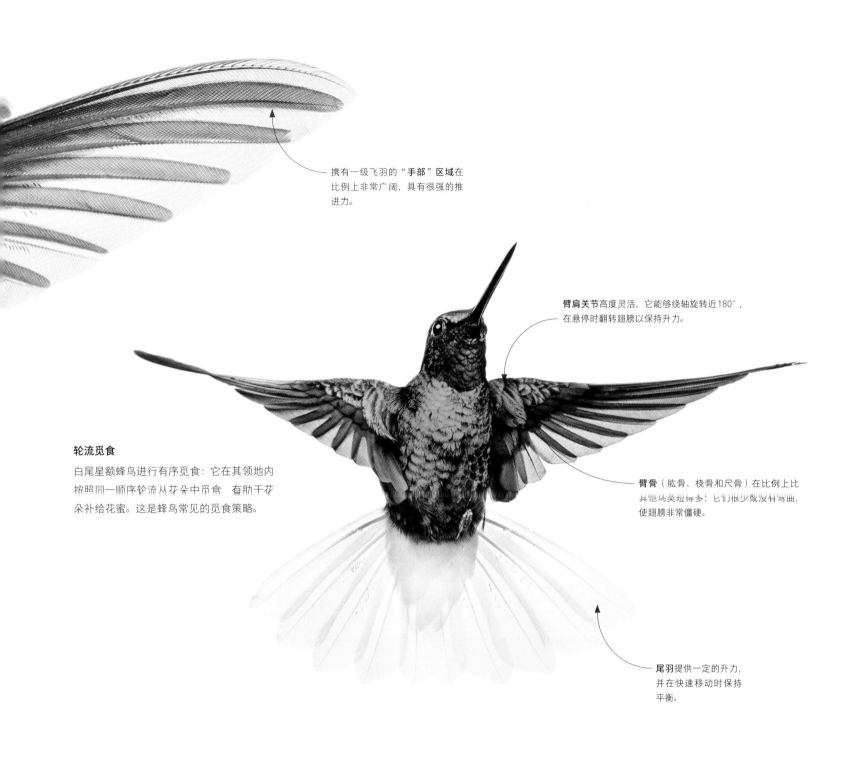

携有一级飞羽的"手部"区域在比例上非常广阔，具有很强的推进力。

臂肩关节高度灵活，它能够绕轴旋转近180°，在悬停时翻转翅膀以保持升力。

臂骨（肱骨、桡骨和尺骨）在比例上比其他鸟类短得多；它们很少或没有弯曲，使翅膀非常僵硬。

**轮流觅食**

白尾星额蜂鸟进行有序觅食：它在其领地内按照同一顺序轮流从花朵中取食，有助于花朵补给花蜜。这是蜂鸟常见的觅食策略。

尾羽提供一定的升力，并在快速移动时保持平衡。

**悬停的原理**

不同于其他鸟类，蜂鸟的翅膀在上行运动时不会折叠，而是保持张开并且翻转。因此，空气流过翅膀表面，在向前的"下行运动"和向后的"上行运动"中都能产生升力。推力是垂直的，而非水平的，所以鸟类可以在重力作用下保持稳定。翅膀的8字形路径有助于克服下行运动的动力，并迅速扭转翅膀的方向。

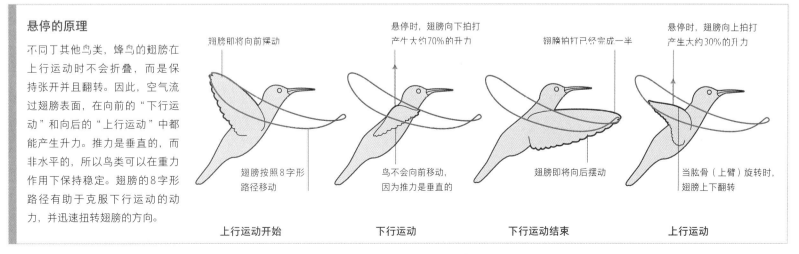

翅膀即将向前摆动

翅膀按照8字形路径移动

**上行运动开始**

悬停时，翅膀向下拍打产生大约70%的升力

鸟不会向前移动，因为推力是垂直的

**下行运动**

翅膀拍打已经完成一半

翅膀即将向后摆动

**下行运动结束**

悬停时，翅膀向上拍打产生大约30%的升力

当肱骨（上臂）旋转时，翅膀上下翻转

**上行运动**

**美杜姆鹅画（公元前2575—前2551年，第4王朝）**

这幅古老王国的杰作利用雕刻石膏和油漆描绘了三个物种：白额雁、豆雁和红胸黑雁。这是在阿泰特（Atet）的墓椁礼拜堂发现的，阿泰特是奈非尔玛特（Nefermaat）王子的妻子，礼拜堂位于法老斯尼夫鲁（Sneferu）的美杜姆金字塔旁边。

# 埃及鸟类

在古埃及，尼罗河两岸到处都是鸟类。房屋建在靠近水面的地方，居民是忠实的观察者，他们用宗教图标和象形文字复刻鸟的形状，并赋予他们的神以鸟类的力量和特点。鸟类作为食物来源和宗教灵感的价值一直延续到来世，在那里，死者可以从多种形式中任选一种。

埃及的艺术形式充满了对自然世界的反映，鸟类尤其受到尊崇。从空中的猎鹰、燕子、鸢、猫头鹰到水边的苍鹭、鹤、朱鹭，种类繁多，这些都在埃及文字中有所反映，象形文字中包含多达七十种物种。

众神被赋予鸟类特征，力量进一步增强。天空统治者何鲁斯能够飞到令人眩晕的高度，因此，何鲁斯的头部被描绘成鹰头，一只眼睛代表太阳，另一只眼睛代表月亮。他穿越天空，再现了从黎明到黄昏的太阳移动轨迹。魔法、智慧和月亮之神透特则长着一个朱鹭的头，弯曲的喙宛如新月。

墓室绘画展现了来世的丰饶景象。通过使用丧葬咒语，死者可以选择变成一只鸟，或者以灵魂的形式出现，此灵魂以人头鸟为化身，每天晚上都会逃离坟墓。在第18王朝内巴穆（Nebamum）的墓中，经文抄写者恢复了人形，在肥沃的沼泽中狩猎，并观察代表永恒的家禽。

**动物神（公元前1294年，第19王朝）**

在一幅墓画中，伊希斯的儿子、天空之神何鲁斯长着鹰头，在豺狼头人身、死亡之神阿努比斯的协助下，欢迎法老拉姆西斯一世（Ramses I）来到来世。

**内巴穆的猫（公元前1350年，第18王朝）**

在一位埃及经文抄写者的墓中有一幅《内巴穆在沼泽地狩猎》（Nebamum Hunting in Marshes）的壁画，画中一只欣喜若狂的黄褐色猫正在捕鸟，十分细致逼真。猫通常是巴斯特的象征，巴斯特是掌管生育、怀孕的女神。内巴穆的猫中镀金的眼睛暗示着宗教意义。

我是一只猎鹰，生活在阳光之下。我的王冠和光辉赋予我力量。

——《亡灵书》（The Book Of The Dead）第78章

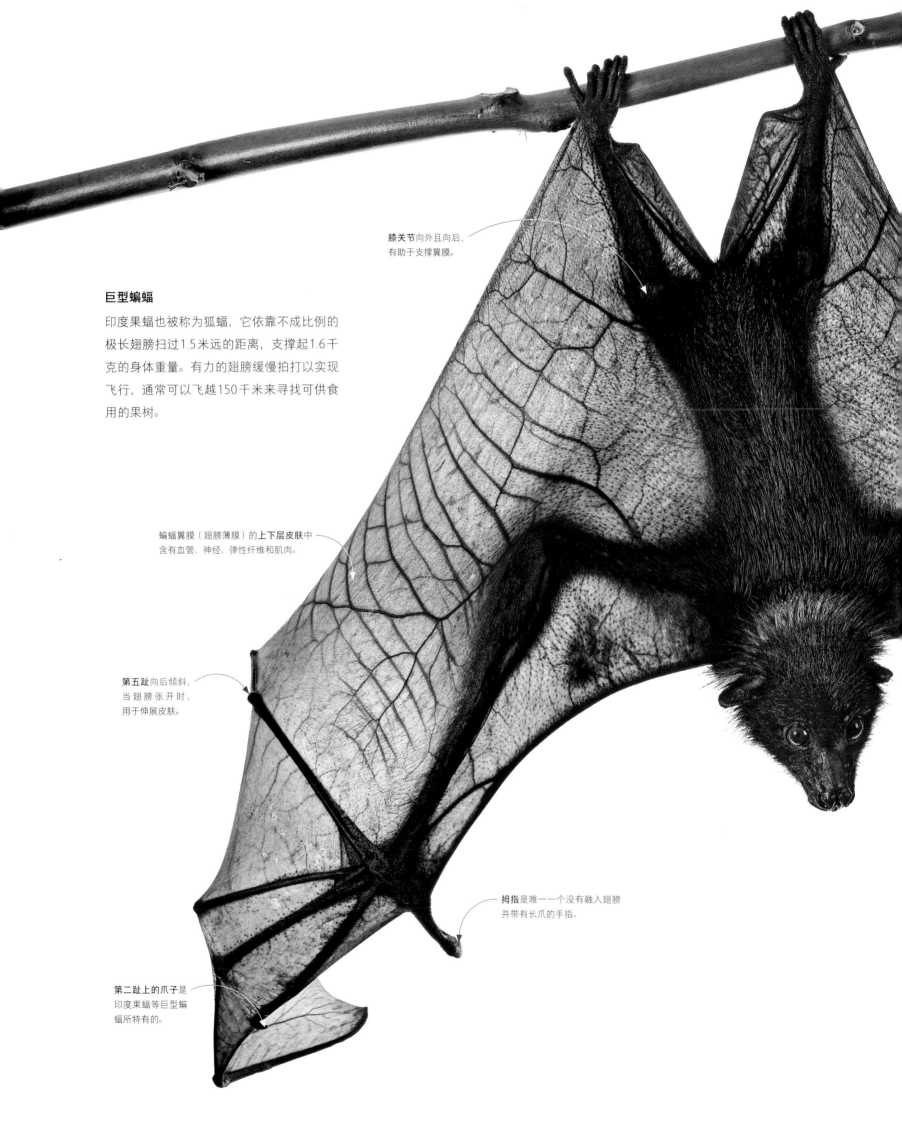

**巨型蝙蝠**

印度果蝠也被称为狐蝠，它依靠不成比例的极长翅膀扫过1.5米远的距离，支撑起1.6千克的身体重量。有力的翅膀缓慢拍打以实现飞行，通常可以飞越150千米来寻找可供食用的果树。

**膝关节**向外且向后，有助于支撑翼膜。

**蝙蝠翼膜（翅膀薄膜）的上下层皮肤中**含有血管、神经、弹性纤维和肌肉。

**第五趾**向后倾斜，当翅膀张开时，用于伸展皮肤。

**拇指**是唯一一个没有融入翅膀并带有长爪的手指。

**第二趾上的爪子**是印度果蝠等巨型蝙蝠所特有的。

**尾部支撑**

安哥拉犬吻蝠等小型蝙蝠通常有一条长尾巴。尾巴支撑着蝙蝠两腿之间伸展的薄膜。这种尾部薄膜为蝙蝠飞行提供更大的升力。

两腿之间**额外的空气动力面**也可用来捕捉飞行的昆虫猎物。

# 皮肤组成的翅膀

　　和鸟类一样，蝙蝠也能产生动力实现飞行。它们拍打翅膀，产生必要的推力，使它们在空中移动。然而，蝙蝠没有提供空气动力面的坚硬飞羽（参见第122—123页），而是具有一层皮肤薄膜，在细长的指骨之间伸展，延伸至脚。含有活体皮肤的翅膀更易调节，对周围空气更加敏感，这意味着蝙蝠能够在捕捉飞虫或寻觅水果、花蜜时灵活移动。

**第三趾**通常是最长的，一直延伸到翅尖。

**翅膀的形状**

描述翅膀形状时，可以参照其纵横比，即长宽比。蝙蝠具有短而宽的翅膀（低纵横比），在茂密的森林里，蝙蝠飞行的机动性和精确性尤为重要。相反，长而窄的翅膀（高纵横比）则有利于在高空实现高速持续飞行。

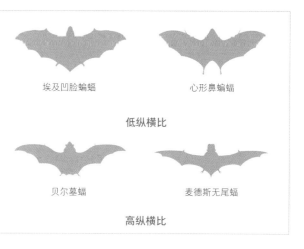

埃及凹脸蝙蝠　　　　　心形鼻蝙蝠

**低纵横比**

贝尔墓蝠　　　　　麦德斯无尾蝠

**高纵横比**

# 卵、蛋和后代

eggs and offspring

**卵、蛋：**（1）雌性动物的生殖细胞，受精后成为胚胎；

（2）一种由雌性动物产下的保护壳，内含胚胎

以及支持其发育的食物供应和环境。

**后代：**动物的幼体。

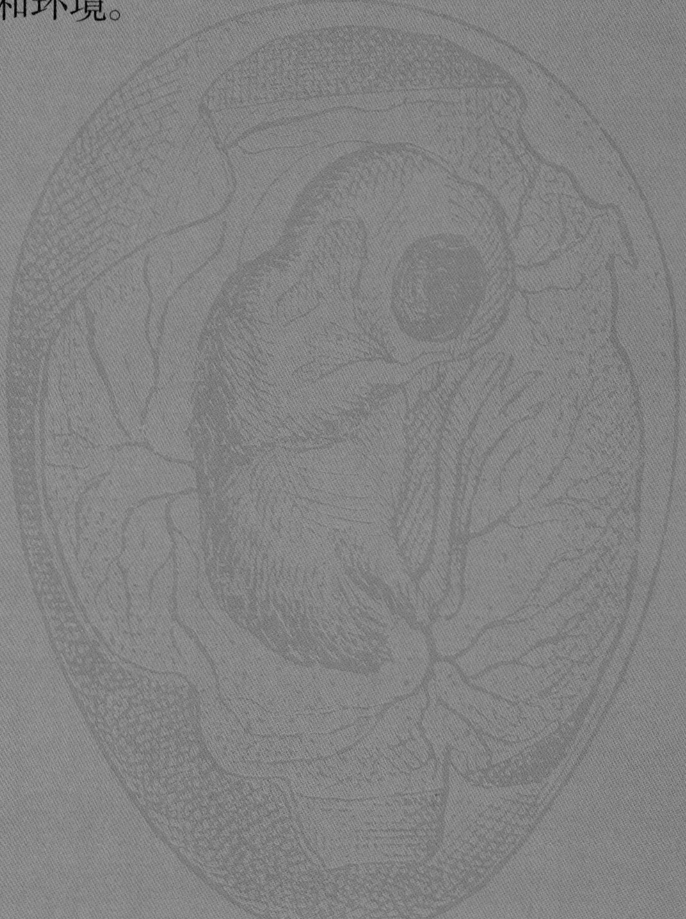

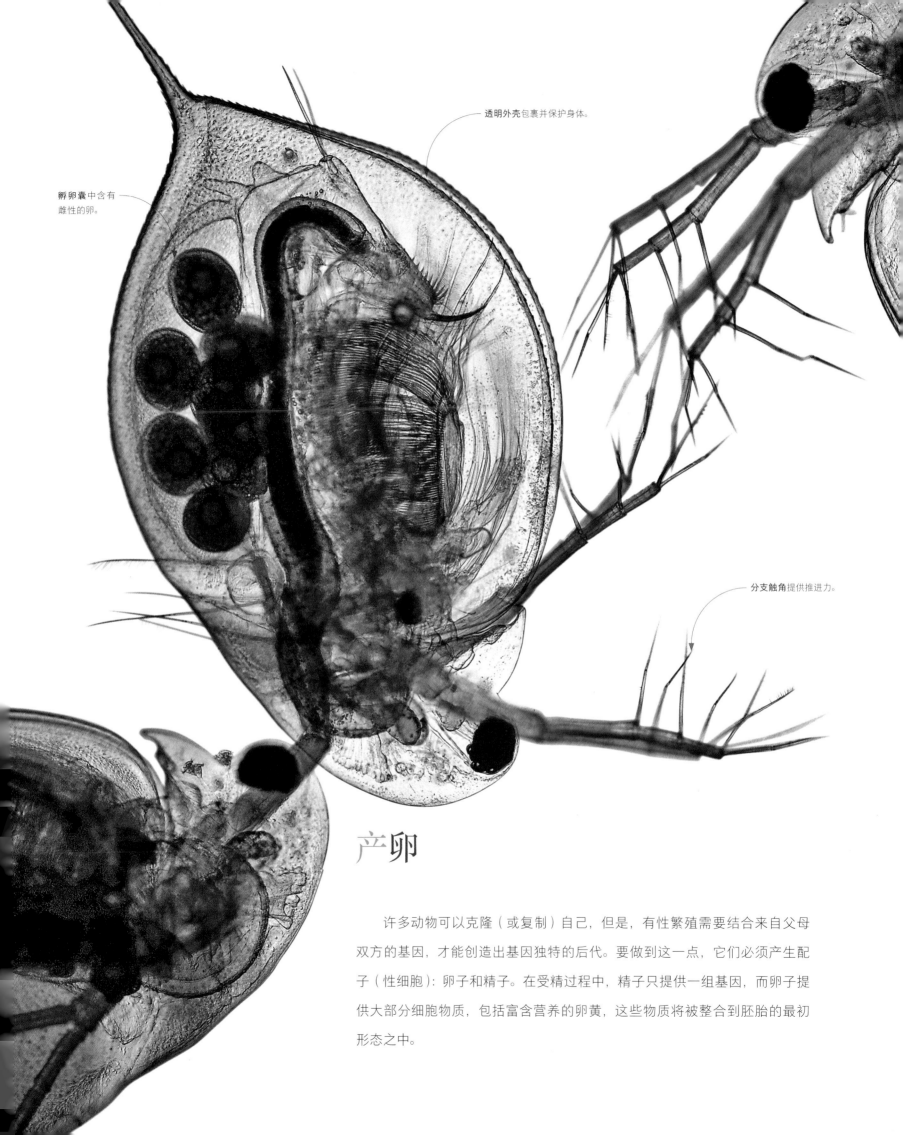

孵卵囊中含有雌性的卵。

透明外壳包裹并保护身体。

分支触角提供推进力。

# 产卵

许多动物可以克隆（或复制）自己，但是，有性繁殖需要结合来自父母双方的基因，才能创造出基因独特的后代。要做到这一点，它们必须产生配子（性细胞）：卵子和精子。在受精过程中，精子只提供一组基因，而卵子提供大部分细胞物质，包括富含营养的卵黄，这些物质将被整合到胚胎的最初形态之中。

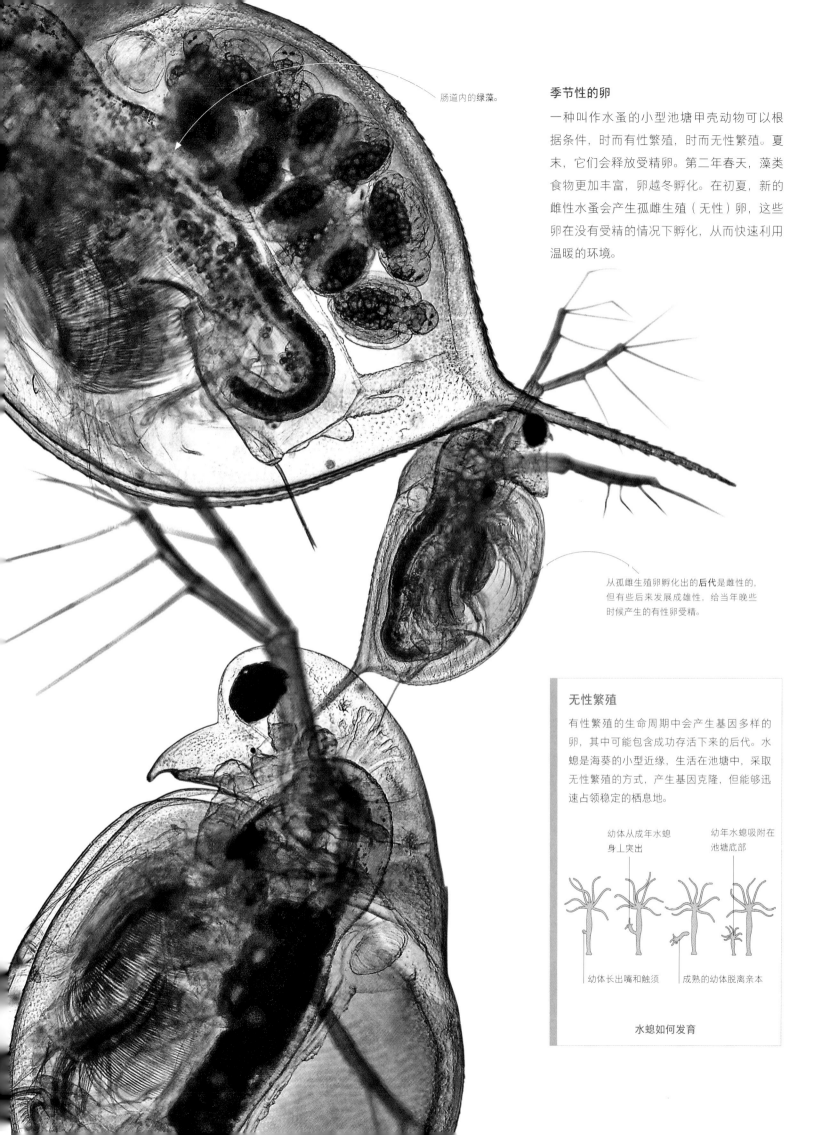

肠道内的绿藻。

**季节性的卵**

一种叫作水蚤的小型池塘甲壳动物可以根据条件，时而有性繁殖，时而无性繁殖。夏末，它们会释放受精卵。第二年春天，藻类食物更加丰富，卵越冬孵化。在初夏，新的雌性水蚤会产生孤雌生殖（无性）卵，这些卵在没有受精的情况下孵化，从而快速利用温暖的环境。

从孤雌生殖卵孵化出的**后代**是雌性的，但有些后来发展成雄性，给当年晚些时候产生的有性卵受精。

**无性繁殖**

有性繁殖的生命周期中会产生基因多样的卵，其中可能包含成功存活下来的后代。水螅是海葵的小型近缘，生活在池塘中，采取无性繁殖的方式，产生基因克隆，但能够迅速占领稳定的栖息地。

幼体从成年水螅身上突出 　　幼年水螅吸附在池塘底部

幼体长出嘴和触须 　成熟的幼体脱离亲本

**水螅如何发育**

**产卵蛙**

几乎所有两栖动物都在体外受精，而大多数蛙
通过抱合这一行为最大限度地增加成功受精的
几率。雄蛙通常从后面抓住雌蛙，使它们的生
殖开口紧密相连。然后同时释放精子和卵子。

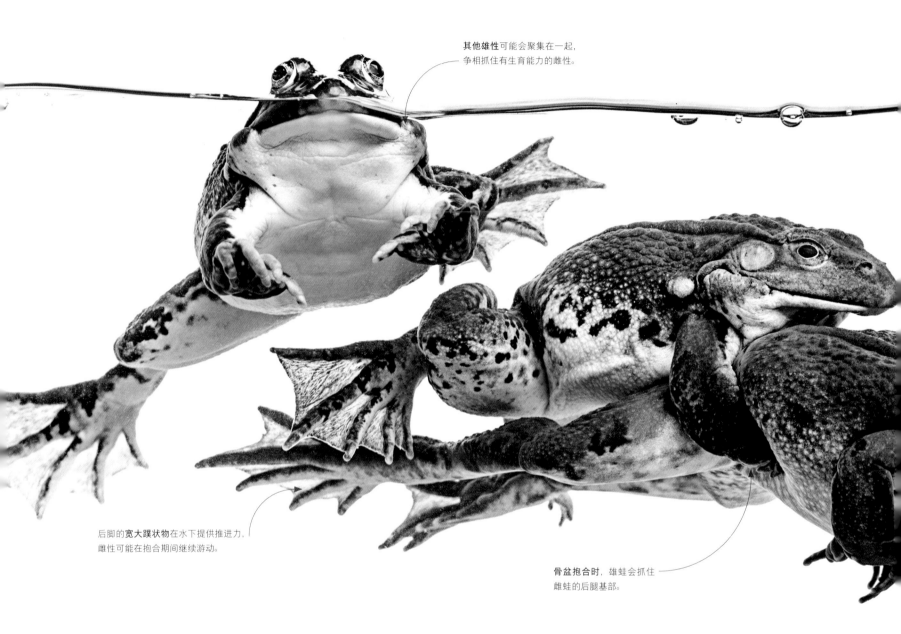

**其他雄性**可能会聚集在一起，
争相抓住有生育能力的雌性。

后脚的**宽大蹼状物**在水下提供推进力，
雌性可能在抱合期间继续游动。

**骨盆抱合时**，雄蛙会抓住
雌蛙的后腿基部。

# 受精

　　就有性生殖而言，当卵子受精，来自不同个体的脱氧核糖核酸相互混合时，

基因多样性随之产生。为了尽可能有效地完成这一过程，动物采取了多种方法。

许多在水中产卵（释放卵子和精子）的动物只是尽可能多地产下性细胞，以增加

精子与卵子相遇的几率；在其他动物中，雌性动物体内保留的卵子较少，通过交

配行为在体内受精。

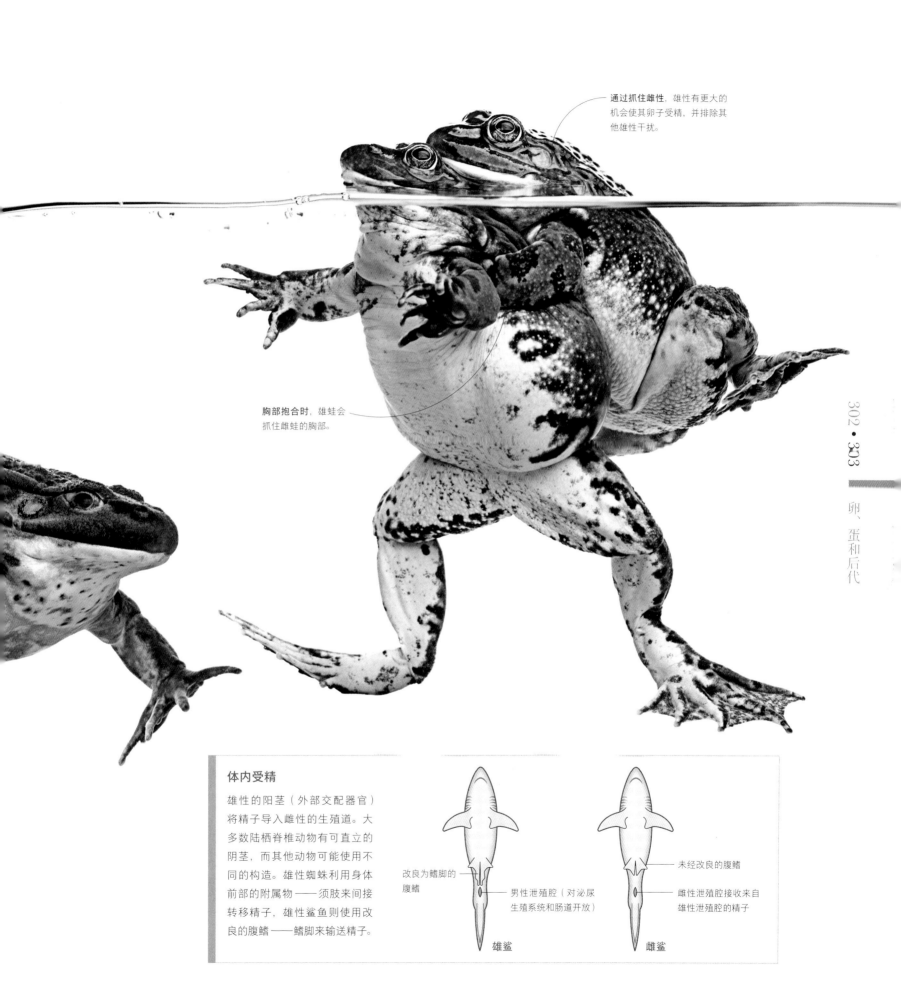

通过抓住雌性，雄性有更大的机会使其卵子受精，并排除其他雄性干扰。

胸部抱合时，雄蛙会抓住雌蛙的胸部。

## 体内受精

雄性的阳茎（外部交配器官）将精子导入雌性的生殖道。大多数陆栖脊椎动物有可直立的阴茎，而其他动物可能使用不同的构造。雄性蜘蛛利用身体前部的附属物——须肢来间接转移精子，雄性鲨鱼则使用改良的腹鳍——鳍脚来输送精子。

改良为鳍脚的腹鳍

男性泄殖腔（对泌尿生殖系统和肠道开放）

雄鲨

未经改良的腹鳍

雌性泄殖腔接收来自雄性泄殖腔的精子

雌鲨

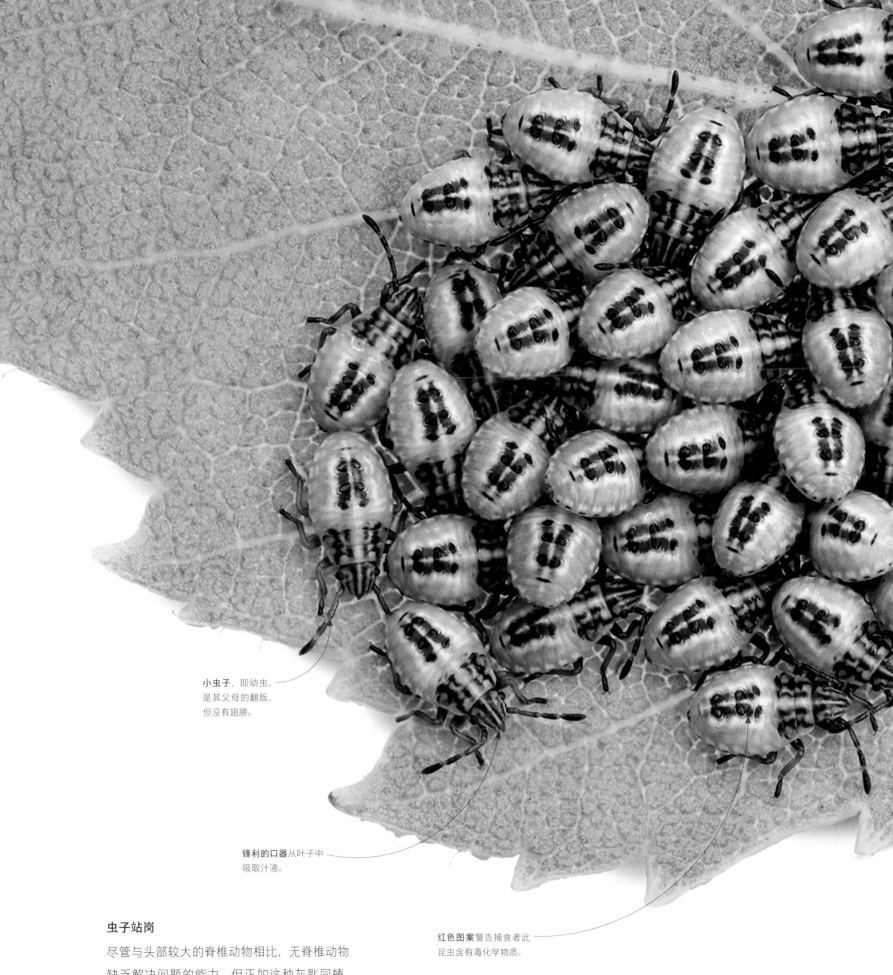

小虫子，即幼虫，
是其父母的翻版，
但没有翅膀。

锋利的口器从叶子中
吸取汁液。

**虫子站岗**

尽管与头部较大的脊椎动物相比，无脊椎动物
缺乏解决问题的能力，但正如这种灰匙同蝽，
许多无脊椎动物的行为自带护幼技能，提高了
其幼崽的生存机会。

红色图案警告捕食者此
昆虫含有毒化学物质。

行走的捕食者只能从**叶柄**处吸食叶子，所以母虫会调整姿势来保护此处。

**母虫利用触角**来感知其幼虫。如果幼虫四处游荡，母虫可将之拉回。

**灰匙同蝽**利用自己护盾般的身体来**保护**幼虫，它可以通过拍动翅膀或从胸腔下面的腺体释放臭味来击退大多数小型捕食者。

**前腿和触角**包围并保护着正在发育的卵。

# 父母的奉献

所有父母都会花费时间、精力进行生育，即使只是生产卵子和精子。但有些动物则更进一步，会精心照顾后代。这并非没有风险，因为哺育幼虫可能意味着缺乏食物或暴露于危险之中，但被它们照顾的幼虫存活下来并长为成虫的几率更大。

**等待孵化**

和灰匙同蝽近缘类似，巴西椿象的母虫会保护它们的卵，防止其受到寄生蜂的攻击。

**双胞胎幼崽**

3个月大的幼崽在兽窝中寻求庇护。有了足够的食物，熊妈妈也许能成功地把它们抚养长大，但要一年多后它们才能独立。

# 北极熊

北极熊是冰冷北极地区的顶级捕食者，那里的温度可以降到−50℃以下。但是，如今全球变暖，北极熊非常脆弱。幼崽依赖无私奉献的母熊，凭借兽窝和大量热奶，得以成功捱过冬天。

北极熊是最大的熊类。基因证据显示，它们只花了20万年就从棕熊祖先进化成更大、更白、食肉性更强的动物，从而能够更好地适应北极环境。北极熊在整个夏天靠吃高脂海豹来囤积脂肪，产生更多的身体热量。它们浓密的半透明毛发由于失去色素而中空，在皮肤附近额外捕捉温暖空气。这种特殊隔绝至关重要，因为大多数北极熊即使在最冷的月份也会保持活跃，只有怀孕的雌性北极熊才会在冬天冬眠。

## 在冰上生存

破碎的浮冰是北极熊及其幼崽最好的猎场，因为它们脚下的海豹肉是绝妙的食物来源。当海豹浮出水面在冰缝中呼吸空气时，母熊会对它们进行伏击。

夏季交配会引发排卵，但和其他熊类一样，受精卵直到秋天才进入子宫，这时，北极熊已经在雪洞或地下泥炭堆安顿下来准备过冬，之后便在此处产下幼崽。这些幼崽通常是两只，体型不大于豚鼠，出生于11月至1月，直到度过最艰苦的几个月，它们才走出巢穴。

母熊喂给幼崽的奶富含它在上个夏天摄入的海豹脂肪，而且给幼崽喂食时，母熊会禁食。当一家几口在春天出现时，母熊可能已经8个月没有进食，所以必须继续摄入海豹肉作为补充。当冰层在夏日阳光下融化时，北极熊会靠近海岸狩猎或向北迁徙。但是，气温逐年上升，破坏了它们赖以生存的冰层，所以这些熊的未来极不明朗。

# 带壳的蛋

第一批脊椎动物是 3.5 亿年前在陆地上进化而来的，但许多仍生活在潮湿的栖息地，因为它们产下的软卵会在空气中脱水，而且通常会孵化成游动的幼虫。爬行动物和鸟类能够产下硬壳蛋，从而摆脱上述限制。在内部，胚胎在液体中吸收营养，直至准备好孵化成父母的微型翻版，和它们一样呼吸空气。

当鳄鱼强行穿过蛋膜时，**蛋壳裂开**。

## 孵化期

经过 2 个月的孵化，经由一窝腐烂植物的持续保温，一只美洲短吻鳄已准备从蛋中孵出。蛋里传来的尖叫声提醒着等待的母亲，它将做好准备，用嘴把幼崽从巢中撷到水里。

卵齿，即上颌前部的一块角质皮肤，用来刺穿蛋壳下面的蛋膜。

### 蛋里面的生命

一系列膜结合囊提供了支撑胚胎生命的系统。一个能缓冲其身体的羊膜，一个能提供营养的卵黄囊，以及一个能够吸收渗入蛋中的氧气并且储存废物的尿囊。

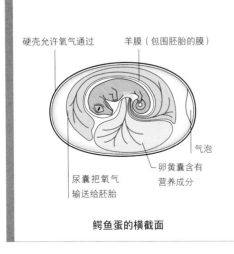

硬壳允许氧气通过　　羊膜（包围胚胎的膜）

气泡

卵黄囊含有营养成分

尿囊把氧气输送给胚胎

**鳄鱼蛋的横截面**

**刚孵出的鳄鱼**最长可达 20 厘米。

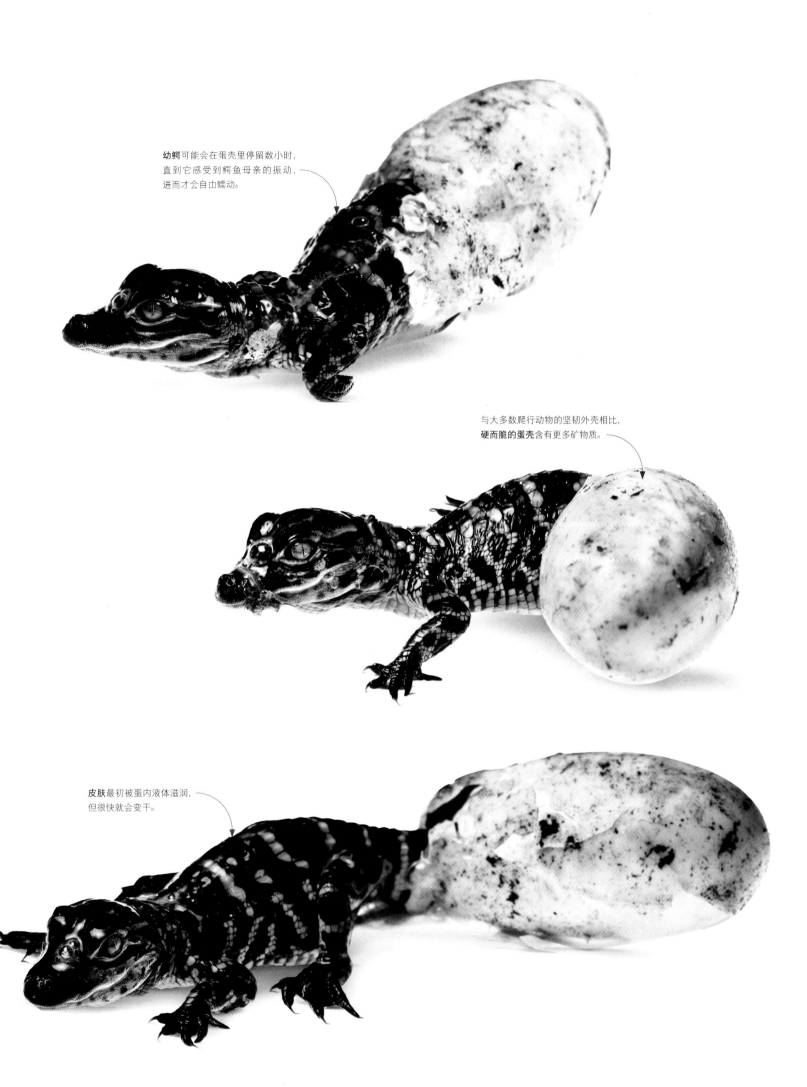

**幼鳄**可能会在蛋壳里停留数小时，直到它感受到鳄鱼母亲的振动，进而才会自由蠕动。

与大多数爬行动物的坚韧外壳相比，**硬而脆的蛋壳**含有更多矿物质。

**皮肤**最初被蛋内液体滋润，但很快就会变干。

# 鸟蛋

无论大小或形状，鸟蛋都有一个碳酸钙保护外壳，以及覆盖着薄膜的胚胎。
蛋壳颜色多样，有利于避开捕食者，其颜色归因于两种色素：原卟啉（红棕色）
和胆绿素（蓝绿色）。

### 白色鸟蛋

对于在树洞、洞穴或碗状巢等隐蔽的巢中产蛋的鸟来说，它们的蛋通常呈白色或灰白色。

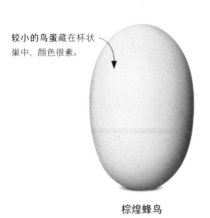

较小的鸟蛋藏在杯状巢中，颜色很素。

光滑雪白的蛋产在窝穴之中。

椭圆形的蛋产在树干深处，因此无须伪装。

棕煌蜂鸟          普通翠鸟          黑啄木鸟

### 蓝色和绿色鸟蛋

在树或灌木中筑巢的鸟多产下蓝色或绿色的蛋。这种颜色可以起到防晒作用，而蛋上的图案往往可以反映出巢的材料，提供伪装。

纯蓝色，稍有光泽。

蓝色蛋壳上带有斑点。

孵化过程中白色层脱落，形成大理石花纹。

林岩鹨          绿林戴胜          圭拉鹃

### 大地色鸟蛋

在地上筑巢的鸟依靠伪装来保护它们的蛋。在沙质、灌木丛生或多岩石的栖息地中，普通棕色或有斑点的蛋很难被发现。

浅棕色，有光泽。

红棕色蛋壳上带有深色斑点。

棕色斑点与地面筑巢地的环境相融为一体。

黑天鹅          游隼          林莺

呈暗白色，椭圆形。

带有稀疏斑点，呈圆形。

红棕色斑点可以模仿筑巢地的颜色。

圆锥形有助于防止鸟蛋从悬崖边的巢穴中滚下。

仓鸮

亚洲鳍趾

大山雀

黑海鸽

产蛋期胆绿素沉积导致的蓝色。

带有斑点的图案。

带有光泽和斑点，呈椭圆形。

标记和颜色有助于混在巢穴之中。

美洲知更鸟

褐头鹪莺

大嘴乌鸦

安第斯麻雀

棕色可以模仿岩礁筑巢地。

颜色和形状与海滩卵石融为一体。

卵石状的蛋有助于在海岸栖息地伪装。

几乎是黑色的，新出生的蛋是绿色的。

埃及秃鹰

剑鸻

蛎鹬

鸬鹚

## 在子宫中受到滋养

胎盘是在母体子宫内膜中发育的器官，它将血液中的营养和氧气输送到胚胎中，使胚胎得以生长。这就解释了为什么胎盘哺乳动物的新生儿（如猴子）比有袋动物的新生儿要大得多，发育得更成熟。

子宫内有1个月大的未发育的婴儿，准备出生

输卵管

卵巢

第二子宫

第一阴道

第二阴道，用于授精

第三阴道，即产道

**雌性有袋动物**

输卵管

卵巢

充满血液的胎盘滋养着成熟婴儿

单个子宫，内含发育完成的婴儿

阴道，即产道

**母猴**

# 有袋动物的育儿袋

在长期的妊娠过程中，大多数哺乳动物未出生的婴儿在母体子宫内，由一个充满血液的器官——胎盘所滋养。但是，有袋动物的繁殖方式却非如此。它们怀孕时间短，新生儿在母体外完成大部分发育。其育儿袋提供了一个温暖的庇护所，和其他哺乳动物一样，母乳对婴儿至关重要。

**育儿袋外**

这只幼年黑尾袋鼠在8个月大时，由于体型过大，不能在育儿袋中生活，于是在植被中藏身以寻求庇护。它仍会回到母亲身边吸奶，这种行为将持续6个月。

**来自育儿袋的保护**

这只小黑尾袋鼠在妈妈的育儿袋里生活了8个月左右的时间。在这段时间里，一个新的胚胎可能已经处于发育之中，轮到它的时候，它便可以生活在育儿袋里。

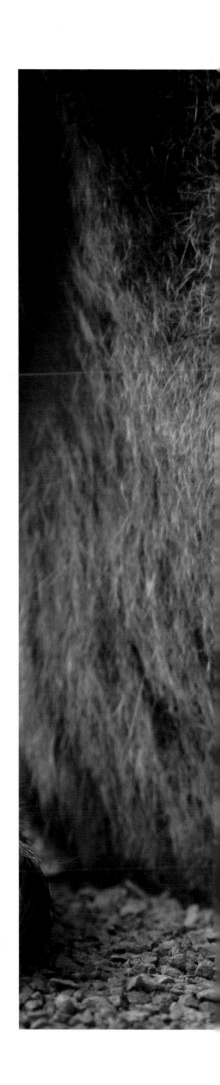

## 色彩变换

当毛毛虫在蛹的保护壳内发育成蝴蝶时，很容易受到捕食者的攻击。在亚洲热带地区，这种黄褐色德科斯特蝴蝶依靠从毛毛虫所食植物中获取的毒素来保护自身。在化蛹成蝶的各个过程，它都用醒目的色彩警示自身的毒性。

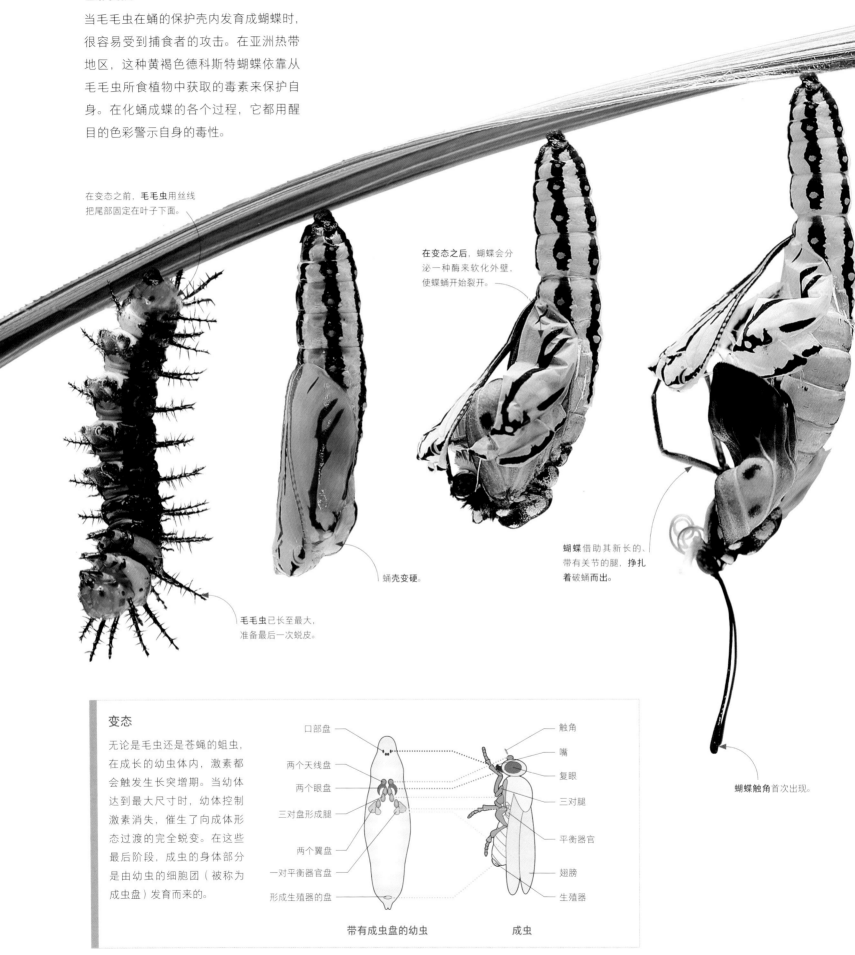

在变态之前，**毛毛虫**用丝线把尾部固定在叶子下面。

在变态之后，蝴蝶会分泌一种酶来软化外壁，使蝶蛹开始裂开。

蛹壳变硬。

**毛毛虫**已长至最大，准备最后一次蜕皮。

**蝴蝶**借助其新长的、带有关节的腿，挣扎着破蛹而出。

**蝴蝶触角**首次出现。

### 变态

无论是毛虫还是苍蝇的蛆虫，在成长的幼虫体内，激素都会触发生长突增期。当幼体达到最大尺寸时，幼体控制激素消失，催生了向成体形态过渡的完全蜕变。在这些最后阶段，成虫的身体部分是由幼虫的细胞团（被称为成虫盘）发育而来的。

口部盘

两个天线盘

两个眼盘

三对盘形成腿

两个翼盘

一对平衡器官盘

形成生殖器的盘

触角

嘴

复眼

三对腿

平衡器官

翅膀

生殖器

**带有成虫盘的幼虫**　　　**成虫**

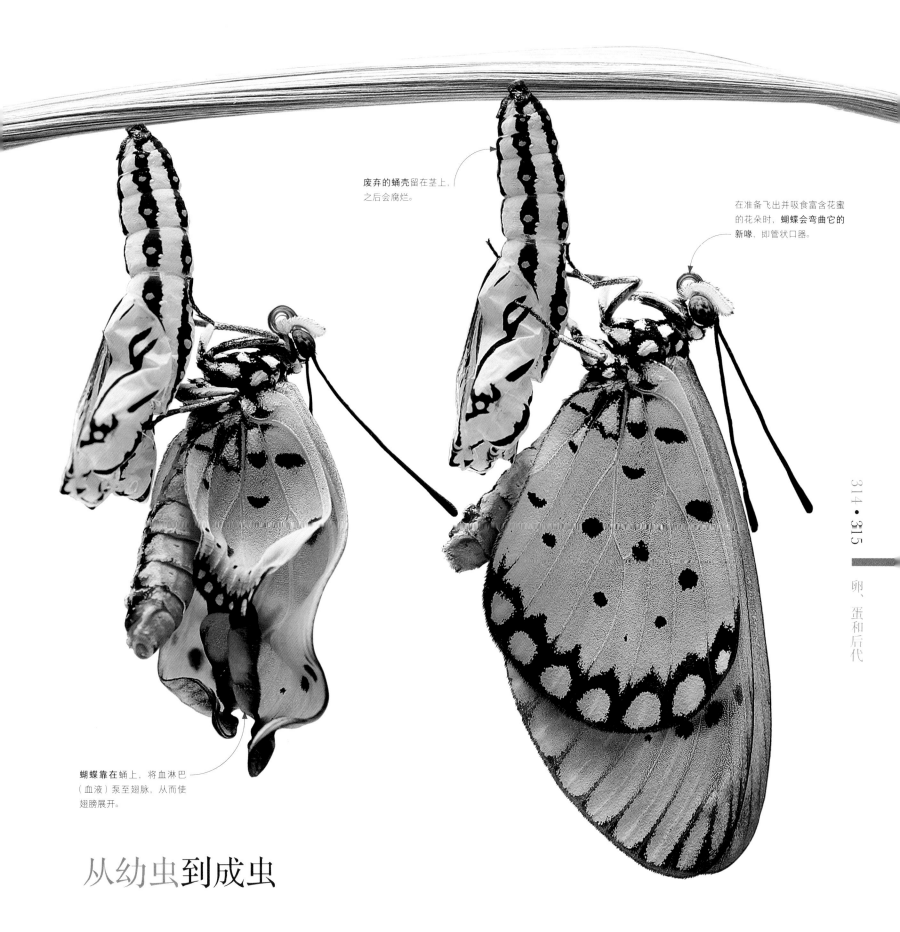

废弃的蛹壳留在茎上，之后会腐烂。

在准备飞出并吸食富含花蜜的花朵时，**蝴蝶**会弯曲它的新喙，即管状口器。

**蝴蝶靠在蛹上**，将血淋巴（血液）泵至翅脉，从而使翅膀展开。

# 从幼虫到成虫

所有动物在从幼年向性成熟的成年发育的过程中都会发生一定变化，但在昆虫身上，这种变化极其显著。蟑螂和蚱蜢的幼虫就是成虫的微型翻版，只不过幼虫不会飞；但对于蝴蝶而言，毛虫的蜕变需要对身体结构进行彻底的改造。

# 两栖动物的变态

　　就变态发育的动物而言，其幼体和成体可以通过截然相反的方式对不同的生境和资源加以利用。蛙类的变态意味着水下游动的幼虫能够转变成在干燥陆地上行走的成虫。此过程包括用腿代替鳍，用肺代替鳃以在空中呼吸。正如身体形态上的变化，其整个行为，包括移动方式、饮食也是千变万化的。

## 完全水生的蝌蚪

普通欧洲林蛙的幼体，即蝌蚪，适合在水中生活。一条肌肉发达的尾巴占了身体一半以上的长度，鳃位于肿胀的腔室之中，受其保护，从水中吸取氧气。带有角质边缘的颚部主要用于捕食藻类，其次也可用于攻击动物猎物。

像鱼的肌肉一样，**肌肉块**收缩以左右移动尾巴。

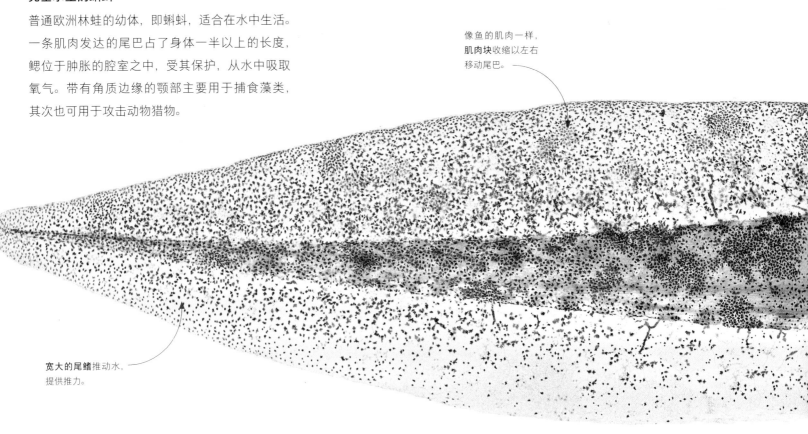

**宽大的尾鳍**推动水，提供推力。

## 逐渐变形

变态依赖于甲状腺素激素，甲状腺素也是一种加速新陈代谢和控制人类生长的激素。在普通青蛙中，这种激素会触发启动重新塑形的基因，使其四肢生长、尾巴收缩。这种转变的速度受到温度、食物和氧气的制约，但到了夏天，大多数在春天孵化的蝌蚪都变成了青蛙。

**成簇的卵**可含数千个带有胶状外膜的受精卵，它们在5天之后孵化。

充满血液的腮周围的保护膜。

**后腿**正在发育，蝌蚪现在需要摄入更多动物蛋白。

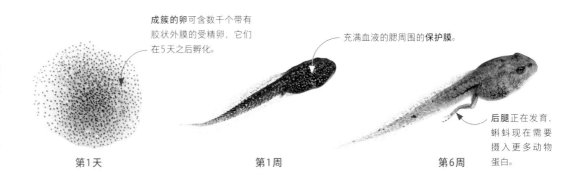

第1天　　　　　　第1周　　　　　　第6周

## 父母的照顾

大多数两栖动物产下卵和幼虫之后，便任其自生自灭。但是，一些物种则对其后代百般照料。一些动物利用声囊保护后代，而另一些则把后代背在身上。就苏里南蟾而言，新的受精卵在交配过程中滚到母亲背上，然后在那里下沉并渗入皮肤，形成小口袋。根据物种的不同，它们能够孵化成游动的蝌蚪，或者小蟾蜍。然后，母亲慢慢剥去用来产下后代的一层薄薄的皮肤。

**苏里南蟾在雌性蟾蜍背上孵化**

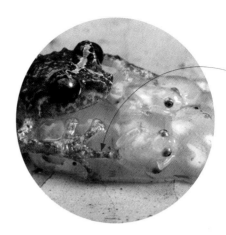

雄性岳蛙紧紧含住卵，守护它们直至孵化。

### 卵内变态

许多两栖动物在卵内完成发育。这使得它们可以在水外的潮湿地产卵，比如热带雨林的地面。

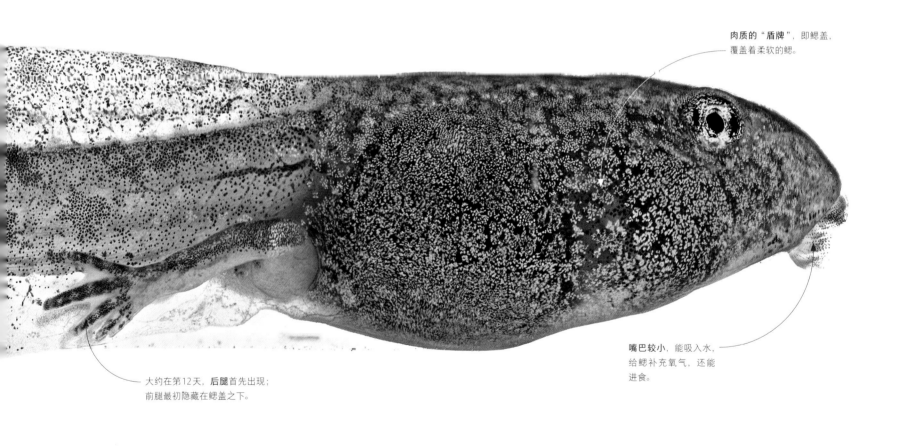

肉质的"盾牌"，即鳃盖，覆盖着柔软的鳃。

嘴巴较小，能吸入水，给鳃补充氧气，还能进食。

大约在第12天，后腿首先出现；前腿最初隐藏在鳃盖之下。

尾巴占身体比例变短。

前肢雏形初现。

前肢发育。

以无脊椎动物为食，生长很快。

尾巴粗短的小青蛙准备爬到陆地上。

第10周　　　　第12周　　　　第14周　　　　第16周

# 达到成熟

深蓝色和白色圆圈有助于保护皇帝神仙鱼幼鱼免受领地上成年鱼类的伤害。

皇帝神仙鱼幼鱼

动物需要一定时间发育，然后才能进行繁殖。它们的性器官必须成熟，继而通过外表或行为告诉其他动物，自己能够产出卵子或精子并已做好交配准备。就哺乳动物和鸟类而言，个体的性别是遗传性的、预先确定好的；而另一些动物的后代性别是由温度等环境因素决定的。但有些动物，例如皇帝神仙鱼，甚至能够在成熟后改变性别。

卵、蛋和后代

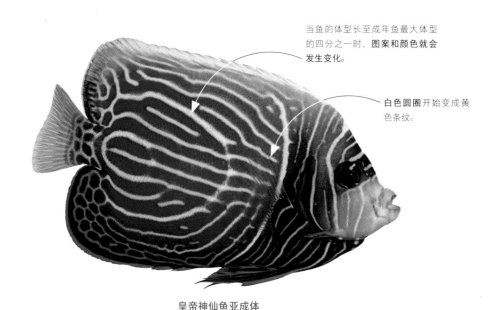

当鱼的体型长至成年鱼最大体型的四分之一时，图案和颜色就会发生变化。

白色圆圈开始变成黄色条纹。

皇帝神仙鱼亚成体

## 生长模式

不同年龄的皇帝神仙鱼之间差异惊人。其幼鱼体形较小，带有白色圆圈；成年鱼类体型较大，带有黄色条纹，可能会被误认成两个不同的物种。

黄色条纹表示皇帝神仙鱼已经达到性成熟。

面具似的黑色带子把眼睛隐藏起来，这可能有助于迷惑捕食者。

## 从圆圈到条纹

许多珊瑚礁鱼类达到成熟后会经历颜色和图案的变化。成年鱼类不把幼鱼视作竞争对手，所以幼鱼在拥挤的珊瑚礁上尚有一席之地。成年的皇帝神仙鱼也可改变性别，从雌性变成雄性。当占优势的雄性鱼类死去，而另一条鱼抓住机会想取而代之时，可能会改变自身性别。

成熟的皇帝神仙鱼

# 术语表

**腹部**：位于身体后部，哺乳动物的胸腔之下，节肢动物的胸腔后面。

**离口的**：离嘴最远的身体部位，对棘皮动物等没有明显上下侧之分的动物加以描述时常用此术语。

**脂鳍**：在某些鱼的背鳍和尾鳍之间的小鳍。

**小翼羽**：鸟类翅膀上形成首趾或"拇指"的小型骨质突出。

**抱合**：青蛙和蟾蜍的繁殖姿势，雄性用前腿抓住雌性。受精通常发生在雌性体外。

**壶状器官**：由充满胶状物的管子组成的特殊感应器官，其中含有电受器，可以帮助鲨鱼、鳐鱼和银鲛科鱼等鱼类发现猎物。

**触角**：节肢动物头部的感觉探测器。触角总是成对出现，它们对触摸、声音、热量和气味都很敏感。大小和形状随使用方式的不同而变化。

**鹿角**：鹿头上的骨性生长物。与角不同的是，鹿角通常是分枝的，而且在大多数情况下，每年都会生长和脱落，周期与繁殖季节有关。

**树栖的**：全部或部分时间在树上生活。

**节肢动物**：带有关节腿和坚硬外骨骼的主要无脊椎动物群，包括甲壳类动物、昆虫和蜘蛛。

**关节**：例如，相邻骨骼之间的关节。

**无性生殖**：一种只涉及一个有机体的生殖形式。无性繁殖是无脊椎动物最常见的繁殖方式，能够在有利条件下实现数量的迅速激增。另请参见孤雌生殖、有性生殖。

**喙**：一组狭窄且突出的颚，通常没有牙齿。在龟、海龟和一些鲸鱼等许多脊椎动物群体中，喙是单独进化的。

**两侧对称**：一种对称形式，在中线两边的身体两半完全相同。大多数动物都表现出这种对称性。

**鸟喙**：鸟嘴的别称。另请参见喙。

**双眼视觉**：在此种视觉下，两眼朝向前方，形成重叠视野。这有助于动物判断深度。

**两足的**：用两条腿移动。

**双壳类**：例如蛤蜊、贻贝和牡蛎等软体动物，两片壳被链接在一起。大多数双壳类动物移动缓慢或者并不移动，是滤食性动物。另请参见滤食动物、软体动物。

**喷水孔**：鲸及其近缘的鼻孔，位于头顶。气孔可以是单个或成对的。

**臂跃行动**：灵长类动物，如长臂猿，在树上移动时使用的摆动手臂的动作。

**繁殖集落**：一大群筑巢鸟类。

**巢寄生动物**：诱使其他物种帮忙抚养自己幼鸟的动物，鸟类居多。在许多情况下，幼年巢寄生动物会杀死巢中其他幼雏，这样它就可以独享养父母提供的所有食物。

**精食动物**：以树叶和灌木叶为食，而非食草。另请参见食草。

**钙质的**：含有钙的。许多动物都具有贝壳、外骨骼、骨骼等钙质结构，既可作为支撑，也可作为保护。

**伪装**：使动物与背景融为一体的颜色或图案。伪装在动物界非常普遍，特别是在无脊椎动物中。伪装既可用来抵御捕食者，又便于隐藏自身以接近猎物。另请参见模仿、隐蔽色。

**犬齿**：哺乳动物的一种带有尖头的牙齿，用于刺穿和咬住食物。犬齿朝向颚骨前部，食肉动物具有高度发育的犬齿。

**甲壳**：动物身体背部的坚硬盾牌。

**裂齿**：食肉性哺乳动物的一种类似于刀片的颊齿，用于切肉。

**食肉动物**：任何吃肉的动物。狭义上指的是食肉目哺乳动物。

**腐肉**：动物尸体。

**软骨**：组成部分脊椎动物骨骼的弹性物质。大多数脊椎动物的软骨排列在关节上；但鲨鱼等软骨鱼类的软骨形成了整个骨骼。

**盔状隆起**：动物头上的骨性生长物。

**尾端的**：与动物尾巴相关的。

**纤维素**：植物中一种复杂的碳水化合物。植物的大多数结构都是由纤维素构成的，它具有一种弹性化学结构，动物很难分解。反刍动物等以植物为食的动物借助微生物进行消化。

**头胸部**：在某些节肢动物中，结合头部和胸部的身体部位。有头胸的动物包括甲壳类和蛛形纲。

**颊齿**：见裂齿、臼齿、前臼齿。

**螯肢**：螯肢是蛛形纲动物中，身体前部的第一对附肢。螯肢末端通常带有钳子，而且蜘蛛的螯肢能够注射毒液。螨虫的螯肢尖锐，用来刺穿食物。

**螯足**：甲壳动物身上任何带有螯钳或钳爪的肢体。

**甲壳素**：一种坚硬的纤维状物质，构成螃蟹壳等节肢动物的外骨骼，以及一些珊瑚的公共骨骼。另请参见外骨骼。

**脊索动物**：属于脊索动物门的动物，包括所有脊椎动物。脊索动物的一个关键特征是脊索，它贯穿身体，加强了身体的力量，同时也允许身体弯曲移动。

**蛹**：用于保护昆虫蛹的坚硬且发亮的外壳。蛹经常附着在植物上，或埋在土壤表面之下的较浅处。

**抱握器**：一些雄性无脊椎动物所具有的一种结构，在交配中用来抓住雌性；或者雄性鱼类（如鲨鱼）的一对改良腹鳍，用来将精子导入雌性生殖道。另请参见腹鳍。

**纲**：分类系统中的一个等级。在分类等级顺序中，纲构成门的一部分，并可进一步细分为一个或多个目。

**泄殖腔**：一个朝向身体后部的开口，由几个身体系统所共用。在一些骨性鱼类和两栖动物等脊椎动物中，肠道、肾脏和生殖系统都使用这个唯一的开口。

**克隆**：无性繁殖产出的动物，遗传上与其亲本相同。

**偶蹄动物**：此类动物的蹄子看起来像是被分为两半。鹿、羚羊等大多数偶蹄类哺乳动物实际上都有两个蹄了，分布在脚的中线两边。

**茧**：蚕丝交织构成的带有开口的囊。许多昆虫在化蛹前会先结一个茧，而许多蜘蛛则会结茧来保护卵。

**群体**：同一物种的一组动物，它们共同生活，通常为了生存而分工协作。对于一些群体生活的物种，特别是水生无脊椎动物，群体成员永久维持着密切联系。然而，就蚂蚁、蜜蜂、黄蜂等另一些动物而言，群体成员独立觅食，但生活在同一个巢穴之中。

**复眼**：被分成不同区室的眼睛，每一区都含有晶状体。复眼是节肢动物的共同特征。它们包含的区室数量从几十个到数千个不等。

**反荫蔽**：一种伪装图案，具有此图案的动物通常上面颜色较深，下面颜色较浅。它往往会抵消阴影的影响，使动物更难被发现。

**覆羽**：鸟类身上覆盖着飞羽底部的羽毛。

**隐蔽色**：使动物与背景融为一体的颜色和标记。

**跗节**：在昆虫中，指第一个改良关节后面的一个或多个跗骨关节。在甲壳动物中，指螯部的可移动手指，手指上下旋转以闭合爪子。另请参见螯。

**垂肉**：挂在动物喉咙上的松弛皮肤。

**齿隙**：分开一排排牙齿的较宽间隙。在以植物为食的哺乳动物中，齿隙将颌骨前部的咬牙与后部的咀嚼牙分开。在许多啮齿动物中，脸颊可以折叠形成齿隙，在动物啃咬的时候关闭嘴巴后部。

**趾**：手指或脚趾。

**趾行**：只有手指或脚趾触地的步态。另请参见蹠行的、蹄行的。

**双体节**：蜈蚣等节肢动物身体中的一对融合的节段。

**背部的**：在动物背上或背部附近。

**棘皮动物**：一种主要的海洋无脊椎动物，包括海星、海蛇尾、海胆、海百合和海参。棘皮体具有径向对称性。它们的皮肤下具有白垩保护板，并使用液压"管脚"来移动和捕捉猎物。

**回声定位**：利用高频声音脉冲感应附近物体的方法。回声从障碍物和其他动物身上反射回来，使得发出者能够构建出周围环境的"图像"。哺乳动物和少量穴居鸟类等动物群体能够使用回声定位。

**鞘翅**：甲虫、蠼螋和一些虫子的坚硬前翅。两个鞘翅通常像箱子一样组装在一起，保护其下更为精致的后翅。

**胚胎**：处于发育初级阶段的幼小动物或植物。

**内部寄生虫**：寄生在另一种（寄主）动物体内的动物，可以直接以寄主体内组织为食，也可以偷取寄主的一些食物。内部寄生虫通常具有复杂的生命周期，涉及多个宿主。

**内骨骼**：内部的骨骼，通常由骨头构成。与外骨骼不同，这种骨骼可以与身体其他部位同步生长。

**上皮细胞**：在动物的许多器官和其他组织周围和内部形成片或层的覆盖或衬膜组织。

**进化**：在一代和下一代之间，生物种群的典型基因组成上的所有变化。"进化论"是基于以下观点，并得到各种佐证，即这种基因变化不是随机的，很大程度上是自然选择的结果，而且，此过程的长时间运作可以解释地球上已发现物种的巨大多样性。

**外骨骼**：支撑和保护动物身体的外部骨骼。节肢动物的外骨骼最为复杂，它由刚性板组成，由柔性的关节所连接。这种骨骼不能生长，必须定期脱落和更换（蜕皮）。另请参见内骨骼。

**科**：分类系统中的一个等级。在分类等级顺序中，科构成目的一部分，并可进一步细分为一个或多个属。

**股骨**：四肢脊椎动物的大腿骨。在昆虫中，股节是腿的第三节段，紧接在胫节之上。

**受精**：卵细胞和精子的结合，产出一个能发育成新动物的细胞。在体外受精中，这个过程在体外（通常在水中）进行；但在体内受精中，它在雌性的生殖系统中进行。

腓骨：两个小腿或后肢骨头的最外层。另请参见胫骨。

滤食动物：以水里筛出的小食物为食的动物。双壳软疣、海鞘等许多无脊椎滤食动物都是静止的动物，它们通过把水泵至全身来收集食物；而须鲸等脊椎滤食动物则在移动之时捕获食物。

鞭毛：从细胞里伸出的较长的发状突起。鞭毛可以左右摆动，以移动细胞。精子细胞利用鞭毛来游动。

飞羽：鸟类身上用于飞行的翅膀和尾羽。

鳍状肢：水生哺乳动物的桨状肢。另请参见尾翼。

尾翼：鲸鱼及其近缘的橡胶尾鳍。与鱼的尾鳍不同，尾翼是水平的，它们会上下拍打而非左右拍打。

食物链：一种连接两个或多个不同物种的食物通道，其中每个物种充当链中较高一级物种的食物。在陆地食物链中，最底端通常是植物；在水生食物链中，通常是藻类或者其他单细胞生命。

毒爪：蜈蚣身上第一对改进的螯状腿，用来注射毒液。另请参见螯。

弹器：附着在跳虫腹部的分叉、弹簧似的器官。

腹足类动物：包括蜗牛和蛞蝓的软体动物群。另请参见软体动物。

属：分类系统中的一个等级。在分类等级顺序中，属构成科的一部分，并可进一步细分为一个或多个种。

鳃：从水中吸取氧气的器官。鳃通常位于头部或者头部附近，水生昆虫的鳃则位于腹部末端。

食草：以草为食。另请参见食用嫩叶。

针毛：哺乳动物皮毛上的一种较长毛发，从下层绒毛中伸出，以起保护作用，也有助于动物保持干燥。

食草动物：以植物或植物状浮游生物为食的动物。

冬眠：冬季的一段休眠期。在冬眠期间，动物的身体机能下降到一个较低的水平。

角：哺乳动物头部的尖状生长物。真正的角是覆盖在骨性角心上的中空角蛋白鞘。

寄主：寄生虫赖以进食的动物。

门齿：哺乳动物颌骨前部的牙齿，用于咬、切或咬。

孵化：鸟类孵化期间，父母坐在蛋上，使之保持温暖，促进蛋的发育。孵化期从14天以内到几个月不等。

体内受精：繁殖时，在雌性体内发生的一种受精形式。体内受精是包括昆虫、脊椎动物在内的许多陆地动物的特征。另请参见有性生殖。

虹细胞：一种特殊的皮肤细胞，含有反光的鸟嘌呤晶体。在甲壳类、头足类、鱼类、两栖动物和爬行动物（如变色龙）中均发现了虹细胞。

犁鼻器：口腔顶部器官，对空气中的气味非常敏感。蛇通常利用这个器官来探测猎物，而一些雄性哺乳动物则利用它来寻找准备交配的雌性。

龙骨：鸟类胸骨的扩大处，对用于飞行的肌肉起到固定作用。

角蛋白：在毛发、爪子和角中的坚硬的结构蛋白。

界：在分类系统中，自然世界的六个基本分区之一。

侧线系统：鱼类在水下检测运动、振动和压力的身体机制。皮肤下面的管子运输水，从而前后移动感觉细胞，然后触发它们向大脑发送神经冲动。

幼虫：一种不成熟但独立的动物，与成虫形态相差甚大。幼虫通过变态发育成成虫模样。就许多昆虫而言，这种变化发生在休眠期，此阶段的动物称为蛹。另请参见茧、变态、若虫。

求偶场：求偶期间，雄性动物（尤其是鸟类）的公共展示区。鸟类经常在若干年内使用同一求偶场。

下颌骨：节肢动物的成对颚骨，或构成脊椎动物全部或部分下颚的骨头。

套膜：在软体动物中，覆盖在套膜腔上的外层皮肤褶皱。

球状物：在许多齿鲸和海豚头上的球状隆起。球状物里充满了脂肪液，能够在回声定位中聚焦声音。

新陈代谢：在动物体内发生的一系列完整的化学过程。其中，一些过程通过分解食物释放能量，而另一些则通过使肌肉收缩来消耗能量。

掌骨：在四肢动物中，前腿或前臂中的一块骨头，末端形成带有一趾的关节。在大多数灵长类动物中，掌骨形成手掌。

变态：指许多动物，特别是无脊椎动物，从幼年到成年时身体形态上的变化。昆虫的变态可分为完全变态和不完全变态。完全变态是指在蛹的休眠期内，生物体的完全重组。不完全变态包括一系列轻微变化，每次幼虫蜕皮时都会发生这些变化。另请参见蛹、茧、幼虫、若虫。

模仿：一种伪装形式，一种动物形似另一种动物或者树枝、树叶等无生命体。模仿在昆虫中极为常见，许多无害物种会模仿那些能够叮咬或叮刺的危险昆虫。

**臼齿**：哺乳动物颌骨后部的牙齿。臼齿的表面或扁平、或突起，用以咀嚼植物。食肉动物的锋利臼齿可以切开兽皮和骨头。

**软体动物**：无脊椎动物的一个主要类群，包括腹足类（蛞蝓和蜗牛）、双壳类（蛤蜊及近缘）和头足类（鱿鱼、章鱼、墨鱼和鹦鹉螺）。软体动物身体柔软，通常具有坚硬外壳，然而一些亚群在进化过程中已失去壳。

**单目视觉**：每只眼睛都能独立使用的一种视觉，例如变色龙的视觉。这提供了广阔的视野，但深度感知有限。另请参见双目视觉、立体视觉。

**蜕皮**：脱落毛皮、羽毛或皮肤以便更换。哺乳动物和鸟类蜕皮有助于保持其皮毛和羽毛处于良好的状态，调节它们的隔绝性能，或者是为繁殖做好准备。昆虫等节肢动物蜕皮则是为了生长。

**刺丝囊**：水母或其他食肉动物的刺细胞内的盘绕结构，通过针状尖端射出并注射毒素。

**神经丘**：构成鱼类部分侧线系统的感觉细胞。它们受到水流运动的刺激，用以帮助鱼类探测运动。另请参见侧线系统。

**鼻叶**：一些蝙蝠的面部结构，聚焦

通过鼻孔发出的声脉冲。

**生态位**：动物在栖息地中的位置和作用。虽然两物种可能共享同一个栖息地，但是，它们各自的生态位大相径庭。

**夜行的**：晚上活动，白天睡觉，与白天活动的昼行习性相反。

**脊索**：贯穿整个身体的加固杆。脊索是脊索动物的显著特征，尽管一些脊索动物只在幼年时期具有脊索。脊椎动物的脊索在胚胎发育过程中并入脊骨。

**若虫**：一种未成熟的昆虫，外表与父母相似，但没有正常运作的翅膀或生殖器官。若虫通过变态形成成虫的形状，每次蜕变都会发生轻微的变化。

**嗅叶**：从嗅觉神经接收和处理气味信息的大脑区域。在大多数脊椎动物中，它位于大脑的前部。

**小眼**：构成复眼晶状体的小眼面，含有感光细胞，在许多节肢动物身上极为常见。另请参见复眼、感光细胞。

**盖**：覆盖物或盖子。在一些腹足类软体动物中，当动物向内撤退时，会用盖来封壳。在骨质鱼类中，身体两侧的鳃盖保护着包含鳃的腔室。

**末体**：节肢动物的腹部或身体后部，在前体后侧，包括蜘蛛和鲎等蛛形纲动物。另请参见前体。

**目**：分类系统中的一个等级。在分类等级顺序中，目构成纲的一部分，并可进一步细分为一个或多个科。

**器官**：身体的一种结构，由几种组织组成，各司其职。

**听骨**：微小的骨头。哺乳动物的听小骨是体内最小的骨头，把声音从耳鼓传到内耳。

**触须**：一对较长的感觉附属物，靠近节肢动物嘴部。与触角类似，它们含有触觉传感器，用途多样，包括感知触觉和味觉，有些还可用于捕食。另请参见须肢。

**乳突**：动物身上的小型肉质突起。乳突通常具有感觉功能，例如，可以检测有助于精确定位食物的化学物质。

**疣足**：一些蠕虫身上的腿状或桨状下垂物。疣足可用于移动，或将水泵至全身。

**寄生虫**：寄居在另一动物（宿主）身上或其内部的动物，以宿主或宿主吞咽的食物为食。大多数寄生虫比它们的宿主小得多，许多寄生虫具有复杂的生命周期，包括大量产卵。寄生虫经常削弱宿主的生命力，但通常不会致死。另请参见内寄生虫。

**腮腺**：两栖动物眼睛后面的腺体，在皮肤表面分泌毒素。

**孤雌生殖**：涉及未受精的卵细胞的繁殖方式。一些雌性无脊椎动物，如蚜虫，只有在夏季食物充足的时候才会进行孤雌生殖。少数物种总是以这种方式繁殖，并形成只有雌性的种群。未受精的孤雌生殖卵通常会对每个染色体进行双倍复制。另请参见无性生殖。

**翼膜**：蝙蝠的翅膀是由双面皮肤构成的。此术语亦指猫猴和其他滑翔哺乳动物的降落伞状皮瓣。

**胸鳍**：两对鱼鳍中的一对，朝向鱼类身体前部，通常位于头部后面。胸鳍高度灵活，通常用于转向，但有时也用于推进。

**上肢带骨**：在四肢脊椎动物中，将前肢固定在脊骨上的骨骼排列。大多数哺乳动物的胸带由两块锁骨和两块肩胛骨组成。

**角基**：头骨的一部分区域，鹿角由此长出，交配季节结束时鹿角在此蜕去。另请参见鹿角。

**须肢**：蛛形纲动物中，靠近身体前部的第二对附肢。根据物种不同，须肢可用于行走、输送精子或攻击猎物。另请参见抱握器、触须。

**腹鳍**：两对鱼鳍中的一对，通常靠近下方，有时靠近头部，但更常朝向尾部。腹鳍通常起稳定作用。鲨鱼等物种的腹鳍也被用来输送精子。另请参见抱握器。

**骨盆带**：四肢脊椎动物将后肢固定在脊骨上的骨头排列。骨盆带的骨头经常相互融合，形成一个称为骨盆的承重环。

**五趾型**：具有五趾 —— 脚趾或手指，许多四肢脊椎动物及其进化物种都具有五趾。另请参见趾、四足动物。

**信息素**：一种化学物质，一只动物释放信息素后会影响该物种的其他成员。信息素通常是通过空气传播的挥发性物质，在一定距离之外引起动物的反应。

**光感受器**：一种特殊的感光细胞，形成动物眼睛后部的视网膜层。许多动物的光感受器细胞含有不同色素，可以产生色觉。另请参见小眼、视网膜。

**光合作用**：一系列化学过程，使植物能够捕捉阳光中的能量并将其转化为化学形式。

**门**：分类系统中的一个等级。在分类等级顺序中，门构成类的一部分，并可进一步细分为一个或多个纲。

**螯**：节肢动物的螯是尖状铰链式器官，用于进食或防御，如昆虫的颚或甲壳动物的钳爪。另请参见指节。

**耳壳**：哺乳动物的外耳瓣。

**咽**：喉咙。

**胎盘**：胚胎哺乳动物发育出的一种器官，能在出生前从母亲的血液中吸收营养和氧气。以这种方式生长的幼体被称为胎盘哺乳动物。

**胎盘哺乳动物**：请参见胎盘。

**浮游生物**：漂浮的有机体，许多浮游生物形态较小，它们在开阔水域漂浮，特别是靠近海面之处。浮游生物可以经常移动，但大多数体型过小，无法在强水流的作用下自由前进。浮游的生物统称为浮游动物。

**跖行的**：脚底接触地面的步态。另请参见趾行的、蹄行的。

**胸甲**：乌龟或海龟壳的靠下部位。

**水螅**：刺胞动物的一种身体形式，具有一个中空的圆柱形躯干，末端是中心口器，周围有一圈触须。水螅通常通过基部附着到实体上。

**捕食者**：捕捉并杀死其他动物（即猎物）的动物。有些捕食者通过守株待兔的方式捕捉猎物，但大多数捕食者会主动追逐和攻击其他动物。另请参见猎物。

**可缠绕的**：能够绕物体卷曲并且抓住它们。

**前臼齿**：哺乳动物的一种牙齿，位于颚骨中部，犬齿和臼齿之间。另请参见犬齿、臼齿。

**猎物**：被捕食者吃掉的动物。另请参见捕食者。

**喙**：动物的鼻子或一组鼻状口器。在以液体为食的昆虫中，喙通常又长又细，不用时通常可以收起。

**掌节**：螯的固定部分，不能移动。它由一个肌肉发达的宽掌组成。另请参见跗节、螯。

**前体**：蛛形纲和鲎等节肢动物的前部身体，在末体前侧。另请参见头胸部、末体。

**翅痣**：蜻蜓等某些昆虫的翅膀上靠近前缘的有色重量板。

**瞳孔**：眼睛中央的一个洞，允许光线进入。

**径向对称**：一种对称形式，身体像轮子一样排列，常以嘴为中心。

**齿舌**：许多软体动物用以研磨食物的口器。齿舌通常呈带状，含有许多微小的齿状细齿。

**呼吸**：既指呼吸这一动作本身，也指细胞的呼吸作用。细胞呼吸是在细胞内发生的生物力学过程，它分解食物分子，通常是通过将食物分子与氧气结合，为有机体提供能量。

**视网膜**：一层排列在眼睛后部的感光细胞，能够将光学图像转换成神经脉冲，通过视神经传到大脑。另请参见光感受器。

**嘴裂刚毛**：夜莺和几维鸟等鸟类从鸟喙基部伸出的修饰性羽毛。羽毛内有一根没有倒刺的硬轴。它们可能像触须一样，帮助鸟类在捕猎时发现猎物。

**啮齿动物**：一个大型、适应性强的群体，大多是小型四肢哺乳动物，具有长尾巴、有爪的脚、长触须和牙齿，特别是巨大的门齿。它们的颚部适于啮咬。啮齿动物分布在除南极洲外的世界各地，占哺乳动物种类的40%以上。

**喙**：在虫子和其他一些昆虫中，一组类似于吻的吸吮的嘴。

**反刍动物**：一种有蹄哺乳动物具有专门的消化系统，含有多个胃腔。其中一种是瘤胃，含有大量的微生物，有助于分解植物细胞壁中的纤维素。为了加速这一过程，反刍动物通常会重新咀嚼进食，这一过程被称为"反刍"。

**交配季节**：在鹿的繁殖季节中，雄性为了交配而互相冲突的时期。

**唾液**：口腔中的唾液腺分泌的一种水状液体，有助于咀嚼、品尝和消化。

**唾液腺**：口腔中产生唾液的成对腺体。另请参见唾液。

**鳞**：鱼和爬行动物中的角质或骨质薄板，用以覆盖和保护皮肤。鳞通常重叠排列。

柄节：昆虫触角中最靠近头部的第一段。

鳞甲：在某些动物身上的一种盾板或鳞，可形成骨质覆盖层。

皮脂腺：哺乳动物的一种皮肤腺体，开口通常位于毛发根部附近。皮脂腺产生的物质使皮肤和毛发保持良好状态。

性细胞：所有动物的生殖细胞——雄性的精子和雌性的卵子，也被称为配子。另请参见有性生殖。

两性异形：显示出雄性与雌性之别的身体差异。在具有不同性别的动物中，雄性和雌性总是不同的。在像海豹这样的高度二型的物种中，雄性雌性形态各异，而且往往大小不一。

有性生殖：一种生殖方式，由雄性细胞（即精子）使雌性细胞（即卵子）受精。这是动物最常见的繁殖方式。它通常包括一雄一雌两个父母，但某些物种则是雌雄同体。另请参见无性生殖。

外壳：一种坚硬的保护性外壳，常见于许多软体动物、甲壳动物，以及一些爬行动物，如海龟和乌龟。

丝：蜘蛛和一些昆虫产出的以蛋白质为主的纤维材料。从喷丝头挤出的丝呈液态，但在经过拉伸和暴露于空气中后会变成弹性纤维。丝的用途广泛。有些动物用丝来保护自己或它们的卵，捕捉猎物，在气流中滑翔，或在空中降低位置。

管水母目动物：一组水螅虫，单个水螅相连，以漂浮集群的形式生活，可以形成长线。管水母目动物包括葡萄牙战舰水母。另请参见水螅。

产卵：指甲壳动物、软体动物、鱼和两栖动物等水生动物卵的释放或沉积。

精子：雄性生殖细胞。另请参见性细胞，有性生殖。

物种：一组相似的有机体，能够在野外实现种族内交配，并能产生与自己相似、具有繁殖能力的后代。物种是生物分类的基本单位。一些物种具有不同的种群。

# 索引

# 致谢

DK出版社向特鲁迪·布兰南（Trudy Brannan）、科林·齐格勒（Colin Ziegler）等伦敦自然历史博物馆的主任和工作人员表示衷心的感谢，感谢他们校阅并订正了本书的早期版本，并提供了照片拍摄方面的帮助和支持，特别是哺乳动物馆高级馆长罗伯托·波特洛·米格斯（Roberto Portelo Miguez）。

DK出版社也向其他提供帮助和支持的人员表示感谢，包括巴里·奥德（Barry Allday）、品格·露（Ping Low）以及牛津金鱼缸的工作人员；马克·艾米（Mark Amey）以及赫特福德郡波维顿的艾米动物园的员工。

DK出版社还要感谢：

高级编辑：雨果·威尔金森（Hugo Wilkinson）

高级艺术编辑：邓肯·特纳（Duncan Turner）

高级排版设计师：哈瑞·阿加沃尔（Harish Aggarwal）

排版设计师：默罕默德·里兹万（Mohammad Rizwan），安妮塔·亚达夫（Anita Yadav）

高级护封设计师：苏希达·达拉米吉（Suhita Dharamjit）

护封总编辑：萨洛尼·辛格（Saloni Singh）

护封编辑协调员：普里扬卡·夏尔玛（Priyanka Sharma）

图片润饰：史蒂夫·克罗齐（Steve Crozier）

插画家：菲尔·甘布尔（Phil Gamble）

其他插图：沙希德·马哈茂德（Shahid Mahmood）

索引：伊丽莎白·怀斯（Elizabeth Wise）

致谢

252-253 **Alexander Semenov. 254 National Geographic Creative:** David Liittschwager. **254-255 naturepl.com:** Tony Wu. **257 UvA, Bijzondere Collecties, Artis Bibliotheek**. **258-259 Erik Almqvist Photography**. **259 Alamy Stock Photo:** Sergey Uryadnikov (tr). **260 Dreamstime.com:** Isselee (c); Johannesk (bc). **261 Dorling Kindersley:** Professor Michael M. Mincarone (cr); Jerry Young (bl). **Dreamstime.com:** Deepcameo (clb); Isselee (cl, bc); Zweizug (c); Martinlisner (crb); Sneekerp (br). **264 Getty Images:** Leemage / Corbis Historical (bc). **264-265 SeaPics.com:** Blue Planet Archive. **266 Dreamstime. com:** Isselee (tc). **267 Alamy Stock Photo:** Hemis (tr). **268 Alamy Stock Photo:** Science History Images. **269 Digital image courtesy of the Getty's Open Content Program.:** Creative Commons Attribution 4.0 International License (cl). **Photo Scala, Florence:** (tr). **272 naturepl. com:** Pascal Kobeh (cb). **272-273 Greg Lecoeur Underwater and Wildlife Photography**. **274-275 Jorge Hauser**. **274 Alamy Stock Photo:** The History Collection (bc). **276 Dreamstime.com:** Evgeny Turaev (bl, t). **276-277 Dreamstime. com:** Evgeny Turaev. **278-279 naturepl.com:** MYN / Dimitris Poursanidis. **279 Dreamstime.com:** Isselee. **280-281 Alamy Stock Photo:** Razvan Cornel Constantin. **281 Bridgeman Images:** © Florilegius (br). **Getty Images:** Ricardo Jimenez / 500px Prime (tr). **282 Solent Picture Desk / Solent News & Photo Agency, Southampton:** © Hendy MP. **283 Getty Images:** Florilegius / SSPL (bc). **Solent Picture Desk / Solent News & Photo Agency, Southampton:** © Hendy MP (t). **284-285 Alamy Stock Photo:** Avalon / Photoshot License. **286-287 naturepl.com:** Markus Varesvuo. **287 Dreamstime.com:** Mikelane45 (br). **288 Shutterstock:** Sanit Fuangnakhon (cl); Independent birds (cr). **Slater Museum of Natural History / University of Puget Sound:** (tl, tr, clb, crb, bl, br). **289 123RF.com:** Pakhnyushchyy (cr). **Slater Museum of Natural History / University of Puget Sound:** (tl, tr, cl, clb, crb). **290-291 Getty Images:** Paul Nicklen / National Geographic Image Collection. **292-293 National Geographic Creative:** Anand Varma. **293 National Geographic Creative:** Anand Varma. **294 Bridgeman Images:** British Museum, London, UK. **295 akg-images:** François Guénet (cr). **Getty Images:** Heritage Images / Hulton Archive (t). **297 naturepl.com:** Piotr Naskrecki (tc). **298-299 123RF.com:** Patrick Guenette. **300-301 Alamy Stock Photo:** Blickwinkel. **302-303 Alamy Stock Photo:** Life on white. **303 Alamy Stock Photo:** Life on white. **304-305 John Hallmen**. **305 Alamy Stock Photo:** Age Fotostock (br). **306-307 Sergey Dolya. Travelling photographer**. **307 Getty Images:** Jenny E. Ross / Corbis Documentary / Getty Images Plus. **308-309 naturepl.com:** Paul Marcellini. **310 Dorling Kindersley:** Natural History Museum (tl); Natural History Museum, London (tc, tr, cl, c, cr, br); Time Parmenter (bc). **311 Alamy Stock Photo:** Nature Photographers Ltd / Paul R. Sterry (tr). **Dorling Kindersley:** Natural History Museum, London (ftl, tl, tc, fcl, fbl, cl, c, cr, bl, bc, br). **312-313 Michael Schwab**. **312 Alamy Stock Photo:** Gerry Pearce (bc). **314-315 Getty Images:** Rhonny Dayusasono / 500Px Plus. **316 naturepl.com:** MYN / Tim Hunt (bc, br). **317 Alamy Stock Photo:** The Natural History Museum (tc). **National Geographic Creative:** George Grall (tr). **naturepl.com:** MYN / Tim Hunt (fbl, bc, br, fbr). **319 Alamy Stock Photo:** Images & Stories.

**Endpaper images:** *Front and Back*: **Aaron Ansarov**

All other images © Dorling Kindersley

For further information see: www.dkimages.com

致
谢

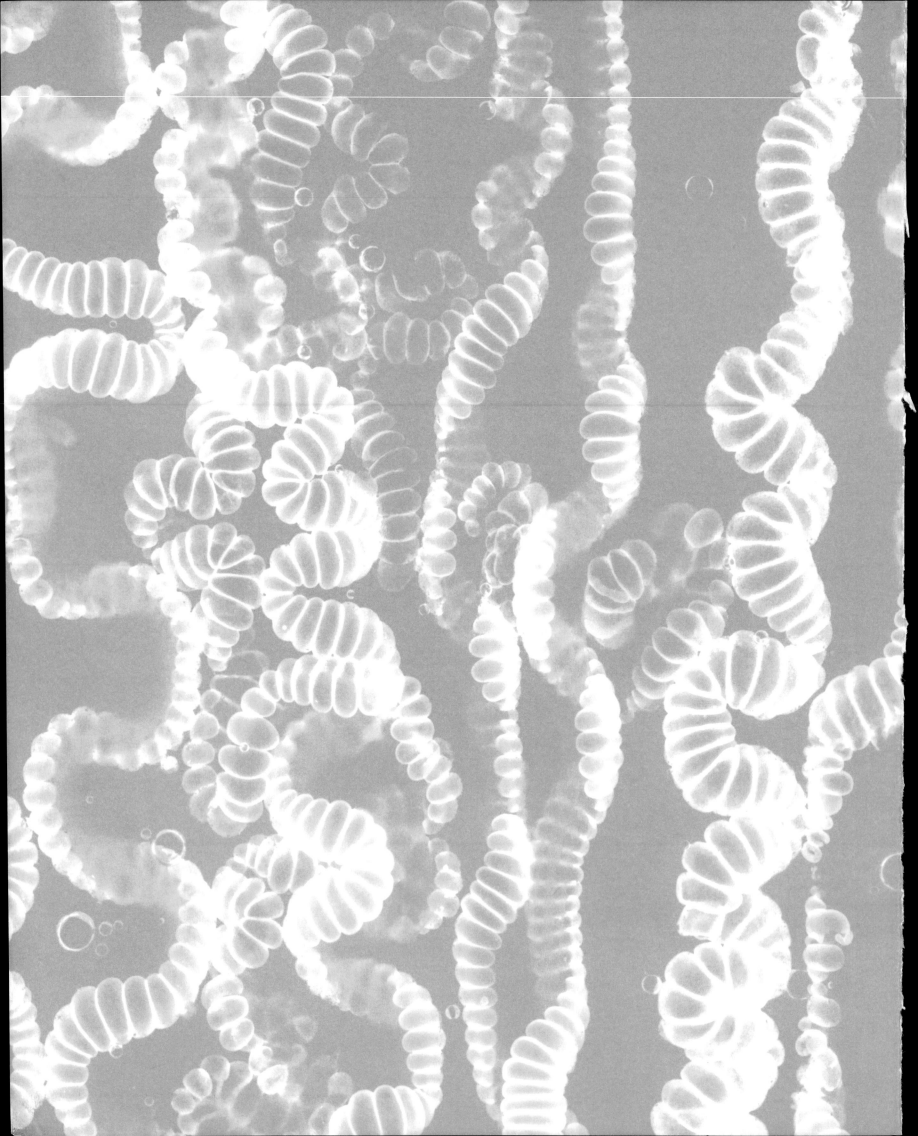